U0339143

Creo Parametric 1.0 中文版
模具设计从入门到精通

三维书屋工作室

胡仁喜　　王宏　　等编著

机械工业出版社

本书以最新的 Creo Parametric 1.0 为演示平台，着重介绍 Creo Parametric 软件在模具设计中的应用方法。全书共分为 15 章，分别介绍 Creo Parametric1.0 模具设计入门、模具模型、拔模斜度和收缩率、型腔与分型面、浇注系统和等高线、模具设计辅助功能、滑块与模具体积块、铸模与开模、EMX 模架设计、注塑模设计基础、注塑模设计实例——塑料盒盖、吹塑成型模设计基础、吹塑成型模设计实例——塑料瓶、冲压模设计基础、冲压模设计实例——垫圈。内容涵盖模具设计基础、注塑模具设计、吹塑模具设计和冲压模具设计等最常见的模具设计理论和方法。

本书可以作为模具设计工程人员的自学参考用书和大专院校相关专业辅助教材，也可以作为相关培训机构的教学指导用书。

图书在版编目（CIP）数据

Creo Parametric 1.0 中文版模具设计从入门到精通/胡仁喜等编著.
—北京：机械工业出版社，2012. 8
ISBN 978-7-111-39734-2

Ⅰ.①C⋯　Ⅱ.①胡⋯　Ⅲ.①模具—计算机辅助设计—应用软件
Ⅳ.①TG76－39

中国版本图书馆 CIP 数据核字（2012）第 215184 号

机械工业出版社（北京市百万庄大街 22 号　邮政编码 100037）
策划编辑：曲彩云　责任编辑：曲彩云
责任印制：杨　曦
北京中兴印刷有限公司印刷
2012 年 10 月第 1 版第 1 次印刷
184mm×260mm · 23 印张 · 565 千字
0 001— 3 000 册
标准书号：ISBN 978-7-111-39734-2
　　　　　ISBN 978-7-89433-645-3（光盘）
定价：56. 00 元（含 1DVD）

策划编辑:(010)88379782
电话服务　　　　　　　　　网络服务
社 服 务 中 心:(010)88361066　教 材 网:http://www.cmpedu.com
销 售 一 部:(010)68326294　机工官网:http://www.cmpbook.com
销 售 二 部:(010)88379649　机工官博:http://weibo.com/cmp1952
读者购书热线:(010)88379203　**封面无防伪标均为盗版**

前　言

Creo Parametric 1.0 是 PTC 公司为工业产品设计提供完整解决方案而推出的最新 CAD 设计系统软件。此软件以参数化设计技术而闻名，目前广泛应用于机械、汽车、航空、航天、家电等工业设计领域，全球约有 25 名工程师和设计人员在使用。

模具作为重要的工艺装备，在消费品、电器电子、汽车、飞机制造等工业部门有着举足轻重的地位。工业产品零件粗加工的 75%、精加工的 50% 以及塑料零件的 90% 由模具完成。随着模具工业的发展，目前世界范围内的模具年产值已达 800 亿美元。日、美等工业发达国家的模具工业产值早已超过机床工业产值。从 1997 年开始，我国模具工业产值也超过了机床工业产值。另外，随着塑料原材料的性能不断提高，各行业的零件以塑代钢、以塑代木的进程进一步加快，使用塑料模的比例将日趋增大，塑料制品在机械、电子、航空、医药、化工、仪器仪表以及日用品等各个领域的应用也越来越广泛，质量要求也越来越高。

一、本书特色

市面上的 Creo Parametric 1.0 学习书籍浩如烟海，读者要挑选一本适合自己的反而很困难，真是"乱花渐欲迷人眼"。那么，本书为什么能够在您"众里寻她千百度"之际时，于"灯火阑珊处"让您"蓦然回首"呢？那是因为本书有以下 5 大特色：

● 作者权威

本书作者有多年的模具设计领域工作和教学经验。本书是作者总结多年的设计经验以及教学的心得体会，精心编著，力求全面细致地展现出 Creo Parametric 在模具设计应用领域的各种功能和使用方法。

● 实例专业

本书中有很多实例本身就是模具工程设计项目案例，经过作者精心提炼和改编，不仅保证了读者能够学好知识点，更重要的是能帮助读者掌握实际的操作技能。

● 提升技能

本书从全面提升 Creo Parametric 模具设计能力的角度出发，结合大量的案例进行讲解，让读者真正懂得计算机辅助设计并能够独立地完成各种模具设计。

● 内容精彩

全书以实例为绝对核心，透彻讲解各种类型模具设计案例，案例多而且具有代表性，经过了多次课堂和工程检验；案例由浅入深，每一个案例所包含的重点难点非常明确，读者学习起来会感到非常轻松。

● 知行合一

本书结合大量的模具设计实例详细讲解 Creo Parametric 为知识要点，让读者在学习案例的过程中潜移默化地掌握 Creo Parametric 软件操作技巧，同时培养了模具设计实践能力。

二、本书的组织结构和主要内容

本书以最新的 Creo Parametric 1.0 为演示平台，着重介绍 Creo Parametric 软件在模具设计中的应用方法。全书共分为 15 章，各部分的内容如下：第 1 章介绍 Creo Parametric 模具设计入门；第 2 章介绍模具模型；第 3 章介绍拔模斜度和收缩率；第 4 章介绍型腔与分型面；第 5 章介绍浇注系统和等高线；第 6 章介绍模具设计辅助功能；第 7 章介绍滑块与模具体积块；第 8 章介绍铸模与开模；第 9 章介绍 EMX 模架设计；第 10 章介绍注塑模设计基础；第 11 章介绍注塑模设计实例——塑料盒盖；第 12 章介绍吹塑成型模设计基础；第 13 章介绍吹塑成型模设计实例——塑料瓶；第 14 章介绍冲压模设计基础；第 15 章介绍冲压模设计实例——垫圈。

三、本书源文件

本书所有实例操作需要的原始文件和结果文件都在随书光盘的"yuanwenjian"目录下，读者可以复制到计算机硬盘中参考和使用。

提示：在将源文件复制到硬盘中时，一定要注意在文件的保存路径中不能出现汉字，因为 Creo Parametric 不能识别汉字命名的路径。

经常有读者或无比委屈或义愤填膺或破口大骂找到作者反映源文件打不开，就是这个原因。作者每次在无比谦恭地解释的同时总是希望读者下次能略微看一眼本提示，因为重复而没有技术含量的工作总是让人很受挫折。

四、光盘使用说明

本书除利用传统的纸面讲解外，随书还配备了多媒体学习光盘。光盘中包含全书讲解实例和练习实例的源文件素材，并制作了全程实例动画同步录音讲解 AVI 文件。利用作者精心设计的多媒体界面，读者可以随心所欲，像看电影一样轻松愉悦地学习本书。

光盘中有两个重要的目录希望读者关注："yuanwenjian"目录下是本书所有实例操作需要的原始文件和结果文件；"动画"目录下是本书所有实例的操作过程视频 AVI 文件，总时长达 1000 多分钟。如果读者对本书提供的多媒体界面不习惯，也可以打开该文件夹，选用自己喜欢的播放器进行播放。

提示：由于本书多媒体光盘插入光驱后自动播放，有些读者不知道怎样查看文件光盘目录。具体的方法是：退出本光盘自动播放模式，然后单击计算机桌面上的"我的电脑"图标，打开文件根目录，在光盘所在盘符上单击鼠标右键，在打开的快捷菜单中选择"打开"命令，就可以查看光盘文件目录。

五、读者学习导航

本书突出了实用性及技巧性，使学习者可以很快地掌握 Creo Parametric 中模具设计的方法和技巧，可供广大的技术人员和机械工程专业的学生学习使用，也可作为各大、中专院校的教学参考书。

本书由三维书屋工作室策划，胡仁喜、王宏、周广芬、李鹏、周冰、董伟、李瑞、王敏、张俊生、王玮、孟培、王艳池、阳平华、袁涛、王佩楷、王培合、路纯红、王义发、王玉秋、杨雪静、张日晶、刘昌丽、卢园、万金环、王渊峰、王兵学、李兵编写。

本书难免有不足甚至错误之处，非常欢迎广大读者登录网站 www.sjzsanweishuwu.com或联系 win76050@126.com 批评指正，以期共同提高。

编　者

目　录

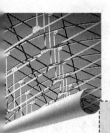

第**1**章

Creo Parametric 1.0 模具设计入门

本章导读

　　Creo/MOLDESIGN 是 Creo Parametric 1.0 的可选模块。它提供了在 Creo Parametric 1.0 中进行虚拟模具设计的强大功能。本章重点介绍了 Creo/MOLDESIGN 模块的操作界面，以及 Creo Parametric 1.0 模具设计文件的管理技巧。最后通过模具设计实例了解模具设计的整个过程。

重点与难点

- Creo/MOLDESIGN 工作界面
- Creo Parametric 1.0 模具设计基本术语
- Creo Parametric 1.0 模具设计文件的管理
- Creo Parametric 1.0 模具设计实例

1.1 Creo/Moldesign 模块工作界面简介

Creo/MOLDESIGN 模块的工作界面是设计人员和计算机信息交互的窗口。因此，熟悉 Creo/MOLDESIGN 模块的工作界面会极大地提高模具设计人员的设计效率。在 PTC 公司最新推出的 Creo Parametric 1.0 模具选项的窗口操作界面中，许多常用的命令被归类以面板的形式布置在窗口上方，不仅使窗口更加人性化，也使初学者更容易熟悉模具设计命令的操作。

1.1.1 启动 Creo/MOLDESIGN 模块

启动 Creo Parametric 1.0 后，依次选取"文件"→"新建"命令，或者单击"快速访问"工具栏中的"新建"按钮，弹出如图 1-1 所示的"新建"对话框。在对话框的"类型"栏中选取"制造"选项，在"子类型"栏中选取"模具型腔"选项，在"名称"文本框中输入模具名称或采用系统默认的名称，同时取消对"使用默认模板"复选框的勾选，然后单击"新建"对话框中的 确定 按钮，系统弹出如图 1-2 所示的"新文件选项"对话框。在对话框的"模板"选项框中选择"mmns_mfg_mold"选项。最后单击对话框中的 确定 按钮，即可进入模具（模具设计）模块。

（1）在"新建"对话框的"制造"类型中与模具设计有关的"子类型"选项有如下两种：

1）"铸造型腔"：用于设计压制模具。

2）"模具模型"：用于设计注塑模具和吹塑模具。

（2）在"新文件选项"对话框的"模板"选项框中有如下三个选项：

1）"空"：表示不使用模板。

2）"inlbs_mfg_mold"：表示采用英制单位进行模具设计。

3）"mmns_mfg_mold"：表示采用公制单位进行模具设计。

图 1-1 "新建"对话框

图 1-2 "新文件选项"对话框

1.1.2　工作界面简介

启动模具模块后，系统打开如图 1-3 所示的工作界面。其中包含了标题栏、菜单栏、快速访问工具栏、导航器、信息提示栏、图形显示区、功能区、视图快速访问工具栏、拾取过滤器等。

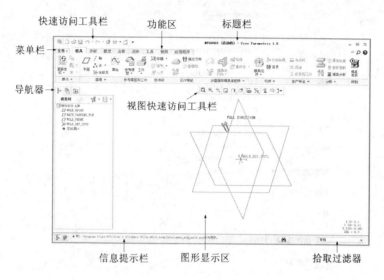

图 1-3　启动模具设计模块后的工作界面

1. 标题栏

标题栏位于模具模块工作界面最上方的中间部位，它显示了系统当前创建或打开的文件名称。若文件名称后出现"活动的"字样，则表示此视窗是目前的工作视窗。如果没有这三个字，则表示该视窗处于非"活动"状态，此时用户不能对它进行任何操作。要激活一个窗口，可以单击"视图"功能区"窗口"面板上的"窗口"下拉按钮 ，在下拉列表中选取要激活的文件，如图 1-4 所示。

图 1-4　标题栏

2. 菜单栏

菜单栏位于标题栏的下方最左侧，它包含了"新建"、"打开"、"保存"、"另存为"、"打印"、"关闭"、"管理文件"、"准备"、"发送"、"管理会话"、"帮助"、"选项"、"退出"菜单选项，如图 1-5 所示。

3. 快速访问工具栏

快速访问工具栏位于模具模块工作界面的左上方，如图 1-6 所示。它把 Creo Parametric 1.0 操作中经常用到的一些命令以图标的形式显示出来。工具栏上部分图标按钮的功能在菜单栏

的选项中都可以找到。当执行某个常用操作时，可以不必去点击繁琐的多级菜单，只需单击工具栏上的相应图标就可以了。用户可以单击"自定义快速访问工具栏"下拉按钮，自行设计工具栏的内容，如图 1-7 所示。

图 1-5　菜单栏

图 1-6　快速访问工具栏　　　　图 1-7　"自定义快速访问工具栏"下拉按钮

4．导航器

Creo Parametric 1.0 的导航器是依据以前版本中的模型树设计的，并添加了资源管理器、收藏夹和网络技术资源。它们之间的相互切换只需要单击导航器上方的选项卡，如图 1-8 所示。导航器能够使设计者及时了解设计模型的构成，便于文件管理和与其他设计者交流。

5．信息显示栏

信息提示栏位于系统用户界面的下方，它用来记录和报告系统的操作进程。随着用户设计过程的进行，信息提示栏中会显示系统操作向导以及信息输入文本框。对于初学者来说，在进行命令操作时，应该多留意信息提示区显示的内容，以便获知执行命令的结构和下一步操作的内容。

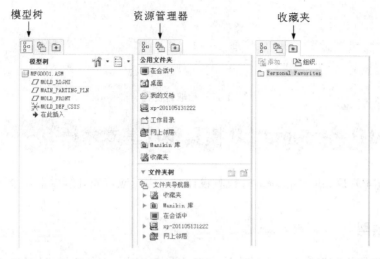

模型树　　　　　　　资源管理器　　　　　　收藏夹

图1-8　导航器

6. 图形显示区

图形显示区是模具模块工作界面最为重要的操作区域，占据了屏幕的大部分空间。在设计过程中，如果图形显示区被其他窗口遮蔽，可单击信息提示栏左侧的 按钮，进行窗口切换，将 IE 浏览器遮蔽而显示图形显示区。有时需要调整图形显示区为最大，可单击信息提示栏左侧的 按钮，即可调整图形显示区的大小。

7. 功能区

菜单管理器位于标题栏下方。它包含了"模具"、"分析"、"模型"、"注释"、"渲染"、"工具"、"视图"、"应用程序"共 8 个功能区板块，每个功能区板块中又包含了多个面板选项，如图 1-9 所示。

图1-9　功能区板块

8. 视图快速访问工具栏

视图工具栏中的各种命令是用来控制模型的显示视角的。它包含了"重新调整"、"放大"、"缩小"、"重画"、"显示样式"、"已命名视图"、"视图管理器"、"基准显示过滤器"、"注释显示"、"着色"、"旋转中心"共 11 个命令按钮，如图 1-10 所示。

图1-10　视图快速访问工具栏

9. 拾取过滤器

拾取过滤器位于工作界面的右下方。通常，在不同的工作模式下，拾取过滤器中会出现

不同的选项。其作用是帮助用户设定选择零件、特征、曲面等，面对较复杂的模型时可降低选择出错率，如图 1-11 所示。

图 1-11　拾取过滤器

1.2　Creo Parametric 1.0 模具设计基本术语

利用 Creo/MOLDESIGN 模块进行模具设计时，用户应首先理解以下几个基本术语。

1.2.1　设计模型

设计模型也称为制造模型，通常表达了产品设计者对其产品的最终构想。模具模型的参考模型几何来自于相应的设计模型几何。设计模型可能无法始终包含所必需的设计元素，例如模具设计过程中所需的拔模斜度、圆角和收缩等，如图 1-12 所示。在 Creo Parametric 1.0 中，设计模型与参考模型之间建立了参数化关系。对设计模型所作的任何更改都会自动传播到参考模型和所有相关的模具元件上。

图 1-12　设计模型

1.2.2　参考模型

参考模型是模具设计过程中不可缺少的部分，就像在三维实体建模中使用基准特征一样。在模具设计前，必须首先创建参考模型，这样才能进行下一步模具设计操作。参考模型可以是由 Creo Parametric 1.0 基本模块产生的实体零件、钣金件，也可以是装配件。在模具设计时，参考模型可从系统其他模块中调用，也可在模具设计模块中直接创建。

在模具模块中，可在"模具"功能区"参考模型和工件"面板上单击"参考模型"下拉列表中的"装配参考模型"按钮，在弹出的"打开"对话框中选择已创建的设计模型，然后对调入图形显示窗口中的设计模型进行装配，接着弹出如图 1-13 所示的"创建参考模型"对话框，选中对话框中的"按参考合并"单选项并单击 确定 按钮，如果弹出精度警告对话框，可单击"确定"按钮，即可使用复制出来的一个模型作为模具设计的参考模型，如图1-14所示。

图1-13　"创建参考模型"对话框

图1-14　模具参考模型

1.2.3　工件模型

工件模型是一个完全包含参考模型的组件，通过分型面等特征可以将其分割为型芯、型腔等成型零件，如图1-15所示。在Creo/MOLDESIGN模块中，用户可通过以下三种方法创建工件模型。

图1-15　工件模型

1. 创建自动工件

在"模具"功能区"参考模型和工件"面板上单击"工件"下拉列表中的"自动工件"按钮🖌，接着在弹出的"自动工件"对话框中，根据参考零件自动创建工件模型，如图1-16所示。

2. 创建工件

在"模具"功能区"参考模型和工件"面板上单击"工件"下拉列表中的"创建工件"按钮🖾，系统弹出"元件创建"对话框，选取类型为"零件"，子类型为"实体"，输入零件名称，单击 确定 按钮后在弹出的"创建选项"中勾选创建方法为"定位默认基准"，勾选定位基准的方法为"对齐坐标系与坐标系"，单击 确定 按钮，选取坐标系。在模具组件中手动创建工件模型。如图1-17所示。

3. 创建装配工件

在"模具"功能区"参考模型和工件"面板上单击"工件"下拉列表中的"装配工件"按钮🖾，在打开的对话框中选取所需工件，根据参考零件自动创建工件模型。

Creo Parametric

1.0

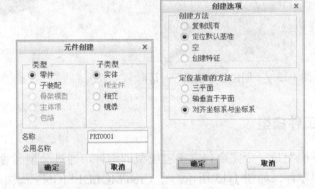

图 1-16 "自动工件"对话框　　　　图 1-17 依次设置的对话框

1.2.4 模具模型

模具模型是 Creo/MOLDESIGN 模块中的最高级模型,它是由扩展名为".asm"的文件所组织的一个装配体。打开一个模具模型的文档,可以看到它的模型树中包含了参考模型、工件、各种模具特征和模具元件等,如图 1-18 所示。

图 1-18 模具模型

1.2.5 分型面

为使产品从模具型腔内取出，模具必须分成型芯、型腔两部分，此接口面称为分型面。分型面的位置选取与形状设计是否合理，不仅直接关系到模具的复杂程度，也关系到模具制件的质量、模具的工作状态和操作的方便程度，因此，分型面的设计是模具设计中最重要的一步。

分型面的选取受到多种因素的影响，包括产品形状、壁厚、成型方法、产品尺寸精度、产品脱模方法、型腔数目、模具排气、浇口形式以及成型机的结构等。其选取的基本原则如下：

1）保证产品质量：如当产品有同轴度要求时，可以将型腔放在模具同一侧，以防止两部分错位。

2）产品脱模方便：分型面应使产品留在动模上。由于推出机构一般设置在动模一侧，将型芯设置在动模部分，产品冷却收缩后会包紧型芯，会使产品留在动模，有利于脱模。

3）型腔排气顺畅：型腔气体的排出，除了利用顶出元件的配合间隙外，主要靠分型面，排气槽也都设在分型面上，因此，分型面应尽量选取在塑料熔体流动的末端。

4）保证产品外观：如对于带圆弧的零件，为了保证圆弧处分型不影响零件外观，应当将分型面设置在圆弧顶部，使毛边产生在产品端面，去除后对产品外观无损。

5）有利于侧向抽芯：产品有侧凹或侧孔时，侧向滑块型芯应当放在动模一侧，这样模具结构会比较简单。对于投影面积较大而又需侧向抽芯时，由于侧向滑块合模时的锁紧力较小，这时应将投影面积较大的分型面设在垂直于合模方向上。

分型面可以是平面、曲面、阶梯面，可以与开模方向垂直，也可以与开模方向平行。在Creo/MOLDESIGN 模块中，分型面用于分割工件模型或现有体积块，包括一个或多个参考零件的曲面，如图1-19所示。创建分型面时，用户需要注意两个基本要求：分型面不能自身相交，即同一分型面不能自交叠；分型面必须与工件模型或模具体积块完全相交。

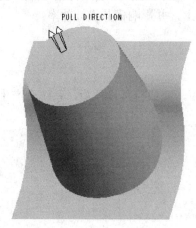

图1-19 分型面

1.2.6　Creo/MOLDESIGN 模具组件特征

在模具模块中，组件特征用来创建模具流道系统、冷却水管和顶针间距孔及用户自定义特征等。尽管模具模块只有几种特征可用，但灵活地运用能极大地提高工作效率。

（1）冷却水管特征：通过指定冷却水管直径、草绘冷却水管并指定端点条件，可以利用冷却水管特征来快速创建水线系统。冷却水管特征端点定义条件如下：

1）无——孔在圆环段端点处终止。

2）盲孔——孔在圆环段端点处向外延伸一段距离，并且孔的末端有钻孔特征。

3）通孔——孔延伸至模型的曲面。

4）通孔带沉孔——孔延伸至模型面并加工成沉孔。

（2）流道特征：利用流道特征可快速创建标准流道几何。要创建流道特征，可以选取标准流道截面并键入横截面尺寸，然后草绘流道路径。流道下有两个选项：草绘流道和选取流道，选取流道允许用户选取先前绘制的投影曲线以建立非平面的流道系统。流道特征下的相交元件对话框用以选取和流道进行布尔运算的模具工件，一般选取"自动添加"功能。

（3）顶针间距：此特征是一个仅在模具模块中才有的特殊孔特征。

（4）用户自定义特征（UDF）：UDF 是那些被分成组并保存成文件的特征及其各自尺寸和参考的一个集合。在模具模块中，UDF 常用于流道系统的设计。在模具设计中，有一些特征非常详细，可以将这些特征保存为 UDF，方便用户在其他模具设计中使用，大大提高了模具设计的效率。UDF 是组件级的特征，例如流道系统就是一个组件级的特征。

1.3　Creo Parametric 1.0 模具设计文件管理

Creo Parametric 1.0 模具设计文件管理是模具设计过程中一个不可忽视的内容。在模具设计过程中，系统会生成很多文件，这些文件的类型却不尽相同，因此对这些文件管理不当时，将会浪费大量时间在文件的查找上，并影响模具设计效率。

1.3.1　文件类型

在 Creo/MOLDESIGN 模块中，完成模具设计后，系统会产生以下类型的文件：

1. 模具模型：*.mfg。

2. 模具组件：*.asm。

3. 参考模型：* _ref.prt。

4. 毛坯工件：* _wrk.prt。

5. 模具元件：*.prt。

6. 制模零件：*.prt。

7. 其他模架零件：*.prt。

在上述文件类型中，"*"代表文件名，用户可根据具体情况自行决定，而文件扩展名（代表某一类型的文件）则由 Creo Parametric 1.0 系统自行给定，如".mfg"文件代表模具制造文件、".asm"文件代表装配文件、".prt"代表零件文件。在文件夹中打开某一类型的文件时，系统会调用相应的模块来打开该文件。

1.3.2 文件管理

使用 Creo Parametric 1.0 进行模具设计时应养成一个良好的习惯，即将产品的模具设计视为一个项目或是一个工程，先要为这个项目建立一个专用的文件夹，将与此项目有关的资料复制到该文件夹中，之后将该文件夹设置为当前目录。这样，在模具设计过程中产生的各种文件将会一并保存到该文件夹中。

下面通过在计算机 D 盘上建立一个名为"Moldesign"的文件夹，并将其设置为 Creo Parametric 1.0 系统的当前工作目录为例来说明模具设计文件的管理。

1．建立模具专用文件夹

打开 D 盘，单击鼠标右键，在弹出的快捷菜单中依次选取"新建"→"文件夹"命令，然后输入"Moldesign"作为文件夹的名称，如图 1-20 所示。

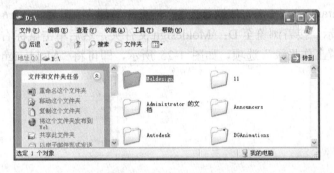

图 1-20　建立模具专用文件夹

2．复制相关的模具文件到模具专用文件夹中

建立好模具专用文件夹后，可将与模具设计项目有关的资料（一般为产品的三维零件模型文件）复制到该文件夹下。图 2-21 所示为将一个名为"mushroom"的三维零件模型文件复制到"Moldesign"文件夹下。

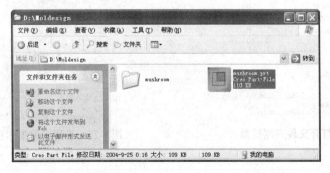

图 1-21　复制相关的模具文件到模具专用文件夹中

 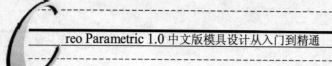

3. 设置当前工作目录

在 Creo Parametric 1.0 中，用户可通过以下方法将步骤 1 创建的专用文件夹设置为系统的当前工作目录：

1）启动 Creo Parametric 1.0 后，依次单击"主页"功能区的"数据"面板中"选择工作目录"按钮 🔩，如图 1-22 所示。在系统弹出的"选取工作目录"对话框中选取"Moldesign"文件夹作为系统的当前工作目录，如图 1-23 所示。

图 1-22　设置工作目录　　　　图 1-23　"Moldesign"文件夹设置为当前工作目录

2）启动 Creo Parametric 1.0 后，依次单击"文件夹浏览器"按钮 🗂 → ▶ 文件夹树
按钮，如图 1-24 所示。接着浏览至 D：\Moldesign 文件夹，然后单击鼠标右键，在弹出的快捷菜单中选取"设置工作目录"选项，如图 1-25 所示，即可将"Moldesign"文件夹设置为当前工作目录。

图 1-24　打开文件夹浏览器　　　　图 1-25　设置当前工作目录

1.4　Creo/MOLDESIGN 模具设计的一般步骤

一般来说，应用 Creo/MOLDESIGN 模具设计模块进行模具设计一般（或可能）包括以下步骤：

1）为本次设计新建一个文件夹，专门存放本次设计产生的各种文件。

2）打开 Creo Parametric 1.0 系统，设置工作目录。

3）新建一个模具设计文件，注意单位的设定。

4）选取或新建参考模型，并将其装配到模具设计环境。

5）创建工件，建立模具模型。

6）设置注塑零件的收缩率。

7）设计模具的分型面。

8）通过分型面将工件分割为数个体积块。

9）抽取模具体积块生成模具零件。

> 注意：抽取出来的模具零件就是 Creo Parametric 1.0 的零件，使用者可以在零件方式时将这些零件调出，并可以使用这些零件生成二维工程图或进行 NC 加工等。

10）设计浇口、流道和水线等特征。

11）检验设计的模具零件。

12）制模，模拟注塑成型的成品件。

13）移动凹模、成品件等零件，模拟开模操作。

14）根据需要装配模具的基础零件。

15）保存模具设计文件。

在模具设计过程中，可能用到的特征及操作见表 1-1。

表 1-1　模具模型的标准特征列表

可用的特征	在模型中的用途
MOLD_RIGHT　基准平面 MAIN_PARTING_PLN　基准平面 MOLD_FRONT　基准平面 MOLD_DEF_CSYS　基准坐标系 参考模型 工件	模具的基础
流道 水线 孔 槽 切口	流道/水线系统

Creo Parametric 1.0

13

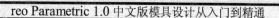
（续）

曲面 延伸 裁剪 合并	分型面
聚合 伸出项 切口 倒圆角 拔模 偏距 参考零件切口 裁剪	创建的模具体积块
裁剪 分割	从分割中创建的体积块
抽取的元件 制模 模具基元件 顶针孔	最终元件/细节

1.5 入门实例——蘑菇头的模具设计

本例的参考零件是蘑菇头，通过蘑菇头的模具设计来熟悉模具设计的一般过程。首先生成参考零件，其次手动生成工件，再创建分型面、体积块、模具元件、制模，最后定义开模，完成模具的整体设计。本例的重点是利用复制合并的方法生成分型面，需要读者很好地把握。

1.5.1 新建模具模型文件

1）在计算机 D 盘的"Moldesign"文件夹中，为模具工程建立一个名为"mushroom"的文件夹，然后将光盘文件"源文件\第 1 章\ex_1\mushroom.prt"复制到"mushroom"文件夹中。

2）启动 Creo Parametric 1.0 后，单击"主页"功能区的"数据"面板中"选择工作目录"按钮，将工作目录设置为"D:\Moldesign\mushroom\"。

3）单击"快速访问"工具栏中的"新建"按钮，弹出"新建"对话框，在其中选取"制造"和"模具型腔"，添加文件名为"mushroom"，取消"使用默认模板"选项，然后单击 确定 按钮。

4）在弹出的"新文件选项"对话框中选取"mmns_mfg_mold"，然后单击 确定 按钮，则新建一个模具模型文件，进入模具模型文件的工作环境，如图 1-26 所示。

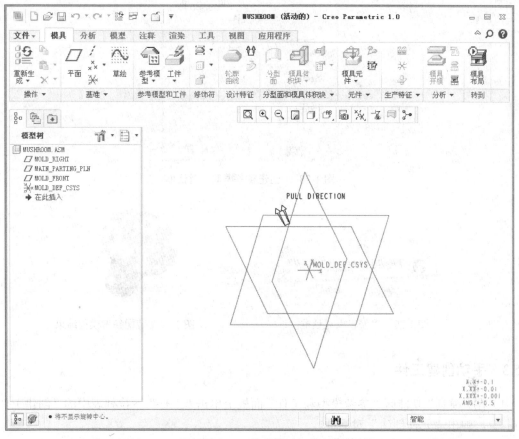

图 1-26　模具模型工作界面

1.5.2　添加参考模型

1）在"模具"功能区"参考模型和工件"面板上单击"参考模型"下拉列表中的"装配参考模型"按钮，在弹出的"打开"对话框中选取文件"mushroom.prt"，然后单击 打开 按钮。

2）系统弹出"元件放置"操控面板，选取约束类型为" 默认"，表示在默认位置装配参考模型。此时操控面板上"状况"后面显示为"完全约束"，如图 1-27 所示，单击 ✓ 按钮，系统弹出如图 1-28 所示的"创建参考模型"对话框，接受默认设置，单击 确定 按钮。

图 1-27　"元件放置"操控面板

3）系统弹出如图 1-29 所示的"警告"对话框，单击 确定 按钮，完成模型放置。放置效果如图 1-30 所示。

图 1-28 "创建参考模型"对话框

图 1-29 "警告"对话框   图 1-30 装配参考模型结果

1.5.3 手动创建工件

1）在"模具"功能区"参考模型和工件"面板上单击"工件"下拉列表中的"创建工件"
按钮，弹出"元件创建"对话框。

2）在名称框中填写元件名称为"mushroom_wrk"，如图 1-31 所示。单击 确定 按纽，弹
出如图 1-32 所示的"创建选项"对话框。

图 1-31 "元件创建"对话框   图 1-32 "创建选项"对话框

3）选取"创建特征"选项，单击 确定 按纽，进入"mushroom_wrk"零件编辑界面。

4）单击"模具"功能区"形状"面板上的"拉伸"按钮，系统弹出"拉伸"操控面
板，如图 1-33 所示。

5）单击"放置"下滑按钮，弹出如图 1-34 所示的"放置"下滑面板。单击"定义"按
钮，弹出"草绘"对话框。系统提示：

选择一个平面或曲面以定义草绘平面。（选取 MOLD_FRONT：F1 基准平面）

选择一个参考(例如曲面、平面或边)以定义视图方向。（选取 MAIN_PARTING_PLN：F2 基准平面）

图 1-33　"拉伸"操控面板　　　　　　　　　　图 1-34　"放置"下滑面板

6）此时"草绘"对话框设置如图 1-35 所示。单击 草绘 按钮，弹出"参考"对话框。系统提示：

选择垂直曲面、边或顶点，截面将相对于它们进行尺寸标注和约束。（选取基准 MOLD_FRONT 和 MAIN_PARTING_PLN）

7）此时"参考"对话框设置如图 1-36 所示，单击 关闭(C) 按钮，则进入草绘环境。

图 1-35　"草绘"对话框　　　　　　　　　　图 1-36　"参考"对话框

8）利用矩形命令绘制如图 1-37 所示的矩形。单击 ✔ 按钮，退出草绘操作。

9）在操控面板中选择"两侧对称" ⊟ 选项，输入深度值为 5，单击 ✔ 按钮，完成拉伸特征的创建。

10）在模型树中选取装配体零件后单击鼠标右键弹出如图 1-38 所示的右键快捷菜单，选择"激活"选项，回到模具模型的工作环境。建立的工件以绿色透明的方式显示在作图区中，结果如图 1-39 所示。

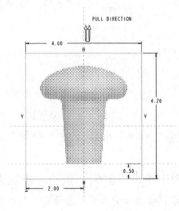　　　　　　　　

图 1-37　工件的草绘图　　　　　　　　图 1-38　右键快捷菜单

 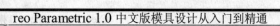

1.5.4　创建分型面 PART_SURF_1

1）单击"模具"功能区"分型面和模具体积块"面板上的"分型面"按钮 ⬜，弹出"分型面"功能区面板，进行分型面设计。

2）将工件隐藏后选取如图 1-40 所示的蘑菇头外表面。

图 1-39　添加工件结果　　　　　　　　　图 1-40　复制曲面

3）单击"快速访问"工具栏中的"复制"按钮 🖹，然后再单击"快速访问"工具栏中的"粘贴"按钮 🖹，弹出"曲面：复制"操控面板，如图 11-41 所示。

图 1-41　"曲面：复制"操控面板

4）单击"选项"下滑按钮，弹出如图 1-42 所示的下滑面板，接受系统默认的"按原样复制所有曲面"选项。

5）单击 ✔ 按钮，完成曲面的粘贴，此时在模型树中增加了如图 1-43 所示的"复制 1 [PART_SURF_1 – 分型面]"特征项目。

图 1-42　"选项"下滑面板　　　　　　　　图 1-43　模型树

6）将隐藏的工件显示，单击"分型面"功能区"形状"面板上的"拉伸"按钮 ⬜，弹出"拉伸"操控面板。

7）单击"放置"下滑按钮，在弹出的下滑面板中单击"定义"按钮。系统提示：

选取一个平面或曲面以定义草绘平面。（选取如图 1-44 所示的工件前表面为草绘平面，顶部

为参考平面）

8）"草绘"对话框的设置如图1-45所示。

9）单击 草绘 按钮，进入草绘界面。

图1-44 选取草绘平面和参考平面

图1-45 "草绘"对话框

10）单击"草绘"功能区"设置"面板上的"参考"按钮，系统弹出"参考"对话框，选取如图1-46所示的边线作为参考，单击 关闭(C) 按钮，进行草图绘制。

11）单击"草绘"功能区"草绘"面板上的"线链"按钮，绘制如图1-47所示的线段。

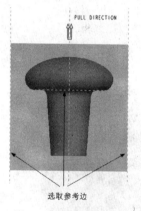

图1-46 选取参考

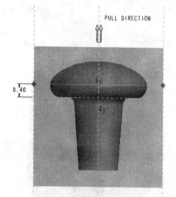

图1-47 绘制分型面的二维草图

12）单击 ✔ 按钮，完成草图的绘制。

13）在"拉伸"操控面板中选择"到选定项"选项。系统提示：

选择一个参考，如曲面、曲线、轴或点，以指定第1侧的深度。（选取草绘平面的对应面如图1-48所示）

14）单击 ✔ 按钮，生成结果如图1-49所示。

15）从模型树中选取刚刚复制生成的分型面和拉伸方法生成的分型面，如图1-50所示。

16）单击"分型面"功能区"编辑"面板上的"合并"按钮，弹出"合并"操控面板，如图1-51所示。

17）在"选项"下滑面板中选取"相交"选项，然后单击"反向"按钮来选取要保留两个合并曲面的哪一侧。对于本例，复制方法生成的分型面为第一面组，需要保留第一面组的上半部分，对于第二面组也是要保留其上半部分，如图1-52所示。

18）单击 ✔ 按钮，完成分型面的合并操作。合并的分型面如图1-53所示。

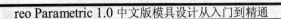

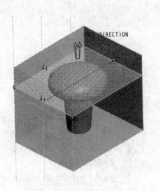

图 1-48 选取参考

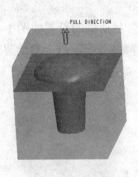

图 1-49 拉伸生成分型面

图 1-50 选取分型面

图 1-51 "合并"对话框

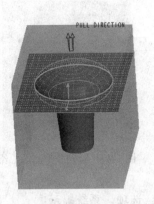

图 1-52 调整留取侧

图 1-53 合并的分型面

1.5.5 查看分型面

1）单击视图"快速访问"工具栏中的"着色"按钮 ，则生成的合并分型面如图 1-54 所示。

2）选取"继续体积块选取"菜单中的"完成/返回"选项，返回分型面设计环境。

3）单击 按钮，退出分型面设计环境。

1.5.6　创建体积块

1）在"模具"功能区"分型面和模具体积块"面板上单击"模具体积块"下拉列表中的"体积块分割"按钮 ，弹出"分割体积块"菜单，如图1-55所示。

图1-54　"合并 1 [PART_SURF_1-分型面]"着色结果

图1-55　"分割体积块"菜单

2）依次选取"两个体积块"→"所有工件"→"完成"命令，弹出"分割"和"选择"对话框，如图1-56所示。系统提示：

> 为分割工件选取分型面。（选取"合并 1 [PART_SURF_1-分型面]"特征，如图1-57所示）

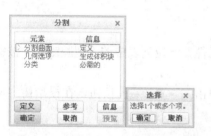

图1-56　"分割"和"选择"对话框　　图1-57　选取"合并 1 [PART_SURF_1-分型面]"特征

3）单击"选择"对话框中的 确定 按钮，然后单击"分割"对话框中的 确定 按钮，弹出"体积块名称"对话框。

4）接受系统默认的体积块名称"MOLD_VOL_1"，如图1-58所示，单击 确定 按钮，弹出第二个"体积块名称"对话框。

5）接受系统默认的体积块名称"MOLD_VOL_2"，单击"确定"按钮。

6）单击视图"快速访问"工具栏中的"着色"按钮 ，弹出"搜索工具:1"对话框。

7）选取面组F12（MOLD_VOL_2），单击 >> 按钮，添加进"项"显示栏中，单击 关闭 按钮，结果如图1-59所示。

8）选取"继续体积块选取"菜单中的"继续"选项，弹出"搜索工具:1"对话框。

9）选取面组F11（MOLD_VOL_1），单击 >> 按钮，添加进"项"显示栏中，单击 关闭 按钮，显示结果如图1-60所示。

10）选取"继续体积块选取"菜单中的"完成/返回"选项，返回设计界面。

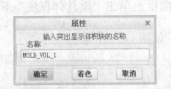

图 1-58　"体积块名称"对话框

图 1-59　体积块 MOLD_VOL_2 着色显示

a）正向

b）反面

图 1-60　体积块 MOLD_VOL_1

1.5.7　模具元件

1）在"模具"功能区"元件"面板上单击"模具元件"下拉列表中的"型腔镶块"按钮，弹出"创建模具元件"对话框，如图 1-61 所示

2）单击 ▤ 按钮，选取模具元件中的所有元件，单击 确定 按钮，在模型树中增加如图 1-62 所示的体积块特征。

图 1-61　"创建模具元件"对话框

▶　MOLD_VOL_1.PRT
▶　MOLD_VOL_2.PRT

图 1-62　模型树中的体积块特征

1.5.8　制模

1）单击"模具"功能区"元件"面板上的"创建铸模"按钮，弹出文本输入框，如图 1-63 所示。

输入零件 名称 [PRT0001].

CAVITY-MOLD

图 1-63　文本框

2）在文本框中输入 CAVITY-MOLD，单击✓按钮或按回车键。

3）系统再次弹出文本输入框，直接单击✓按钮或按回车键，完成制模的生成，在模型树中增加如图 1-64 所示的制模特征。

▶ 🖵 MOLD_VOL_1.PRT
▶ 🖵 MOLD_VOL_2.PRT
▶ 🗀 CAVITY-MOLD.PRT
　　➡ 在此插入

图 1-64　模型树中的制模特征

1.5.9　开模

1）隐藏参考模型、分型面和工件（模具体积块）。

2）单击"模具"功能区"分析"面板上的"模具开模"按钮 🗐，弹出如图 1-65 所示的"模具开模"菜单。

3）选取"模具开模"菜单中的"定义间距"选项，弹出如图 1-66 所示的"定义间距"菜单。

4）选取"定义移动"选项，弹出如图 1-67 所示的"选择"对话框。系统提示：

图 1-65　"模具开模"菜单　　　图 1-66　"定义间距"菜单　　　图 1-67　"选择"对话框

为迁移号码1选择构件。（选取模具体积块 MOLD_VOL_1）

5）单击"选择"对话框中的 确定 按钮。系统提示：

通过选择边、轴或面选择分解方向。（选取如图 1-68 所示的边）

图 1-68　选取移动的方向

6）系统弹出文本框，输入位移值为 10，如图 1-69 所示。

23

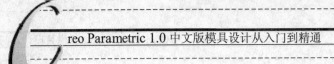

图 1-69　文本框

7）单击 ✓ 按钮或按回车键，完成位移的设置。

8）选取"定义间距"菜单中的"完成"选项，结果如图 1-70 所示。

图 1-70　第一步分解结果

9）选取"模具开模"菜单中的"定义间距"选项。

10）选取"定义间距"菜单中的"定义移动"选项，弹出"选择"对话框。系统提示：

为迁移号码 1 选择构件。（选取制模元件 CAVITY-MOLD）

11）单击"选择"对话框中的 确定 按钮。系统提示：

通过选取边、轴或面选择分解方向。（选取如图 1-71 所示的边）

12）系统弹出文本框，输入位移值为 5。

13）单击 ✓ 按钮或按回车键，完成位移的设置。

14）选取"定义间距"菜单中的"完成"选项，结果如图 1-72 所示。

15）在"模具开模"菜单中选取"完成/返回"选项，完成开模操作。

图 1-71　选取移动的方向

图 1-72　第二步分解

第2章

模具模型

本章导读

　　模具模型就是生成的扩展名为.mfg 的模具设计文件。建立模具模型就是将设计模型装配到模具模型中，使之成为模具设计的参照模型。

重点与难点

- 参考模型的生成方法
- 工件的生成方法

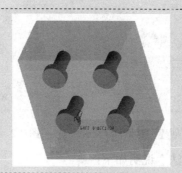

2.1 创建参考模型

在模具模型中，将预先生成的设计零件装配至模具模型中使其成为模具模型中的参考模型。但参考模型与设计零件还是有不同的，设计零件通常不包含有关塑模技术所需要的一些设计特征，例如在设计模型中可以不考虑收缩、拔模斜度等特征，而参考模型是以设计零件为基础同时还要考虑与塑模技术有关的技术特征。

在 Creo/MOLDESIGN 模块中，提供了三种方法来生成参考模型：

1）利用装配的方式，将参考零件装入模具模型中。

2）利用直接创建的方式，在模具模型中直接创建一个参考零件。

3）利用定位参考零件的布局方式，为用户提供自动化的装配模式，来规划参考模型在模具中的位置。

下面就分别来介绍这三种方式。

2.1.1 创建参考零件

进入模具模块设计工作环境后，在"模具"功能区"参考模型和工件"面板上单击"参考模型"下拉列表中的"创建参考模型"按钮，此时将弹出"元件创建"对话框，如图 2-1 所示。

（1）"元件创建"对话框中各项"子类型"说明。

1）实体：创建实体零件。

2）钣金件：创建钣金件。

3）相交：通过两个或多个相交零件来创建新零件。

4）镜像：通过对现有零件的镜像操作来创建零件。

（2）当完成"元件创建"对话框中的各项设置后，单击 确定 按钮，弹出如图 2-2 所示的"创建选项"对话框。

图 2-1 "元件创建"对话框

图 2-2 "复制现有"创建方法

对话框中各项"创建方法"说明如下：

1）复制现有：从一个已有的文件中复制零件。单击"浏览"按钮，从文件中选取已经存在的零件，后续步骤同"装配"方式生成参考零件一样。

2）定位默认基准：创建一个参考零件，同时需要利用指定的参考基准将零件加入模具模型中。提供"三平面"、"轴垂直于平面"和"对齐坐标系与坐标系"3 种定位基准特征，如图 2-3 所示。

3）空：创建一个不包含任何初始几何特征的零件。

4）创建特征：为现有的参考创建一个不具备装配关系的新零件，如图 2-4 所示。

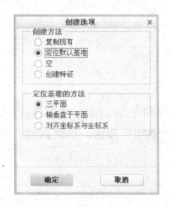
图 2-3　"定位默认基准"创建方法

图 2-4　"创建特征"创建方法

（3）当完成"创建选项"对话框中的各项设置后，单击 确定 按钮，完成创建的设置，进入实体零件模型，创建参考零件。

2.1.2　定位参考零件

图 2-5　"布局"对话框

进入模具模块设计工作环境后，在"模具"功能区"参考模型和工件"面板上单击"参考模型"下拉列表中的"定位参考模型"按钮 ，此时将弹出"布局"和"打开"对话框。"布局"对话框如图 2-5 所示。

（1）在"打开"对话框中选取要加入的参考零件，单击 打开 按钮，弹出"创建参考模型"对话框。

（2）当完成"创建参考模型"对话框中的各项设置后，单击 确定 按钮，此时"布局"对话框为当前活动对话框，如图 2-5 所示。

1）参考模型起点与定向：单击其下方的 按钮，则弹出"获得坐标系类型"菜单，可以从模型中选取需要的坐标系作为参考模型的起点。

2）布局起点：单击其下方的 按钮，则弹出"得到坐标系"对话框，可以从中选取需要的坐标系作为布局的起点。

3）单一：生成单一的参考零件。

27

4）矩形：生成以矩形阵列方式排列的参考零件，如图 2-6 所示。需要指定"方向"、"型腔数"和"增量"。

方向：包括恒定、X 对称和 Y 对称三种。

型腔数：是指在 X 方向和 Y 方向上参考零件的数量。

增量：是指在 X 方向和 Y 方向参考零件之间的距离。

5）圆形：生成以圆形阵列方式排列的参考零件，如图 2-7 所示。需要指定"方向"、"型腔数"、"半径"、"起始角"和"增量"。

方向：包括恒定和径向两种选取。

型腔数：是指总的参考零件个数。

半径：是指圆形布局的半径。

起始角：是指第一个参考零件相对于 0° 角的角度。

增量：是指参考零件之间的角度。

6）可变：用户可以自定义阵列列表，生成在 X 方向和 Y 方向的参考零件阵列，如图 2-8 所示。用户可以修改每个参考零件的尺寸，或者通过"添加"按钮，从磁盘调入阵列表，或者将阵列表保存到磁盘上。

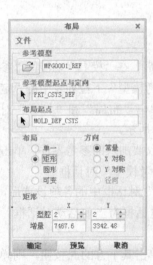

图 2-6　"矩形"布局

图 2-7　"圆形"布局

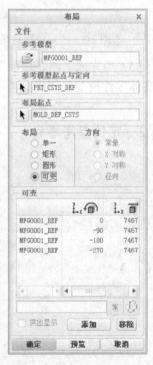

图 2-8　"可变"布局

（3）当完成"布局"对话框中的各项设置后，单击　确定　按钮，生成参考零件或生成以阵列方式排列的参考零件。

2.1.3 装配参考零件

进入模具模块设计工作环境后，在"模具"功能区"参考模型和工件"面板上单击"参考模型"下拉列表中的"装配参考模型"按钮 ，此时将弹出"打开"对话框，在此对话框中找到要加入到模具模型中的设计零件，然后单击 打开 按钮，弹出如图 2-9 所示的操控面板。

图 2-9 "元件放置"操控面板

（1）"放置"下滑列表如图 2-10 所示，在所有元件的装配中都会用到，所以作用十分重要。在此详细介绍各个项目的具体功能。

1）集 1：选取要放置的元件的约束类型，分为自动和新建约束。

2）约束类型：选取自动类型约束的任意参考，约束类型下拉列表如图 2-11 所示。

图 2-10 "放置"下滑列表框　　图 2-11 约束类型下拉列表框

在此下滑列表中共有 11 种约束类型，各个约束的具体含义如下：

1）自动：由系统通过猜测来设置适当的约束类型，如配对、对齐等。使用过程中用户只需选取元件和相应的组建参考即可，如图 2-12 a 所示。

2）距离：用来确定两参考间的偏移距离，如图 2-12 b 所示。

3）角度偏移：用来确定两参考间的偏移角度，如图 2-12c 所示。

4）平行：使两个参考法向方向相互平行，约束的参考的类型必须相同（平面对平面、旋转对旋转、点对点、轴对轴），如图 2-12d 所示。

5）重合：使两个参考重合，法向方向相互平行并且方向相同或相反，约束的参考类型必须相同（平面对平面、旋转对旋转、点对点、轴对轴），如图 2-12e 所示。

6）法向：使两参考垂直，如图 2-12f 所示。

7）共面：用来确定两参考共面，如图 2-12g 所示。

8）居中：将一个旋转曲面插入另一旋转曲面中，且使它们各自的轴同心，如图 2-12 h 所示。

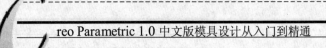
9）相切：使不同元件上的两个参考呈相切状态，如图 2-12i 所示。

10）固定：在目前位置直接固定元件的相互位置，使之达到完全约束状态，如图 2-12j 所示。

11）默认：使两个元件的默认坐标系相互重合并固定相互位置，使之达到完全约束状态，如图 2-12k 所示。

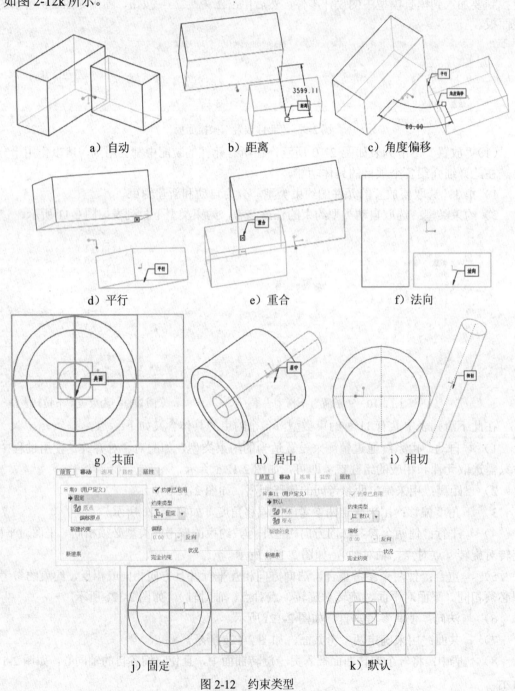

图 2-12 约束类型

（2）"移动"下滑列表，如图2-13所示。

1）运动类型（如图2-14所示）：

定向模式：使用（鼠标中键）定向对象，可以进行旋转，左键结束操作。

平移：利用鼠标左键来对平移对象，中键结束操作。

旋转：利用鼠标左键使对象绕选定的参考点或轴旋转，中键结束操作，利用右键可以进行平移操作。

调整：将选取的元件上的曲面调整到参考平面。

图2-13 "移动"列表框

图2-14 运动类型下拉列表

2）运动参考：选定的平面或边作为运动的参考；

（3）"挠性"：选取此命令可以向所选的组件添加挠性元件。

1） ：利用界面放置。

2） ：进行手动放置。

3） ：将约束转换为结构连接或反之。

4） ：指定约束时在单独的窗口显示元件。

5） ：指定约束时在组件窗口中显示元件。

6） ：暂停按钮，暂停此工具以访问其他的对象工具。

当完成"元件放置"对话框中的各项设置后，单击 ✓ 按钮，弹出"创建参考模型"对话框，如图2-15所示。

1）按参考合并：表示要加入的参考模型是直接从设计零件复制而来的。在这种情况下，必须在"参考模型名称"文本框中输入参考模型的名字。系统默认此选项。

2）同一模型：表示要加入的参考模型同设计零件是同一文件，彼此关联，此时"参考模型名称"文本框为灰色，不可用。当完成"创建参考模型"对话框中的各项设置后，单击 确定 按钮，完成在装配方式下加入参考零件。

图2-15 "创建参照模型"对话框

2.2 模具元件

模具元件是指使熔融材料成型的模具或铸造组件中的元件。提取模具体积块后，模具元件即成为功能齐全的 Creo Parametric 零件，它可在零件模式中调出，可在绘图中使用，也可用 Creo/NC 进行加工。创建模具元件的步骤如下：

（1）可以在"模具"功能区"元件"面板上单击"模具元件"下拉列表中的"创建模具元件"命令，系统弹出"元件创建"对话框。输入要创建模具元件的名称和公用名称，然后单击 确定 按钮，如图 2-16 所示。

（2）系统弹出"创建选项"对话框，如图 2-17 所示。选取"创建特征"选项后，单击 确定 按钮。

图 2-16　"元件创建"对话框　　　图 2-17　"创建选项"对话框

2.3 创建工件

工件代表直接参与材料成型的模具元件的整个体积，也可以理解为模具的毛坯，它完全包含着参考模型。

工件的初始大小是由于参考模型的几何边界框大小决定的，工件的方向是由模具模型或模具组件的坐标系决定的。

在 Creo/MOLDESIGN 模块中，提供了三种方法来生成工件：

第一种是利用装配的方式，将预先设计好的工件装入模具模型中。

第二种是利用自动创建的方式，在模具模型中自动创建工件。

第三种是当工件的形状比较复杂时，用户可以利用手工创建的方式创建工件。这三种方式在第 1 章介绍过，这里不再赘述。

2.4 实例

2.4.1 自动创建工件——创建单一型腔的模具模型

本实例采用最简单的生成模具模型的方法（也就是装配方法）生成参考模型，采用自动方法创建工件。

1．新建模具模型文件

1）在计算机 D 盘的"Moldesign"文件夹中，为模具工程建立一个名为"sleeve"的文件夹，然后将光盘文件"源文件\第 2 章\ex_1\sleeve.prt"复制到"sleeve"文件夹中。

2）运行 Creo Parametric1.0 软件，单击"主页"功能区的"数据"面板中"选择工作目录"按钮，将工作目录设置为"D：\Moldesign\sleeve\"。

3）单击"快速访问"工具栏中的"新建"按钮，弹出"新建"对话框，在其中选取"制造"和"模具型腔"，添加文件名为 sleeve，取消"使用默认模板"选项的勾选，然后单击 确定 按钮。

4）在弹出的"新文件选项"对话框中选取"inlbs_mfg_mold"，然后单击 确定 按钮，则新建一个模具模型文件，进入模具模型文件的工作环境。

2．添加参考模型

1）在"模具"功能区"参考模型和工件"面板上单击"参考模型"下拉列表中的"装配参考模型"按钮，在"打开"对话框中，拾取文件"sleeve.prt"，然后单击 打开 按钮；系统弹出"元件放置"操控面板。

2）在"元件放置"操控面板中，选取约束类型为"默认"，如图 2-18 所示，将元件放置到默认位置，单击 按钮。

图 2-18　元件放置操控板

3）系统弹出"创建参考模型"对话框，选取"按参考合并"选项，并接受系统默认的文件名，单击 确定 按钮。在弹出的"警告"对话框中单击 确定 按钮，添加参考模型过程完成，此时指定的零件显示在 Creo Parametric1.0 的工作环境中，如图 2-19 所示。

3．自动创建工件

1）在"模具"功能区"参考模型和工件"面板上单击"工件"下拉列表中的"自动工件"按钮，弹出"自动元件"对话框，如图 2-20 所示。系统提示：

选择铸模原点坐标系。（选取系统坐标系 MOLD_DEF_CSYS）

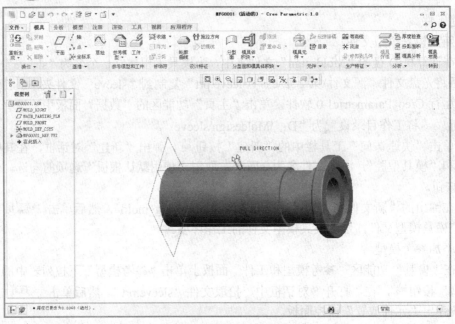

图 2-19　添加参考模型

2）在"形状"选项组中选取"标准矩形"选项，"单位"选项组中选取"mm"选项，X、Y、Z 三个方向的偏距都设为"20"。"自动工件"对话框各项设置的最后结果如图 2-23 所示。单击"确定"按钮，结果如图 2-21 所示。

图 2-20　"自动工件"对话框

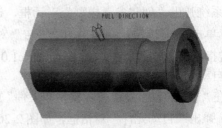

图 2-21　自动创建工件结果

2.4.2 手动创建工件——创建单一型腔模具模型

本实例的重点是采用手动创建工件的方法来生成单一型腔的模具模型。

1．新建模具模型文件

1）在计算机 D 盘的"Moldesign"文件夹中，为模具工程建立一个名为"sleeve2"的文件夹，然后将光盘文件"源文件\第 2 章\ex_2\sleeve.prt"复制到"sleeve2"文件夹中。

2）运行 Creo Parametric1.0 软件，单击"主页"功能区的"数据"面板中"选择工作目录"按钮，将工作目录设置为"D：\Moldesign\sleeve2\"。

3）单击"快速访问"工具栏中的"新建"按钮，弹出"新建"对话框，在其中选取"制造"和"模具型腔"选项，添加文件名为 sleeve2，取消"使用默认模板"选项的勾选，然后单击 确定 按钮。

4）在弹出的"新文件选项"对话框中选取"inlbs_mfg_mold"，然后单击 确定 按钮，则新建一个模具模型文件，进入模具模型文件的工作环境。

2．添加参考模型

1）在"模具"功能区"参考模型和工件"面板上单击"参考模型"下拉列表中的"装配参考模型"按钮，在"打开"对话框中拾取文件"sleeve.prt"，然后单击 打开 ▼ 按钮；在弹出的"元件放置"对话框中选取约束类型为"默认"，将元件放置到默认位置，单击 ✔ 按钮。

2）在弹出的"创建参考模型"对话框中，选取"按参考合并"选项，并接受系统默认的文件名，单击 确定 按钮，在弹出的"警告"对话框中单击 确定 按钮。

3．手动创建工件

1）在"模具"功能区"参考模型和工件"面板上单击"工件"下拉列表中的"创建工件"按钮，弹出"元件创建"对话框，如图 2-22 所示。"类型"中选取"零件"，"子类型"中选取"实体"，文件命名为：sleeve2，如图 2-22 所示。

2）单击"元件创建"对话框中的 确定 按钮，弹出"创建选项"对话框，选取"创建特征"选取，如图 2-23 所示。

图 2-22　"元件创建"对话框

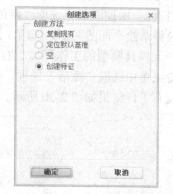

图 2-23　"创建选项"对话框

3）单击"创建选项"对话框中的 确定 按钮。系统进入到"SLEEVE2.PRT"编辑状态，

Creo Parametric 1.0

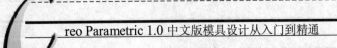

模型上出现一个绿色的星号。

4）单击"模具"功能区"形状"面板上的"拉伸"按钮□，系统弹出"拉伸"操控面板，如图 2-24 所示。

5）在"拉伸"操控面板中单击"放置"下滑按钮，弹出如图 2-25 所示的"放置"下滑面板；单击"定义"按钮，弹出如图 2-26 所示的"草绘"对话框。系统提示：

> 选择一个平面或曲面以定义草绘平面。（选取 MAIN_PARTING_PIN：F2 基准平面）

> 选择一个参考（例如曲面、平面或边）以定义视图方向。（选取 MOLD_FRONT：F3 基准平面）

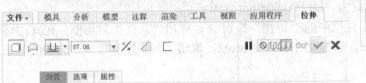

图 2-24 "拉伸"操控面板   图 2-25 "放置"下滑面板

6）单击 草绘 按钮，弹出"参考"对话框，如图 2-27 所示。系统提示：

> 选择垂直曲面、边或顶点，截面将相对于它们进行尺寸标注和约束。（选取参考模型的最外围的四条边，如图 2-28 所示）

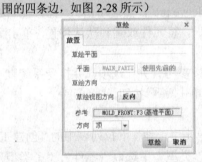

图 2-26 "草绘"对话框   图 2-27 "参考"对话框

7）单击"参考"对话框中的 关闭(C) 按钮，进入草绘工作界面，利用矩形命令绘制如图 2-29 所示的矩形。单击✔按钮，退出草图绘制环境。

8）在"拉伸"操控面板中选取"两侧对称" □（此按钮表示在一个方向上以指定深度值的一半，拉伸草绘平面的两侧）选项，设置拉伸数值为"200"，单击✔按钮，完成拉伸特征的创建，回到模具模型的工作环境。右键单击模型树中的"SLEEVE2.ASM"模型，在弹出的右键快捷菜单中选取"激活"选项，将其激活，进入到装配设计环境，此时工件模型上的绿色星号没有了，结果如图 2-30 所示。

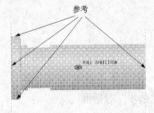
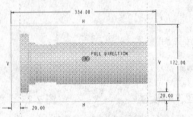

图 2-28 拾取参考结果   图 2-29 工件的草绘图   图 2-30 添加工件结果

2.4.3　创建多型腔的模具模型

本实例是创建多型腔的模具模型。与前两个实例不同，本实例首先装配工件，然后通过对"布局"对话框的设置来生成多个型腔。

1. 新建模具模型文件

1）在计算机的 D 盘"Moldesign"文件夹中，为模具工程建立一个名为"morecave"的文件夹，然后将光盘文件"源文件\第 2 章\ex_3\ morecave.prt 和 bold.prt"复制到"morecave"文件夹中。

2）运行 Creo Parametric1.0，单击"主页"功能区的"数据"面板中"选择工作目录"按钮，将工作目录设置为"D：\Moldesign\morecave\"。

3）单击"快速访问"工具栏中的"新建"按钮，弹出"新建"对话框，在其中选取"制造"和"模具型腔"选项，添加文件名为 morecave，然后单击 确定 按钮，则新建一个模具模型文件，进入模具模型文件的工作环境。

2. 添加工件

1）在"模具"功能区"参考模型和工件"面板上单击"工件"下拉列表中的"装配工件"按钮，在"打开"对话框中选取文件"morecave.prt"。

2）单击"打开"对话框中的 打开 ▼ 按钮，则工件显示在作图区，如图 2-31 所示；

图 2-31　添加工件

3）在"元件放置"操控面板中，选取约束类型为"默认"，单击 ✔ 按钮，完成添加工件。

3. 定位参考模型

1）在"模具"功能区"参考模型和工件"面板上单击"参考模型"下拉列表中的"定位参考模型"按钮，在"打开"对话框中选取文件"bold.prt"，单击 打开 ▼ 按钮。

2）在弹出的"创建参考模型"对话框中接受系统默认的"按参考合并"和"参考模型名称"为 MORECAVE_REF，如图 2-32 所示。单击 确定 按钮，弹出如图 2-33 所示的"布局"对话框。

3）单击"布局"对话框中的"参考模型起点与定向"下方的 ▶ 按钮，弹出如图 2-34 所示的参考模型和"获得坐标系类型"菜单。

4）选取"获得坐标系类型"菜单中的"动态"选项，弹出如图 2-35 所示的"参考模型方向"对话框。

5）在"参考模型方向"对话框中，选取"旋转"选项；"X"轴数值设置为"90"。单击 确定 按钮。

图 2-32 "创建参考模型"对话框

图 2-33 "布局"对话框

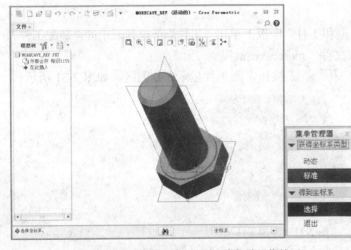

图 2-34 参考模型和"坐标系类型"菜单

图 2-35 "参考模型方向"对话框

6）返回到"布局"对话框，将此对话框中的"布局"设置为"圆形"，"方向"为"常量"，"型腔"数为"9"，"半径"为"100"，"增量"为"40"，如图 2-33 所示。

7）单击"布局"对话框中的 [确定] 按钮，则作图区显示，如图 2-36 所示。图 2-37 所示为隐藏工件后参考模型的阵列结果。

图 2-36 多型腔模具模型圆形阵列

图 2-37 参考模型圆形阵列

4．改变参考模型阵列形式

1）在模型树中选取"阵列（MORECAVE_REF.PRT）"，单击鼠标右键，从弹出的右键快捷菜单中选取"编辑定义"选项，则弹出"布局"对话框。

2）"布局"对话框的各项设置如图 2-38 所示。布局为矩形，X 型腔为"5"，增量为"60"；Y 型腔为"4"，增量为"70"。

3）单击 确定 按钮，结果如图 2-39 所示。图 2-40 所示隐藏工件后的参考模型矩形阵列结果。

图 2-38 "布局"对话框

图 2-39 多型腔模具模型矩形阵列

图 2-40 参考模型矩形阵列

2.4.4 元件放置方法——创建多型腔模具模型

本实例是创建多型腔的模具模型。与上例相比，本实例主要是通过定义参考模型的相对位置来生成多型腔的模具模型。

1．新建模具模型文件

1）在计算机 D 盘的"Moldesign"文件夹中，为模具工程建立一个名为"placeorgan"的文件夹，然后将光盘文件"源文件\第 2 章\ex_4\bold.prt"复制到"placeorgan"文件夹中。

2）运行 Creo Parametric1.0 软件，单击"主页"功能区的"数据"面板中"选择工作目录"按钮 ，将工作目录设置为"D：\Moldesign\placeorgan\"。

3）单击"快速访问"工具栏中的"新建"按钮 ，弹出"新建"对话框，在其中选取"制造"和"模具型腔"选项，添加文件名为 placeorgan，取消"使用默认模板"选项的勾选。单击 确定 按钮，在弹出的"新文件选项"对话框中选取"mmns_mfg_mold"，然后单击 确定 按钮，则新建一个模具模型文件，进入模具模型文件的工作环境。

2．装配第一个参考模型

1）在"模具"功能区"参考模型和工件"面板上单击"参考模型"下拉列表中的"装配参考模型"按钮 ，在"打开"对话框中选取文件"bolt.prt"；选取"类属模型"方式打开。

2）在"元件放置"操控面板中，选取约束类型为"默认"，将元件放置到默认位置，单

击 ✔ 按钮。

3）在"创建参考模型"对话框中，选取"按参考合并"，并接受系统默认的文件名，单击 确定 按钮。在弹出的"警告"对话框中单击 确定 按钮。

3．装配第二个参考模型

1）在"模具"功能区"参考模型和工件"面板上单击"参考模型"下拉列表中的"装配参考模型"按钮 ，在"打开"对话框中选取文件"bolt.prt"；选取"类属模型"方式打开。系统提示：

> 选择自动类型约束的任意参考。

2）第一个约束选取参考模型的 Top 基准平面和模具模型的 Mold_Parting_Pln 基准平面，约束类型为"重合"。

3）第二个约束选取参考模型的 Right 基准平面和模具模型的 Mold_Right 基准平面，指示方向上的距离输入"40"。

4）第三个约束选取参考模型的 Front 基准平面和模具模型的 Mold_Front 基准平面，约束类型为"重合"；此时，放置状态显示"完全约束"，则单击 ✔ 按钮，完成约束的设置。

5）在弹出的"创建参考模型"对话框中，选取"按参考合并"，并接受系统默认的文件名，单击 确定 按钮。结果如图 2-41 所示。

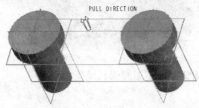

图 2-41　装配第二个参考模型结果

4．装配第三个参考模型

1）在"模具"功能区"参考模型和工件"面板上单击"参考模型"下拉列表中的"装配参考模型"按钮 ，在"打开"对话框中选取文件"bolt.prt"，结果如图 2-42 所示。此时，三个参考模型在一条直线上。

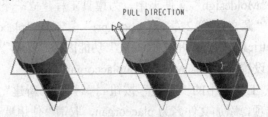

图 2-42　加入第三个参考模型

2）在"元件放置"操控面板中，单击"移动"下滑按钮，在下滑面板中选取"运动类型"为"平移"，利用鼠标的移动将第三个参考模型进行移动，结果如图 2-43 所示。系统提示：

> 选择自动类型约束的任意参考。

第一个约束类型为"重合"，选取第一个和第三个参考模型的 Right 基准平面。

第二个约束类型为"距离"，选取第一个和第三个参考模型的 Front 基准平面，指示方向上的偏距（mms）：输入"40"。

第三个约束类型为"重合"，选取第一个和第三个参考模型的 Top 基准平面。

此时，放置状态显示"完全约束"，则单击 ✓ 按钮，完成第三个参考模型的放置操作。

3）在"创建参考模型"对话框中，选取"按参考合并"，并接受系统默认的文件名，单击 确定 按钮。结果如图 2-44 所示。

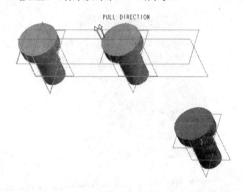

图 2-43 移动第三个参考模型结果   图 2-44 装配第三个参考模型结果

5．装配第四个参考模型

类似于步骤 4 的操作，装配第四个参考模型，结果如图 2-45 所示。

6．创建工件

1）创建基准平面"ADTM1"，单击"模具"功能区"基准"面板上的"平面"按钮 ⬜，弹出"基准平面"对话框，选取"放置"选项卡，选取"MOLD_FRONT"基准平面，在"平移"框中输入"20"作为平移距离，生成基准平面 ADTM1，如图 2-46 所示。

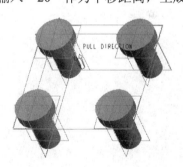
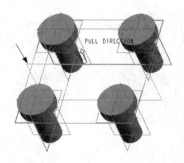

图 2-45 装配第四个参考模型结果   图 2-46 生成基准平面 ADTM1

2）在"模具"功能区"参考模型和工件"面板上单击"工件"下拉列表中的"创建工件"按钮 🗊，弹出"元件创建"对话框，输入工件名"boltpiece"，单击"元件创建"对话框中的 确定 按钮，弹出"创建选项"对话框，选取"创建特征"选取，单击"创建选项"对话框中的 确定 按钮。系统进入"BOLTPIECE.PRT"编辑状态，模型上出现一个绿色的星号。

3）单击"模具"功能区"形状"面板上的"拉伸"按钮 🗗，系统弹出"拉伸"操控面板。选取"ADTM1"基准平面作为草绘平面，选取"MAIN_PARTING_PLN"基准平面作为参考平面。绘制如图 2-47 所示的图形。单击 ✓ 按钮，退出草图绘制环境。

Creo Parametric 1.0

4）在"拉伸"操控面板中选取"两侧对称" ，深度值设为"88"，单击 ✓ 按钮，完成拉伸特征的创建，回到模具模型的工作环境。右键单击模型树中的"PLACEORGAN.ASM"模型，在弹出的右键快捷菜单中选取"激活"选项，将其激活，进入装配设计环境，此时工件模型上的绿色星号没有了。结果如图 2-48 所示。

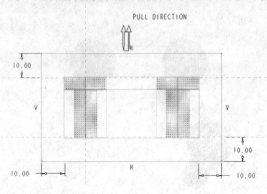

图 2-47　草绘工件图形

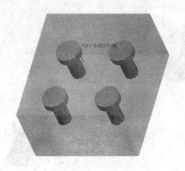

图 2-48　创建工件结果

第**3**章

拔模斜度和收缩率

本章导读

    本章将主要介绍在模具设计中拔模斜度的设置和收缩率的设置。首先介绍了拔模斜度的概念及其在 CreoParametric1.0 中的检测，其次介绍了收缩率的设置，包括按尺寸设置、按比例设置两种方法设置收缩率，最后是具体的实例练习。

重点与难点

- 拔模斜度的设置
- 拔模斜度的检测
- 收缩率的设置

拔模枢轴

拔模曲面

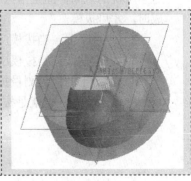

3.1 拔模斜度

在模具开模时,由于塑件的冷却收缩而引起上下模与分型面垂直的模壁表面上产生应力,这种应力将会导致塑料零件的变形甚至破裂。为了克服这种应力,可以在产生收缩和应力的曲面上设计一定的拔模斜度,方便拔模。

拔模斜度的方向,如果是内孔,则以内孔的小端为准,方向由扩大向取得如图 3-1 所示的角 a;如果是外端部,则以外端部的大端为准,方向由缩小向取得如图 3-1 所示的角 b。

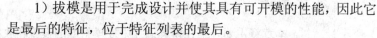

但并非在零件模型的所有曲面上均设置拔模斜度,通常只在零件模型与模具的打开方向垂直的某些曲面上加入拔模斜度。另外,创建拔模斜度时应遵循下面一些原则:

1)拔模是用于完成设计并使其具有可开模的性能,因此它是最后的特征,位于特征列表的最后。

图 3-1 塑件的斜度

2)当曲面上具有圆角特征时,不能生成拔模特征。此时,处理的方法是:先加入拔模特征,然后再加入圆角特征。

3)如需加入薄壳特征和拔模特征,此时,应先加入拔模特征,然后再加入薄壳特征,这样拔模特征会加在薄壳的内外两侧,否则拔模特征只能加在薄壳的外侧,导致拔模特征创建的失败。

4)若拔模失败,可以先尝试用一个较小的拔模角,例如 0.5°～1°,然后继续进行创建并检查拔模失败发生的位置。

拔模是 Creo Parametric 提供的一个特征。但在实际使用中,它又有限制:拔模只能在平面、圆柱面和样条曲线、曲面上形成一个拔模斜面。Creo Parametric 主要提供了两种拔模斜度生成的方法,下面将详细介绍这两种拔模方法。

3.1.1 拔模术语

拔模中有些术语对于初涉模具的读者来说比较陌生,这里先简单介绍一下拔模术语。

1)拔模曲面中:是指在模型中要加入拔模特征的曲面。这些曲面可以是任何规则曲面。这里所说的规则曲面是指只在一个方向上有曲率的曲面。仅当曲面是由列表圆柱面或平面形成时,才可拔模。

2)中性平面:当拔模应用到拔模曲面时,大小保持不变的平面或基准平面为中性平面。

3)中性曲线:当拔模应用到拔模曲面时,其尺寸保持不变的边或基准曲线为中性曲线。

4)参考平面:为测量拔模角度而建立的平面或基准平面。一般垂直于模具的拉伸方向。

5)拔模角度:也就是拔模方向与生成的拔模曲面之间的角度。拔模角度必须在–30º～30º范围内。

3.1.2 曲面拔模

创建中曲面拔模主要是将拔模曲面以中性基准曲线或边线为中心旋转而成。

进入模具模块设计工作环境后，打开参考模型，单击"模型"功能区"工程"面板上的"拔模"按钮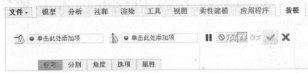，弹出如图 3-2 所示的操控面板。

图 3-2 "拔模"操控面板

（1）按钮：定义拔模枢轴的平面或曲线链，最多可选取两个平面或曲线链。在选取第二枢轴前，必须先用分割对象分割拔模曲面。

（2）按钮：定义拖动方向的平面、轴、直边或者坐标系。

（3）"参考"下滑面板：定义用于拔模特征中的参考信息，如图 3-3 所示。

1）拔模曲面：用来选取拔模曲面。

2）拔模枢轴：用来定义拔模曲面上的中性曲线，即曲面围绕其旋转的拔模曲面上的线或曲线。最多可选取两个拔模枢轴。在选取第二个枢轴前，必须先用分割对象分割拔模曲面。

3）拖动方向：用于测量拔模角度的方向。通常为模具开模的方向。一般通过选取平面（在这种情况下拖动方向垂直于此平面）、直边、基准轴或坐标轴来定义它。

（4）"分割"下滑面板：利用分割拔模，用户可将不同的拔模角度应用于曲面的不同部分，如图 3-4 所示。

1）分割选项：对拔模曲面进行分割和不分割操作。包括"不分割"和"根据分割对象分割"两个选项。

2）分割对象：生成分割曲线。

3）侧选项：为拔模曲面的侧面产生指定的拔模角度。

（5）"角度"下滑面板：拔模的角度值。

（6）"选项"下滑面板：对拔模曲面进行操作的选项，如图 3-5 所示。

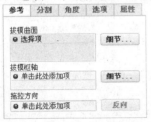

图 3-3 "参考"下滑面板　　图 3-4 "分割"下滑面板　　图 3-5 "选项"下滑面板

1）排除环：用来选取要从拔模曲面中排除的拔模轮廓。

2）拔模相切曲面：系统会自动延伸拔模，从而来包含与所选拔模曲面相切的曲面。此项是系统默认选项。

3）延伸相交曲面：系统将试图延伸拔模从而能够与其相邻的曲面接触。

Creo Parametric 1.0

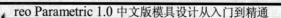
（7）"属性"下滑面板：包含拔模特征名称和用于访问特征信息的图标。

3.1.3 曲线拔模

在零件编辑状态下进入模具和铸造界面，单击"模具和铸造"功能区"设计特征"面板下的"拔模线"命令，弹出输入拔模线的名称文本框如图 3-6 所示，输入名称后会弹出如图 3-7 所示的"拔模线"菜单。

1）拔模曲线：生成草图曲线。

2）分模曲线：生成分模曲线。

3）自动分模曲线：由两条分模曲线自动生成新的复合分模曲线。

4）投影：对曲线进行投影操作。

5）分割：对曲线进行分割操作。

6）连接：对曲线进行连接操作。

7）包括：对曲线进行包含操作。

8）排除：对选定的曲线进行排除操作。

9）删除上一个：将上一条拔模曲线删除。

10）重定义：重新生成拔模曲线。

11）显示曲线：显示生成的拔模曲线。

12）信息：显示拔模曲线的信息。

13）拖拉方向：改变拔模的拖拉方向。

14）分型面：改变分型面。

输入拔模线名称[退出]

DRAFT_LINE_12

图 3-6 输入拔模线的名称文本框　　　　图 3-7 "拔模线"菜单

3.1.4 相切拔模

在"模型"功能区"切口和曲面"面板中的"拔模"下拉列表中单击"相切拔模"命令，弹出"相切拔模：相切拔模"对话框。图 3-8 所示为"曲面:相切曲面"对话框的"结果"选项卡。

（1）"结果"选项卡

1）基本选项：包括以曲线驱动的方式来创建相切拔模（图 3-8 所示的第一个图标）、恒定角度的相切拔模（图 3-8 所示的第二个图标）和对相切拔模进行切口（如图 3-8 所示的第三个图标）三个选项。

2）要创建的几何：包括实体拔模、曲面拔模和拔模曲线三个选项。

3）方向：包括单侧和双侧两种方式。

4）拖动方向：设定拖动方向。

（2）"参考"选项卡：如图 3-9 所示。

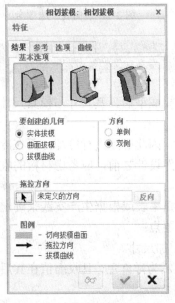

图 3-8 "结果"选项卡

图 3-9 "参考"选项卡

1）拔模线：选取拔模线。

2）参考曲面：选取相切到的参考曲面。

（3）"选项"选项卡，如图 3-10 所示。

1）闭合曲面：选取闭合的曲面。

2）骨架曲线：选取骨架曲线。

3）顶角：设置顶角值。

（4）"曲线"选项卡，如图 3-11 所示，在此对话框中设置包括或排除的曲线。

图 3-10 "选项"选项卡

图 3-11 "曲线"选项卡

3.2 收缩率

收缩率是指利用模具生产的成品冷却固化后经脱模成型后，其尺寸与模具尺寸之间的误差百分比。

在从模具中取出成型品，其温度常常会高于常温，因此必须进行冷却，而在冷却过程中势必会引起尺寸减小及体积收缩，所以在开始进行零件设计之前，应考虑材料的收缩性，相应地增加参考模型的尺寸。

对于收缩率的设置，可以通过查阅相关的材料收缩率表或根据生产实践来确定。

在 Creo Parametric 中应用收缩特征时要注意下列要点：

1）输入一个负值会减小尺寸，输入一个正值会增加尺寸。

2）当零件的尺寸应用了收缩后，其公称尺寸就显示为洋红色，且收缩值在其后出现的括号内以百分比表示。

3）如果需要修改收缩值的设置，只能通过收缩的菜单来进行修改。

4）在应用收缩前，必须清除所有尺寸的尺寸边界。

在 Creo Parametric 模具模块中，提供了两种方法来设定收缩率：一种是按尺寸，另一种是按比例。图 3-12 所示为"收缩"列表。

图 3-12 "收缩"列表

5）按比例：为某个坐标系按比例收缩零件，或者为某个坐标指定不同的收缩系数。

6）按尺寸：为所有模型尺寸设置一个收缩系数。

7）收缩信息：显示收缩的信息，包括收缩方式、收缩公式和收缩率。

3.2.1　按比例收缩

按照此种方法，允许相对某个坐标系按比例收缩零件，当然也可以为某个坐标指定不同的收缩系数。

进入模具模块设计工作环境后，在"模具"功能区"修饰符"面板上单击"收缩"下拉列表中的"按比例收缩"按钮 ⬚，弹出如图 3-13a 所示的对话框。

a）各向同性的　　　　　　　　b）单独设置各坐标轴收缩率

图 3-13　"按比例收缩"对话框

（1）坐标系：指定要设置收缩的坐标系

（2）类型

1）各项同性的：如果勾选，对 X、Y 和 Z 方向均设置相同的收缩率；不勾选，则对话框如图 3-13b 所示，收缩率设置中分别出现 X、Y、Z 三个方向的设置文本框。

2）前参考：如果勾选，不创建新几何但会更改现有几何，从而使全部现有参考继续保持为模型的一部分；不勾选，创建新的几何。

3.2.2　按尺寸收缩

按尺寸设置收缩时需遵循以下的原则：

1）收缩值不能积累。

2）按尺寸收缩设置不能应用于外部的参考。

3）对多型腔的模具模型应用收缩时，所有的基于同一个设计模型的参考模型都会有相同的收缩设置。对于以族表生成的多型腔模具模型，收缩只应用到指定的参考模型，其他参考模型不受影响。

4）按尺寸收缩对于在收缩设置后的特征不产生影响，只影响在设置收缩前的特征，按照此种方法，允许为所有模型尺寸设置一个系数，当然也可以为个别尺寸指定收缩系数。

进入模具模块设计工作环境后，在"模具"功能区"修饰符"面板上单击"收缩"下拉列表中的"按尺寸收缩"按钮 ⬚，弹出如图 3-14 所示的"按尺寸收缩"对话框。

 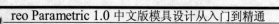

（1）"文件"菜单：如图 3-15 所示。

1）打开：打开收缩表。

2）"按比例"保存：保存收缩数据。

3）"按最终值"保存：按照应用收缩公式生成的最后尺寸值来保存收缩数据。

图 3-14　"按尺寸收缩"对话框

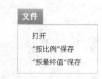

图 3-15　"文件"菜单

（2）"特征"菜单：如图 3-16 所示。

1）信息：显示此特征的信息。

2）参考：显示参考。弹出如图 3-17 所示的"显示参考"菜单。

（3）公式：选取用于计算收缩率的公式，系统提示为 S 值。

1）1+S：根据模型的原始零件来计算收缩率，是系统默认选项。

2）1/（1-S）：根据生成模型的结果来计算收缩率。

（4）收缩率：对收缩率进行设置。

1）　：将选定尺寸插入表中。

2）　：将选定特征的所有尺寸插入表中。

3）　：在尺寸值和名称间切换。

4）　：向表中添加新行。

5）　：从表中删除选定行。

6）　：从列表中清除尺寸。单击此按钮，弹出"清除收缩"菜单，如图 3-18 所示，从中可以选取要进行清除的收缩尺寸。

图 3-16　"特征"菜单

图 3-17　"显示参考"菜单

图 3-18　"清除收缩"菜单

3.2.3　查看收缩信息

在设计模型中，有时需要查看收缩信息，以了解当前设定的收缩率。查看收缩率的方法如下：

进入模具模块设计工作环境后，单击"模具"功能区"分析"面板上的"收缩信息"按钮，弹出如图 3-19 所示的信息窗口。

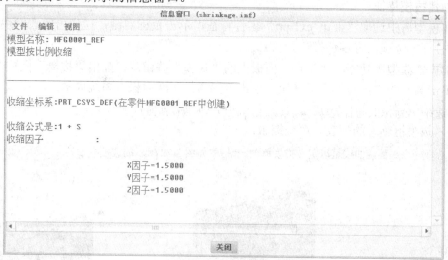

图 3-19　信息窗口

3.3　实例

3.3.1　在模具模块中创建曲面拔模特征

本例主要利用曲面拔模的方法来创建拔模特征。

1. 新建模具模型文件

1）在计算机 D 盘的"Moldesign"文件夹中，为模具工程建立一个名为"draft"的文件夹，然后将光盘文件"源文件\第 3 章\ex_1\draft_ex1.prt"复制到"draft"文件夹中。

2）运行 Creo Parametric1.0 软件，单击"主页"功能区的"数据"面板中"选择工作目录"按钮，将工作目录设置为"D：\Moldesign\draft\"。

3）单击"快速访问"工具栏中的"新建"按钮，弹出"新建"对话框，在其中选取"制造"和"模具型腔"选项，添加文件名为 draft_ex1，取消"使用默认模板"选项的勾选，然后单击 确定 按钮。

4）在弹出的"新文件选项"对话框中选取"inlbs_mfg_mold"，然后单击 确定 按钮，则新建一个模具模型文件，进入模具模型文件的工作环境。

2. 添加参考模型

51

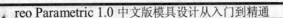

1）在模具的"菜单管理器"中，在"模具"功能区"参考模型和工件"面板上单击"参考模型"下拉列表中的"装配参考模型"按钮，在"打开"对话框中，拾取文件 draft_ex1.prt，然后单击 打开 ▾ 按钮。

2）在"元件放置"操控面板中，选取约束类型为"默认"，将元件放置到默认位置。

3）在"创建参考模型"对话框中，选取"按参考合并"，并接受系统默认的文件名，单击 确定 按钮，则加入参考模型，如图 3-20 所示。

3．创建拔模特征

1）在模型树中选取"draft_ex1.prt"零件特征，单击鼠标右键，在弹出的右键快捷菜单中选取"打开"选项，将零件打开。

2）单击"模型"功能区"工程"面板上的"拔模"按钮，弹出"拔模"操控面板。

3）单击其上的"参考"下滑按钮，单击"参考"下滑面板。系统提示：

选择一组曲面以进行拔模。（拾取如图 3-21 所示的拔模曲面）

单击"拔模枢轴"的列表。系统提示：

选取一个平面或曲线链以定义拔模枢轴。（拾取如图 3-22 所示的拔模枢轴）

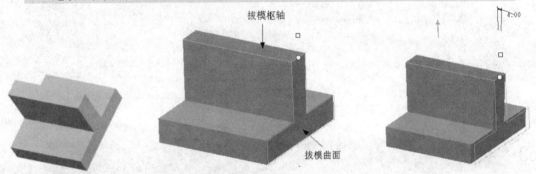

图 3-20　零件　　　　图 3-21　拔模曲面和拔模枢轴的选取　　　　图 3-22　拔模枢轴

（4）设置拔模角度为 4°。单击 ✔ 按钮，完成拔模设置，结果如图 3-23 所示。

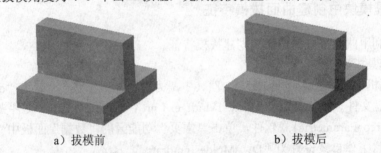

a）拔模前　　　　　　　　　　b）拔模后

图 3-23　拔模前后的对比

3.3.2　按尺寸设定收缩率

1．打开模具模型文件

1）在计算机 D 盘的"Moldesign"文件夹中，为模具工程建立一个名为"dimension"的文件夹，然后将光盘文件"源文件\第 3 章\ex_2\dimension.prt"复制到"dimension"文件夹中。

2）运行 Creo Parametric1.0 软件，单击"主页"功能区的"数据"面板中"选择工作目录"按钮 ，将工作目录设置为"D：\Moldesign\dimension\"。

3）单击"快速访问"工具栏中的"新建"按钮 ，弹出"新建"对话框，在其中选取"制造"和"模具型腔"选项，添加文件名为 dimension，取消"使用缺省模板"选项，然后单击 确定 按钮。

4）在弹出的"新文件选项"对话框中选取"inlbs_mfg_mold"，然后单击 确定 按钮，则新建一个模具模型文件，进入模具模型文件的工作环境。

2．添加参考模型

1）在"模具"功能区"参考模型和工件"面板上单击"参考模型"下拉列表中的"装配参考模型"按钮 ，在"打开"对话框中，拾取文件 dimension.prt，然后单击 打开 按钮。

2）在"元件放置"操控面板中，选取约束类型为"默认"，将元件放置到默认位置。

3）在"创建参考模型"对话框中，选取"按参考合并"选项，并接受系统默认的文件名，单击 确定 按钮。则加入参考模型，如图 3-24 所示。

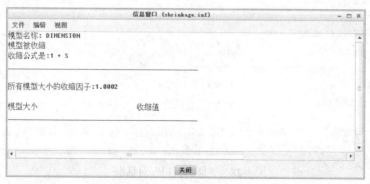

图 3-24　参考模型

3．设置收缩率

1）在"模具"功能区"修饰符"面板上单击"收缩"下拉列表中的"按尺寸收缩"按钮 ，在弹出的"按尺寸收缩"对话框中，选取公式为"1＋S"，选取"所有尺寸"，"比率"设为"0.00020"，单击 ✓ 按钮。

2）单击"模具"功能区"分析"面板上的"收缩信息"按钮 ，弹出如图 3-25 所示的信息窗口。

```
信息窗口 (shrinkage.inf)                    _ □ ×
文件  编辑  视图
模型名称: DIMENSION
模型被收缩
收缩公式是:1 + S

所有模型大小的收缩因子:1.0002

模型大小                    收缩值



                        关闭
```

图 3-25　信息窗口

4．设置单个尺寸的收缩率

1）在"模具"功能区"修饰符"面板上单击"收缩"下拉列表中的"按尺寸收缩"按钮 。

2）在弹出的"按尺寸收缩"对话框中，选取公式为"1＋S"，单击 （将选定尺寸插入表中），单击连杆的大端圆柱，如图 3-26 所示，此时可以看出设定了收缩率的尺寸标注。选

53

取连杆的大端圆柱外直径（为 Ø100 （0.02%）），以红色显示表示选取状态。

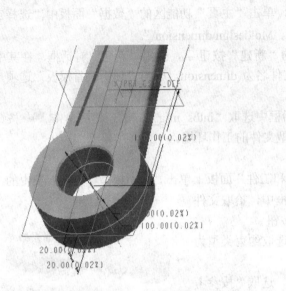

图 3-26　选取尺寸　　　　　　　图 3-27　设定单个尺寸的收缩率

3）在"按尺寸收缩"对话框中，在尺寸列表中出现所选的直径信息，如图 3-27 所示的"d10（100.000）"，设置其比率为"0.0025"，可以看出最终值变为"100.25"。单击 ✓ 按钮。

4）单击"模具"功能区"分析"面板上的"收缩信息"按钮，弹出如图 3-28 所示的信息窗口。

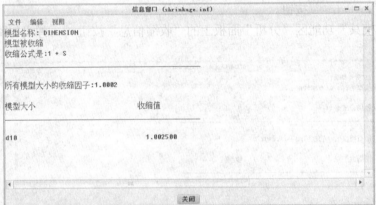

图 3-28　"信息窗口"对话框

3.3.3　按尺寸和按比例混合设置收缩率

1. 新建模具模型文件

1）在计算机 D 盘的"Moldesign"文件夹中，为模具工程建立一个名为"dimensiom"的文件夹，然后将光盘文件"源文件\第 3 章\ex_3\dimension.prt"复制到"dimensiom"文件夹中。

2）运行 Creo Parametric1.0 软件，单击"主页"功能区的"数据"面板中"选择工作目录"按钮 ，将工作目录设置为"D：\Moldesign\dimensiom\"。

3）重复 3.3.2 节中的步骤，新建文件"dimensiom"，装配参考模具模型文件 dimension.prt。

2．按比例设置收缩率

（1）在"模具"功能区"修饰符"面板上单击"收缩"下拉列表中的"按比例收缩"按钮 ，弹出"按比例收缩"对话框。系统提示：

选择坐标系。（选取坐标系 PRT_CSYS_REF）

收缩率设定为 0.000200。

按比例设置的各项如图 3-29 所示。单击 ✓ 按钮，完成按比例收缩的设置。

图 3-29 "按比例收缩"对话框

（2）单击"模具"功能区"分析"面板上的"收缩信息"按钮 ，弹出如图 3-30 所示的"信息窗口"。

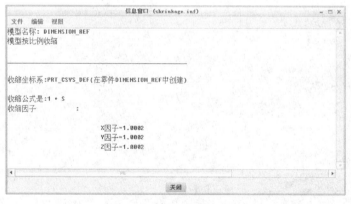

图 3-30 信息窗口

3．按尺寸设置收缩

1）在"模具"功能区"修饰符"面板上单击"收缩"下拉列表中的"按尺寸收缩"按钮 ，在弹出的"按尺寸收缩"对话框中，选取公式为"1+S"，单击 按钮，选取单个尺寸，各个尺寸比率设置如图 3-31 所示，单击 ✓ 按钮，完成按尺寸收缩的设置。

2）单击"模具"功能区"分析"面板上的"收缩信息"按钮 ，弹出如图 3-32 所示的

信息窗口。

图 3-31 "按尺寸收缩"设置结果

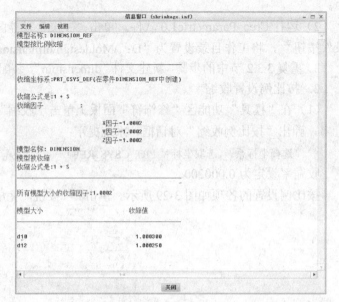

图 3-32 信息窗口

第4章

型腔与分型面

本章导读

分型面的生成是模具设计的一个最为重要的步骤.本章首先介绍的分型面的一般定义,然后对 Creo 软件中分型面的几种生成方法及其分型面的编辑方法进行了详细介绍,接下来对于分型面的检测也进行了介绍,最后是本章内容的具体实例练习。

重点与难点

- 分型面的定义
- 曲面的编辑
- 分型曲面的设计环境

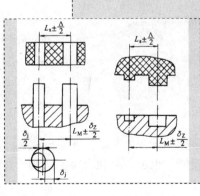

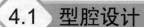
4.1　型腔设计

直接与塑料接触构成塑件形状的零件称为型腔,其中构成塑件外形的成型零件称为凹模,构成塑件内部形状的成型零件称为凸模(或型芯)。在进行成型零件的结构设计时,首先应根据塑料的性能和塑件的形状、尺寸及其他使用要求,确定型腔的总体结构、浇注系统及浇口位置、分型面、脱模方式等,然后根据塑件的形状、尺寸和成型零件的加工及装配工艺要求,进行成型零件的结构设计和尺寸计算。

4.1.1　型腔基本理论

型腔有两层含义:一是指合模时,用来填充塑料、成型塑件的空间(即模具型腔),如图4-1所示;二是指凹模中成型塑件的内腔(即凹模型腔),即图4-2中的6所示部分。可以根据模具设计和制作的需要,创建单一型腔或多型腔模具布局形式。

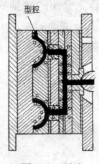

图 4-1　型腔

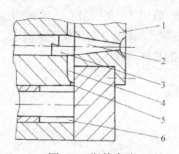

图 4-2　塑件内腔

1—主流道村套　2—主流道　3—冷料穴　4—分流道　5—浇口　6—型腔

4.1.2　型腔布局

在创建模具型腔时,可以根据模具设计和制造需要,来创建一模一腔和一模多腔,如图4-3所示。

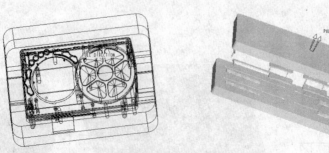

图 4-3　一模一腔和一模多腔

在创建多腔模具时既可利用参考零件布局功能阵列参考模型,也可装配几个全部从同一个原始设计模型创建的参考模型。如果使用第二种方法，则必须要注意如果将某个特征添加到多个参考模型之一，它将只出现在该参考模型中，但是如果对原始设计模型进行更改，则那些改变将出现在所有参考模型中。

另外，在 Creo Parametric 中有两种主要方法可表示多型腔模具：模具模型级与组件模型级。

1）模具模型级：使用"参考零件布局"功能创建包含多个参考零件的模具。这种方法最适合所有型腔都使用共同的型芯与型腔嵌件的模具。

2）组件模型级：在顶级组件中使用"模具布局"应用程序，并将每个型腔都作为单独的模具模型进行装配。这种技术最适合每个型腔都使用单独的型芯与型腔对的模具。在这种模型结构中，既可对顶级组件，也可对每个型腔子组件进行操作。

在顶级组件中，使用"模具布局"应用程序，可创建型腔布局，然后添加模具基体和模具专用特征。

在顶级组件中，使用标准组件选项，可设计完整的多型腔模具（添加元件、特征等）。

在每个型腔子组件中，使用"模具"或"铸造"模式，可设计该型腔的特征（创建分型面、分割等）。

4.1.3 计算型腔的曲面面积

要正确计算在操作中需要保持模具或凹模组关闭的夹力，需要计算模具或凹模型腔的总曲面面积。

1）单击"模具"功能区"模具分析"面板上的"投影面积"按钮，弹出"测量"对话框，如图 4-4 所示。

2）选取垂直于投影方向的图元。系统为模型计算参考零件的投影面积，并以平方米为单位在提示区显示结果。

图 4-4 "测量"对话框

4.2 分型面介绍

　　塑料在模具型腔凝固形成塑件。为了将塑件取出来，必须将模具型腔打开，也就是必须将模具分成两部分，即定模部分和动模部分，而定模和动模相接触的面称为分型面。

　　分型面是指将模具的各个部分分开以便于取出成型品的界面，也就是各个模具元件例如上模、下模、滑块等的接触面。

　　分型面是从模具中取出铸件和凝件的动、定模接触面或瓣合模的瓣合面。

4.2.1　分型面的选取

　　分型面的位置选取、形状设计是否合理，对铸件的尺寸精度、成本和生成完好率都有决定性的影响，因此必须根据具体情况合理选取。一般来说，在选取分型面时应注意以下几点：

　　1）应选取在压铸件外形轮廓尺寸的最大断面处，使压铸件顺利地从模具型腔中取出。

　　2）应保证铸件的表面质量、外观要求及尺寸和形状精度。

　　3）分型面应有利于排气并要能防止溢流。

　　分型面的选取应便于模具的加工，简化模具的结构，尽量使模具内腔便于加工。

　　下面进行详细说明。

　　1．分型面及其基本形式

　　为了塑件及浇注系统凝料的脱模和安放嵌件的需要，将模具型腔适当地分成两个或更多部分，这些可以分离部分的接触表面，通称为分型面。

　　在图样上表示分型面的方法是在分型面的延长面上画出一小段直线表示分型面的位置，并用箭头表示开模方向或模板可移动的方向。如果是多分型面，则用罗马数字（也可用大写字母）表示开模的顺序。分型面的表示方法如图4-5所示。

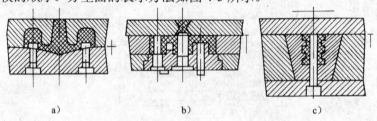

a)　　　　　　　　　b)　　　　　　　　　c)

图4-5　分型面的表示方法

　　分型面应尽量选取平面，但为了适应塑件成型的需要和便于塑件脱模，也可以采用曲面、台阶面等分型面，其分型面虽然加工较困难，型腔加工却比较容易。分型面的形状如图 4-6 所示。

　　2．分型面的选取实例

　　下面列出了几种塑件选取分型面的比较，供设计参考。

　　1）分型面选取应满足动定模分离后塑件尽可能留在动模内，因为顶出机构一般在动模部分，否则会增加脱模的困难，使模具结构复杂，如图4-7所示。

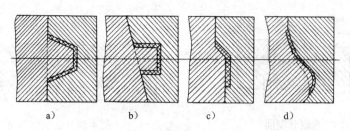

图 4-6　分型面的形状

2）当塑件是垫圈类，壁较厚而内芯较小时，塑件在成型收缩后，型芯包紧力较小，若型芯设于定模部分，很可能由于型腔加工后光洁度不高，造成工件留在定模上。因此型腔设在动模内，只要采用顶管结构，就可以完成脱模工作，如图 4-8 所示。

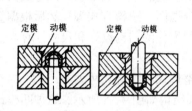

图 4-7　选取分型面

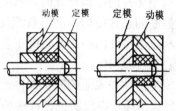

图 4-8　选取分型面

3）塑件外形简单、但内形有较多的孔或复杂的孔时，塑件成型收缩后必留在型芯上，这时型腔可设在定模内，只要采用顶板，就可以完成脱模，模具结构简单，如图 4-9 所示。

4）当塑件有较多组抽芯时，应尽可能避免长端侧向抽芯，如图 4-10 所示。

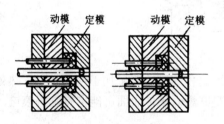

图 4-9　选取分型面

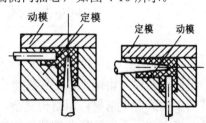

图 4-10　选取分型面

5）当塑件有侧抽芯时，应尽可能放在动模部分，避免定模抽芯，如图 4-11 所示。

6）头部带有圆弧之类的塑件，如果在圆弧部分分型，往往造成圆弧部分与圆柱部分错开，影响表面外观质量，所以一般选在头部的下端分型，如图 4-12 所示。

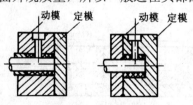

图 4-11　选取分型面

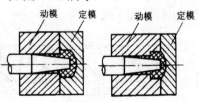

图 4-12　选取分型面

7）为了满足塑件同轴度的要求，尽可能将型腔设计在同一块模板上，如图 4-13 所示。

8）一般分型面应尽可能设在塑料流动方向的末端，以利于排气，如图 4-14 所示。

Creo Parametric 1.0

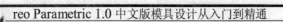
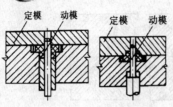

图 4-13　选取分型面

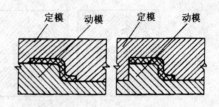

图 4-14　选取分型面

4.2.2　成型零件的设计

在进行成型零件的结构设计时，首先应根据塑料的性能和塑件的形状、尺寸及其他使用要求，确定型腔的总体结构、浇注系统及浇口位置、分型面、脱模方式等，然后根据塑件的形状、尺寸和成型零件的加工及装配工艺要求进行成型零件的结构设计和尺寸计算。

1．凹模的结构设计

凹模是成型塑件外表面的凹状零件，通常可分为整体式和组合式两大类。

（1）整体式凹模：由整块钢材直接加工而成的，其结构如图 4-15 所示。这种凹模结构简单，牢固可靠，不易变形，成型的塑件质量较好，但当塑件形状复杂时，其凹模的加工工艺性较差，因此整体式凹模适用形状简单的小型塑件的成型。

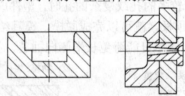

图 4-15　整体式凹模

（2）组合式凹模：由两个以上零件组合而成的。这种凹模改善了加工性，减小了热处理变形，节约了模具贵重钢材，但结构复杂，装配调整麻烦，塑件表面可能留有镶拼痕迹，因此，这种凹模主要用于形状复杂的塑件的成型。

组合式凹模的组合形式很多，常见的有以下几种：

1）整体嵌入式组合凹模：对于小型塑件采用多型腔塑料模成型时，各单个凹模一般采用冷挤压、电加工、电铸等方法制成，然后整体嵌入模中，其结构如图 4-16 所示。

这种凹模形状及尺寸的一致性好，更换方便，加工效率高，可节约贵重金属，但模具体积较大，需用特殊加工法。

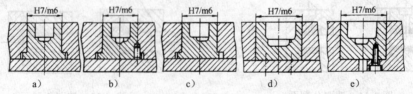

图 4-16　整体嵌入式组合凹模

2）局部镶嵌式组合凹模：为了加工方便或由于型腔某一部位容易磨损而需要更换时，采用局部镶嵌的办法，如图 4-17 所示。此部位的镶件单独制成，然后嵌入模体。

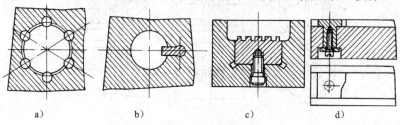

a)　　　　b)　　　　c)　　　　d)

图 4-17　局部镶嵌式组合凹模

3）镶拼式组合凹模：为了便于机械加工、研磨、抛光和热处理，整个凹模可由几个部分镶拼而成，如图 4-18 所示。图 4-18a 所示的镶拼式结构简单，但结合面要求平整，以防拼缝挤入塑料，飞边加厚，造成脱模困难，同时还要求底板应有足够的强度及刚度，以免变形而挤入塑料。图 4-18b、4-18c 所示的结构，采用圆柱形配合面，塑料不易挤入，但制造比较费时。

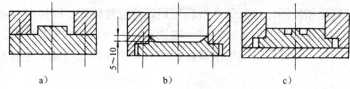

a)　　　　　　b)　　　　　　c)

图 4-18　凹模底部镶拼结构

2．凸模和型芯的结构设计

（1）凸模：指注射模中成型塑件有较大内表面的凸状零件，它又称主型芯。凸模或型芯有整体式和组合式两大类。

图 4-19 所示为整体式型芯，其中图 4-19a 为整体式，结构牢固，成型的塑件质量较好，但机械加工不便，优质钢材耗量较大。此种型芯主要用于形状简单的小型凸模（型芯），将凸模（型芯）和模板采用不同材料制成，然后连接成一体，结构如图 4-19b～d 所示。图 4-19b 为通孔台肩式，凸模用台肩和模板相连，再用垫板螺钉紧固，连接比较牢固，是最常用的方法。对于固定部分是圆柱面而型芯有方向性的场合，可采用销钉或键止转定位。图 4-19c 为通孔无台式。图 4-19d 为非通孔的结构。对于形状复杂的大型凸模（型芯），为了便于机械加工，可采用组合式的结构。图 4-20 所示为镶拼式组合凸模（型芯）。

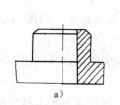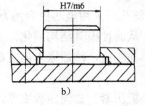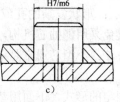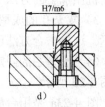

a)　　　　　　b)　　　　　　c)　　　　　　d)

图 4-19　整体式凸模（型芯）

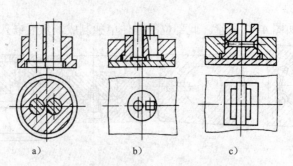

图 4-20 镶拼式组合凸模（型芯）

（2）小型芯：又称成型杆，它是指成型塑件上较小的孔或槽的零件。

（3）孔的成型方法

1）通孔的成型方法：通孔的成型方法如图 4-21 所示。图 4-21a 由一端固定的型芯来成型，这种结构的型芯容易在孔的一端 A 处形成难以去除的飞边，如果孔较深则型芯较长，容易产生弯曲变形。图 4-21b 由两个直径相差 0.5~1mm 的型芯来成型，即使两个小型芯稍有不同轴，也不会影响装配和使用，而且每个型芯较短，稳定性较好，同样在 A 处也有飞边，且去除较难。图 4-21c 是较常用的一种，它由一端固定，另一端导向支撑的型芯来成型，这样型芯的强度及刚度较好，从而保证孔的质量，如在 B 处产生圆形飞边，也较易去除，但导向部分容易磨损。

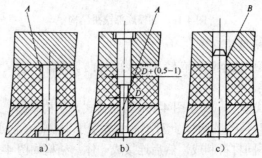

图 4-21 通孔的成型方法

2）盲孔的成型方法：盲孔的成型方法只能采用一端固定的型芯来成型。为了避免型芯弯曲或折断，孔的深度不宜太深。孔深应小于孔径的 3 倍。直径过小或深度过大的孔宜在成型后用机械加工的方法得到。

3）复杂孔的成型方法：形状复杂的孔或斜孔可采用型芯拼合的方法来成型，如图 4-22 所示。这种拼合方法可避免采用侧抽芯机构，从而使模具结构简化。

（4）小型芯的固定方法：小型芯通常是单独制造，然后嵌入固定板中固定，其固定方式如图 4-23 所示。

图 4-23a 是用台肩固定的形式，下面用垫板压紧。如固定板太厚，可在固定板上减少配合长度，如图 4-23b 所示。图 4-23c 是型芯细小而固定板太厚的形式，型芯镶入后，在下端用圆柱垫垫平。图 4-23d 所示结构可用于固定板厚而无垫板的场合，在型芯的下端用螺塞紧固。图 4-23e 是型芯镶入后在另一端采用铆接固定的形式。

对于非圆形型芯，为了便于制造，可将其固定部分做成圆形的，并采用台阶连接，如图 4-24a 所示。有时仅将成型部分做成异形的，其余部分则做成圆形的，并用螺母及弹簧垫圈拉紧，如图 4-24b 所示。

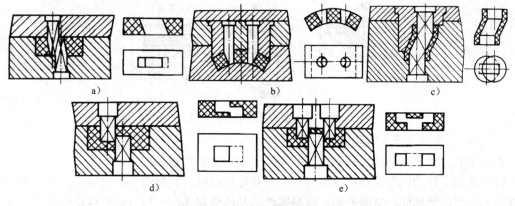

图 4-22 复杂孔的成型方法

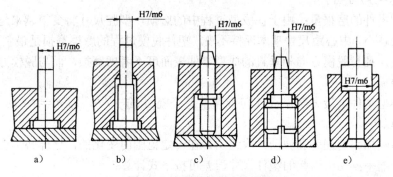

图 4-23 小型芯的固定方式

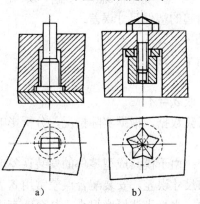

图 4-24 非圆形型芯的固定方式

4.2.3 成型零件工作尺寸的计算

所谓工作尺寸，是指成型零件上直接用以成型塑件部分的尺寸，主要有型腔和型芯的径

向尺寸、型腔的深度或型芯的高度尺寸、中心距尺寸等，如图 4-25 所示。任何塑件都有一定的尺寸要求，在安装和使用中有配合要求的塑件，其尺寸公差常要求较小。在设计模具时，必须根据塑件的尺寸和公差要求来确定相应的成型零件的尺寸和公差。

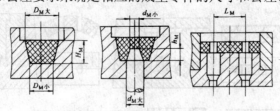

图 4-25　成型零件的工作尺寸

1．影响塑件尺寸公差的因素

影响塑件尺寸公差的因素很多，而且相当复杂，主要因素有：

（1）成型零件的制造误差：成型零件的公差等级越低，其制造公差也越大，因而成型的塑件公差等级也就越低。试验表明，成型零件的制造公差 δ_z，一般可取塑件总公差 Δ 的 $1 / 3 \sim 1 / 4$，即 $\delta_z = \Delta / 3 \sim \Delta / 4$。

（2）成型零件的磨损量：由于在成型过程中的磨损，型腔尺寸将变得越来越大，型芯或凸模尺寸越来越小，中心距尺寸基本保持不变。塑件脱模过程的摩擦磨损是最主要的，因此，为了简化计算，凡与脱模方向相垂直的成型零件表面可不考虑磨损，而与脱模方向相平行的表面应考虑磨损。

对于中小型塑件，最大磨损量 δ_c 可取塑件总公差 Δ 的 $1 / 6$，即 $\delta_c = \Delta / 6$。对于大型塑件则取 $\Delta / 6$ 以下。

（3）成型收缩率的偏差和波动：收缩率是在一定范围内变化的，这样必然会造成塑件尺寸误差。因收缩率波动所引起的塑件尺寸误差可按下式计算

$$\delta_s = (S_{max} - S_{min}) L_s$$

式中　δ_s——收缩率波动所引起的塑件尺寸误差；

S_{max}——塑料的最大收缩率（%）；

S_{min}——塑料的最小收缩率（%）；

L_s——塑件尺寸。

据有关资料介绍，一般可取 $\delta_s = \Delta / 3$。

设计模具时，可以参考试验数据，根据实际情况，分析影响收缩的因素，选取适当的平均收缩率。

（4）模具安装配合的误差：由于模具成型零件的安装误差或在成型过程中成型零件配合间隙的变化，都会影响塑件的尺寸误差。安装配合误差常用 δ_i 表示。

（5）水平飞边厚度的波动：水平飞边厚度很小，甚至没有飞边，所以对塑件高度尺寸影响很小。误差用 δ_f 表示。

综上所述，塑件可能产生的最大误差 δ 为上述各种误差的总和，即

$$\delta = \delta_z + \delta_c + \delta_s + \delta_i + \delta_f$$

上式是极端的情况，即所有误差都同时偏向最大值或最小值时得到的，但从或然率的观

点出发，这种机率接近于零，各种误差因素会互相抵消一部分。

由上式可知，塑件公差等级往往是不高的。塑件的公差值应大于或等于上述各种因素所引起的累积误差，即 $\Delta \geq \delta$。

因此，在设计塑件时应慎重决定其公差值，以免给模具制造和成型工艺条件的控制带来困难。一般情况下，以上影响塑件公差的因素中，模具制造误差 δ_z、成型零件的磨损量 δ_c 和收缩率的波动 δ_s 是主要的，而且并不是塑件的所有尺寸都受上述各因素的影响。例如，用整体式凹模成型的塑件，其径向尺寸（宽或长）只受 δ_z、δ_c、δ_s 的影响，而其高度尺寸只受 δ_z、δ_s 的影响。

在生产大尺寸塑件时，δ_s 对塑件公差影响很大，此时应着重设法稳定工艺条件和选用收缩率波动小的塑料，并在模具设计时，慎重估计收缩率作为计算成型尺寸的依据，单靠提高成型零件的制造精度是没有实际意义的，也是不经济的。相反，生产小尺寸塑件时，δ_z 和 δ_c 对塑件公差的影响比较突出，此时应主要提高成型零件的制造精度和减少磨损量。在精密成型中，减小成型工艺条件的波动是一个很重的问题，单纯地根据塑件的公差来确定成型零件的尺寸公差是难以达到要求的。

2. 成型零件工作尺寸计算方法

成型零件工作尺寸一般按平均收缩率、平均制造公差和平均磨损量进行计算。为计算简便起见，塑件和成型零件均按单向极限将公差带置于零线的一边，以型腔内径成型塑件外径时，规定型腔基本尺寸 L_M 为型腔最小尺寸，偏差为正，表示为 $L_M+\delta_z$。塑件基本尺寸 L_s 为塑件最大尺寸，偏差为负，表示为 $L_s-\Delta$，如图 4-26 所示。以型芯外径成型塑件内径时，规定型芯最大尺寸为基本尺寸，表示为 $L_M-\delta_z$，塑件内径最小尺寸为基本尺寸，表示为 $L_s-\Delta$，如图 4-28b 所示。即凡是孔都是以它的最小尺寸作为基本尺寸，凡是轴都是以它的最大尺寸作为基本尺寸。从图 4-26a 可见，计算型腔深度时，以 $H_M+\delta_z$ 表示型腔深度尺寸，以 $H_s-\Delta$ 表示对应的塑件高度尺寸。计算型芯高度尺寸时，以 $H_M-\delta_z$ 表示型芯高度尺寸，以 $H_s+\Delta$ 表示对应的塑件上的孔深，如图 4-26b 所示。

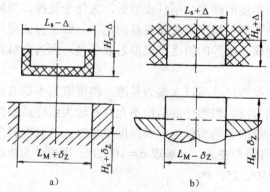

图 4-26　塑件尺寸与模具成型尺寸

3. 型腔和型芯工作尺寸计算

（1）型腔和型芯径向尺寸

1）型腔径向尺寸：已知在规定条件下的平均收缩率为 S_{cp}，塑件尺寸为 $L_s-\Delta$，磨损量

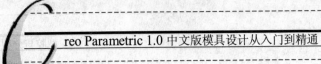

为 δ_c，则塑件的平均尺寸为 $L_s-\Delta/2$，如以 $H_M+\delta_z$ 表示型腔尺寸，则型腔的平均尺寸为 $H_M+\delta_z/2$，型腔磨损量为 $\delta_c/2$ 时的平均尺寸为 $H_M+\delta/2+\delta/2$，而

$$H_M+\delta_z/2+\delta_c/2=L_s-\Delta/2+(L_s-\Delta/2)S_{cp}$$

对于中小型塑件，令 $\delta_z=\Delta/3$，$\delta_c=\Delta/6$，并将比其他各项小得多的 $(\Delta/2)S_{cp}$ 略去，则有

$$H_M=L_s+L_s S_{cp}-3\Delta/4$$

标注制造公差后，则为

$$H_M=L_s+L_s S_{cp}-3\Delta/4+\delta_z$$

2）型芯径向尺寸：已知在规定条件下的平均收缩率 S_{cp}、塑件尺寸 $L_s+\Delta$、磨损量 δ_c，如以 $L_M-\delta_z$ 表示型芯尺寸，经过和上面型腔径向尺寸计算类似的推导，可得

$$H_M=L_s+L_s S_{cp}-3\Delta/4-\delta_z$$

上列式及下列式中，Δ 的系数取 $1/2\sim3/4$，塑件尺寸及公差大的取 $1/2$，反之取 $3/4$。

（2）型腔深度和型芯高度尺寸

1）型腔深度尺寸：已知规定条件下的平均收缩率为 S_{cp}，塑件尺寸为 $H_s-\Delta$，则如以 $H_M+\delta_z$ 表示型腔深度尺寸，则有

$$H_M+\delta/2=H_s-\Delta/2)+(H_s-\Delta/2)S_{cp}$$

令 $\delta_z=\Delta/3$，并略去 $(\Delta/2)S_{cp}$ 项后，则为

$$H_M=H_s+H_s S_{cp}-2\Delta/3$$

标注制造公差，则有

$$H_M=H_s+H_s S_{cp}-2\Delta/3+\delta_z$$

2）型芯高度尺寸：已知在规定条件下的平均收缩率为 S_{cp}，塑件孔深尺寸为 $H_s+\Delta$，如以 $L_M-\delta_z$ 表示型芯高度尺寸，经过类似推导可得

$$H_M=H_s+H_s S_{cp}-2\Delta/3-\delta_z$$

以上两个式子中，Δ 的系数有的资料取 $1/2$。

（3）型腔和型芯脱模斜度的确定：塑件成型后，为便于脱模，型腔和型芯在脱模方向应有脱模斜度，其值的大小按塑件精度及脱模难易而定。一般在保证塑件精度要求的前提下，宜尽量取大些，以便于脱模。型腔的斜度可比型芯取小些，因为塑料对型芯的包紧力较大，难以脱模。

在取脱模斜度时，对型腔尺寸应以大端为基准，斜度取向小端方向。对型芯尺寸应以小端为基准，斜度取向大端方向。当塑件的结构不允许有较大斜度或塑件为精密级精度时，脱模斜度只能在公差范围内选取。当塑件为中级精度要求时，其脱模斜度的选取应保证在配合面的 $2/3$ 长度内满足塑件公差要求，一般取 $\alpha=10'\sim20'$。当塑件为粗级精度时，脱模斜度值可取 $\alpha=20'$、$30'$、$1°$、$1°30'$、$2°$、$3°$。

（4）说明

1）成型精度较低的塑件，按上列公式计算而得的工作尺寸，其数值只计算到小数点后的第一位，第二位数值四舍五入。成型精度较高的塑件，其工作尺寸的数值要计算到小数点后第二位，第三位数值四舍五入。

2）对于收缩率很小的聚苯乙烯、醋酸纤维素等塑料，在用注射模成型薄壁塑件时，可以

不必考虑收缩，其工作尺寸按塑件尺寸加上其制造公差即可。

3）在计算成型零件尺寸时，如能了解塑件的使用性能，着重控制它们的配合尺寸（如孔和外框）、装配尺寸等，对其余无关重要的尺寸简化计算，甚至可按基本尺寸不放收缩，也不控制成型零件的制造公差，则可大大简化设计和制造。

4．中心距工作尺寸计算

塑件上孔的中心距对应着模具上型芯的中心距。反之，塑件上突起部位的中心距对应着模具上孔的中心距，如图4-27所示。

中心距尺寸标准一般采用双向等值公差，设塑件中心距尺寸为 $L_s \pm \Delta / 2$，则模具中心距尺寸为 $L_M \pm \delta_z / 2$。

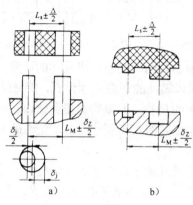

图4-27 型芯中心距与塑件对应中心距的关系

影响模具中心距尺寸的因素有：

1）模具制造公差 δ_z：模具上型芯的中心距取决于安装型芯的孔的中心距。用普通方法加工孔时，制造误差与孔间距离有关，表4-1列出了经济制造误差与孔间距之间的关系。在坐标镗床上加工时，轴线位置尺寸偏差不会超过0.015~0.02mm，并与基本尺寸无关。

表4-1 孔间距公差

孔间距 / mm	制造公差/mm
<80	±0.01
80~220	±0.02
220~360	±0.03

2）若型芯与模具上的孔成间隙配合时，配合间隙 δ_j 也会影响模具的中心距尺寸。对一个型芯来说，当偏移到极限位置时引起的中心距偏差为 $0.5\delta_j$，如图4-27a所示。过盈配合的型芯或模具上的孔没有此项偏差。

3）由于工艺条件和塑料变化引起收缩率波动，使中心距尺寸发生变化。

4）假设模具在使用过程中型芯在圆周上系均匀磨损，则磨损不会使中心距发生变化。

由于塑件尺寸和模具尺寸都是按双向等值公差标准，磨损又不会引起中心距尺寸变化，因此塑件基本尺寸 L_s 和模具基本尺寸 L_M 分别是塑件和模具的平均尺寸，故有

$$L_M = L_s + L_s S_{cp}$$

标注制造公差后，则为

$$L_M = L_s + L_s S_{cp} \pm \delta_z / 2$$

5. 型芯（或成型孔）中心到成型面距离尺寸计算

安装在凹模内的型芯（或孔）中心与凹模侧壁距离尺寸和安装在凸模上的型芯（或孔）中心与凸模边缘距离尺寸，都属于这类成型尺寸，如图 4-28 所示。

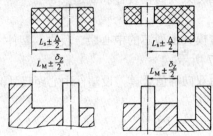

图 4-28　型芯（或孔）中心到成型面的距离

（1）安装在凹模内的型芯中心与凹模侧壁距离尺寸的计算：由于塑件尺寸和模具尺寸都是按双向等值公差值标注的，所以塑件的平均尺寸为 L_s，模具的平均尺寸为 L_M，在使用过程中型芯径向磨损并不改变该距离的尺寸，但型腔磨损会使该尺寸发生变化。设型腔径向允许磨损量为 δ_c，则就其一个侧壁与型芯的距离尺寸而言，允许最大磨损量为 δ_c 的 $1/2$，故该尺寸的平均值为 $L_M + \delta_c / 2$。

按平均收缩率计算模具基本尺寸如下：

$$L_M + \delta_c / 4 = L_s + L_s S_{cp}$$

整理并标注制造公差，得

$$L_M = (L_s + L_s S_{cp} - \delta_c / 4) \pm \delta_z / 2$$

（2）安装在凸模上的型芯（或孔）中心与凸模边缘距离尺寸计算：由于凸模垂直壁在使用中不断磨损，使距离尺寸 L_M 发生变化，凸模壁最大磨损量为允许最大径向磨损量 δ_c 的 $1/2$，故该尺寸的平均值为 $L_M - \delta_c / 4$。

经过类似的推导，可得出按平均收缩率计算的成型尺寸为

$$L_M = (L_s + L_s S_{cp} + \delta c / 4) \pm \delta z / 2$$

由于 $\delta_c / 4$ 的数值很小（因为一般 $\delta_c / 4 = \Delta / 6$），只有成型精密塑件时才考虑该磨损，一般塑件，此类尺寸仍可按中心距工作尺寸计算。

4.2.4　模具型腔侧壁和底板厚度的设计

1. 强度及刚度

塑料模型腔壁厚及底板厚度的计算是模具设计中经常遇到的重要问题，尤其对大型模具更为突出。目前常用计算方法有按强度和按刚度条件计算两大类，但实际的塑料模却要求既不允许因强度不足而发生明显变形甚至破坏，也不允许因刚度不足而发生过大变形。因此要求对强度及刚度加以合理考虑。

在塑料注射模注塑过程中，型腔所承受的力是十分复杂的。型腔所受的力有塑料熔体的压力、合模时的压力、开模时的拉力等，其中最主要的是塑料熔体的压力。在塑料熔体的压

力作用下，型腔将产生内应力及变形。如果型腔壁厚和底板厚度不够，当型腔中产生的内应力超过型腔材料的许用应力时，型腔即发生强度破坏。与此同时，刚度不足则发生过大的弹性变形，从而产生溢料和影响塑件尺寸及成型精度，也可能导致脱模困难等。可见模具对强度和刚度都有要求。

对大尺寸型腔，刚度不足是主要矛盾，应按刚度条件计算。对小尺寸型腔，强度不够则是主要矛盾，应按强度条件计算。强度计算的条件是满足各种受力状态下的许用应力。刚度计算的条件则由于模具的特殊性，可以从下几个方面加以考虑：

（1）要防止溢料。模具型腔的某些配合面当高压塑料熔体注入时，会产生足以溢料的间隙。为了使型腔不致因模具弹性变形而发生溢料，此时应根据不同塑料的最大不溢料间隙来确定其刚度条件。如尼龙、聚乙烯、聚丙烯、聚丙醛等低粘度塑料，其允许间隙为0.025~0.03mm；聚苯乙烯、有机玻璃、ABS等中等粘度塑料，其允许间隙为0.05mm；聚砜、聚碳酸酯、硬聚氯乙烯等高粘度塑料，其允许间隙为0.06~0.08mm。

（2）应保证塑件精度。塑件均有尺寸要求，尤其是精度要求高的小型塑件，这就要求模具型腔具有很好的刚性。

（3）要有利于脱模。一般来说塑料的收缩率较大，故多数情况下，当满足上述两项要求时已能满足本项要求。

上述要求在设计模具时其刚度条件应以这些项中最苛刻者（允许最小的变形值）为设计标准，但也不宜无根据地过分提高标准，以免浪费钢材，增加制造困难。

2．型腔和底板的强度及刚度计算

一般常用计算法和查表法。圆形和矩形凹模壁厚及底板厚度常用计算公式。型腔壁厚的计算比较复杂且烦琐，为了简化模具设计，一般采用经验数据或查有关表格。

4.3 分型曲面的设计环境

进入模具模块设计工作环境后，单击"模具"功能区"分型面和模具体积块"面板上的"分型面"按钮，弹出"分型面"功能区面板，进入如图4-29所示的"分型面"创建的界面。

4.3.1 面板

分型面设计环境中，应用最多的是"形状"、"编辑"和"曲面设计"面板，"分型面"功能区中的面板命令主要是对分型面的编辑操作。

"编辑"面板如图4-30所示。"形状"面板如图4-31所示。"曲面设计"面板如图4-32所示。

对于延伸、偏移、合并和裙边曲面在本章中都有专门介绍，这里就不再赘述。而对于"曲面设计"面板中的操作，这里也不作赘述，因为这些都是Creo最基础的曲面生成方法。只对其他的功能进行简单介绍。

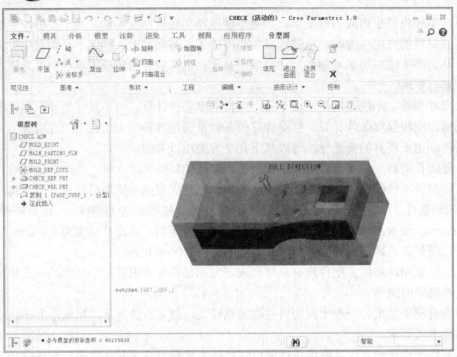

图 4-29 "分型面"界面

1）镜像：对选取的曲面进行镜像操作。

2）反向法向：改变曲面或面组的法向。

3）填充：对曲面进行填充操作。

4）修剪：对边或曲面进行修剪操作。

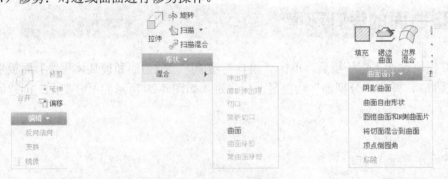

图 4-30 "编辑"面板　　　　图 4-31 "形状"面板　　　　图 4-32 "曲面设计"面板

在"形状"面板中包括常用的拉伸、旋转、扫描等命令，由于在 Creo 中有专门的曲面生成方面的书籍，在这里就不再赘述。

4.3.2　工具栏

分型面设计环境的工具栏如图 4-33 所示，其中包括常用的基准面、基准点等的生成按钮，还有常用的曲面显示方法按钮，例如着色、调整等按钮。

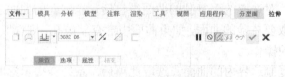

图 4-33 工具栏

4.4 Creo 中曲面的生成

在 Creo Parametric 的模具模块中创建分型面时应遵循以下的原则：

1）分型面必须与进行分割的模块或模具体积块完全相交，多个曲面可以合并到一起构成一个分型面。

2）分型面不能与自身相交。

3）任何曲面只要满足前两条的规则，就可以作为分型面。

4）分型面是属于组件层级的曲面特征。

由于分型面也是曲面，所以分型面的生成方法也就是曲面的生成方法。在 Creo 设计软件中曲面的生成方法有很多种，还有很多高级曲面的生成方法，但限于篇幅，在本书中就不一一介绍，本书只对在模具设计中常用的分型面的生成方法进行介绍，包括拉伸方法生成分型面、复制方法生成分型面。而对于复杂和高级曲面的生成，读者可以参考 Creo Parametric 中的零件模块中的曲面生成方法。

4.4.1 用拉伸方法生成曲面

拉伸方法是曲面生成过程中常用的方法，也是应用很广的曲面生成方法。下面详细介绍拉伸方法生成曲面的过程。

1. 进入分型面设计环境后，单击"分型面"功能区"形状"面板上的"拉伸"按钮，弹出如图 4-34 所示的"拉伸"操控面板。

（1）"放置"下滑面板。定义草绘平面。

（2）"选项"下滑面板：对拉伸的深度进行定义，如图 4-35 所示，包括盲孔、对称、到选定项。

图 4-34 "拉伸"操控面板

图 4-35 "选项"下滑面板

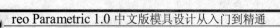

1）盲孔：从草绘平面以指定的深度值向一个方向进行拉伸。

2）对称：在草绘平面的两侧以指定的深度值的一半对称进行拉伸。

3）到选定项：拉伸到选定的点、线、平面或曲面。

（3）"属性"下滑面板：显示此特征的名称和特征信息。

2．进入草绘平面后，绘制二维平面草图。

3．草绘完成后，选取需要的选项和指定深度值。

4．单击 ✔ 按钮，完成拉伸曲面的生成。

4.4.2　用复制方法生成曲面

（1）选取要进行复制的曲面，可以用 Ctrl＋鼠标左键选取多个曲面。

（2）单击"快速访问"工具栏中的"复制"按钮 ，将选取的曲面放置到剪切面板上。

（3）单击"快速访问"工具栏中的"粘贴"按钮 ，则弹出"曲面：复制"操控面板，如图 4-36 所示。

1）"参考"下滑面板：选取任何数量的曲面集或面组以进行复制。如果对已经选取要复制的曲面进行修改，可以单击如图 4-37 所示对话框中的 细节 按钮，则弹出如图 4-38 所示的"曲面集"对话框，从此对话框中可以对曲面进行移除、添加。

图 4-36　"曲面：复制"操控面板　　　　　图 4-37　"参考"下滑面板

2）"选项"下滑面板：对要复制的曲面进行粘贴操作的不同方式进行选取，包括如图 4-39 所示的三种类型。

按原样复制所有曲面：对选取的要复制的曲面不进行任何修改，只简单进行原样复制。系统默认设置。

排除曲面并填充孔：对选取的要复制的曲面中包括有靠破孔的曲面进行填充孔的操作，如图 4-39 所示。可以选取要排除的曲面，如果曲面中含有靠破孔，则选取含有靠破孔的曲面，系统会自动进行填充孔的操作。

复制内部边界：只复制边界内的曲面。选取此项后，系统会提示选取相应的边界曲线，如图 4-40 所示。

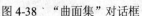

图 4-38　"曲面集"对话框　　　图 4-39　"选项"下滑面板　图 4-40　"复制内部边界"选项

3）"属性"下滑面板：显示复制曲面名称和特征信息。

Creo Parametric 1.0

4.5　特殊分型面的生成方法

对于模具的分型面的生成方法，除了常见的曲面生成方法，在 Creo 中也有相应的独特的生成方法，这些方法简化了分型面的生成，提高了设计效率。这样的方法主要包括阴影曲面和裙边曲面两种方法，在本节将详细介绍这两种方法的操作步骤。

4.5.1　用阴影曲面方法创建分型面

> 注意：仅在创建分型面或重定义分型面时，"阴影曲面"（Shadow Surface）才可用。

进入分型面的设计环境，单击"分型面"功能区"曲面设计"面板上的"阴影曲面"命令，弹出如图 4-41 所示的"阴影曲面"对话框。

（1）阴影零件：选取阴影的参考模型。如果选取了很多参考模型，则必须选取一个关闭平面。

（2）边界参考：选取阴影曲面将构建的工件元件，必须选取一个要在其上创建阴影特征的元件。如果组件中只有一个工件，默认情况下，系统会选取该元件。

（3）方向：定义图像亮度方向，系统会在图形上显示一个箭头表明方向，"一般选取方向"菜单如图 4-42 所示。

图 4-41　"阴影曲面"对话框　　　　图 4-42　"一般选取方向"菜单

1）平面：使用与该方向垂直的平面。

2）曲线/边/轴：使用曲线、边或轴作为方向。

3）坐标系：使用坐标系的一个轴作为方向。

（4）修剪平面：选取或创建夹子平面。

（5）环闭合：定义在初步阴影曲面中的任何环的环闭合，"封闭环"菜单如图 4-43 所示。

1）顶平面：定义封闭或包围模具体积块的平面，默认情况下会选取此选项。

2）所有内部环：选取在阴影曲面上所有需要封闭的孔，默认情况下会选取此选项。

3）选取环：封住所选曲面上选定孔的开口。

（6）关闭扩展：定义曲面边界的关闭扩展，"关闭延伸"菜单如图 4-44 所示。

图 4-43 "封闭环"菜单 图 4-44 "关闭延伸"菜单

1）关闭距离：为特征设置关闭距离。输入一个正值来延伸阴影曲面的每条边，每条边的延伸距离距参考模型都相同。

2）边界：为阴影曲面选取或创建边。

（7）拔模角度：指定过渡曲面的把模角度，拔模角度的默认值为 0.0 。

（8）关闭平面：指定拔模曲面的延伸距离。

（9）阴影闸板：指定连接到阴影曲面的片。

4.5.2 创建裙边分型面

所谓裙边，是指利用侧面影像的曲线功能来创建"瑞士干酪"型的曲面。首先解释轮廓曲线，它是指参考模型在指定的视觉方向上的投影轮廓，轮廓曲线是由多个封闭的环组成的。利用轮廓曲线创建裙边分型面，系统会自动完成如下的操作：

（1）由于轮廓曲线是多个封闭的环，所以利用轮廓曲线能填充曲面中的孔。

（2）能将由轮廓曲线生成的基准曲线能自动延伸到工件的边界。

首先介绍创建轮廓曲线的方法。

单击"模具"功能区"设计特征"面板上的"轮廓曲线"按钮 ，弹出如图 4-45 所示的"轮廓曲线"对话框。

1）名称：定义轮廓曲线的名称。

2）曲面参考：为创建轮廓曲线指定开始的曲面。

3）方向：为创建轮廓曲线指定方向。

4）投影画面：指定要连接到参考零件上的曲面。

5）间隙闭合：判断侧面影像曲面上是否有间隙，有间隙则进行闭合，没有会弹出"在侧面影像中未找到间隙"的提示框。

6）环选择：对轮廓曲线上的环路进行选取，对环路进行包括或排除操作。

系统会自动根据零件造型生成轮廓曲线，完成轮廓曲线的必要元素的设置，读者可以根据实际的需要对系统自动生成的轮廓曲线进行修改编辑。

以下详细介绍创建裙边分型面的具体过程。

（1）单击"模具"功能区"分型面和模具体积块"面板上的"分型面"按钮 ，弹出"分型面"功能区面板，进行分型曲面的设计环境。

（2）单击"分型面"功能区"曲面设计"面板上的"裙边曲面"按钮 ，弹出如图 4-46 所示的"裙边曲面"对话框。

1）参考模型：选取裙边曲面的参考模型。

2）边界参考：选取要在其上创建裙边曲面的工件元件。

3）方向：定义图像的亮度方向。

4）曲线：选取轮廓曲线，弹出如图 4-47 所示的"链"菜单。

图 4-45　"轮廓曲线"对话框　　　图 4-46　"裙边曲面"对话框　　　图 4-47　"链"菜单

a．依次：选取单一的曲线或边作为裙边曲线。

b．曲线链：选取曲线作为裙边曲线。

c．特征曲线：选取指定特征的曲线。

5）延伸：对选取的曲线进行延伸操作。

6）环闭合：定义内部环路的填充/闭合。

7）关闭扩展：定义曲面边界的关闭。

8）拔模角度：定义过渡曲面的拔模角度。

9）关闭平面：定义草拟曲面的终点。

（3）完成裙边曲面的设置，单击 按钮，生成裙边分型面。

4.6　曲面的编辑

在模具模型中，分型面不是一个单一的特征，而是一组特征的集合，所以对于分型面的编辑也是必需的。编辑操作包括在零件设计环境中常用的方法。在本书中着重介绍对于分型面的操作常用的编辑方法，包括合并、裁剪、延伸等操作。

4.6.1　合并

在进行合并操作前，首先选取要进行合并操作的两个曲面，然后单击"分型面"功能区"编辑"面板上的"合并"按钮 ，弹出如图 4-48 所示的"合并"操控面板。

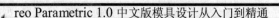

（1）"参考"下滑面板：对要合并的曲面可以进行面组的顺序调序，在如图 4-49 所示的收集器中，单击右侧按钮，可以对面组进行调序操作。

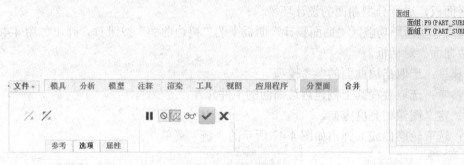

图 4-48　"曲面合并"操控面板　　　　图 4-49　"参考"下滑面板

（2）"选项"下滑面板：包括相交和连接两种类型。

1）相交：系统会通过判断两个曲面的交集将其生成为分型面。

2）连接：连接主面组和附面组。

（3）"属性"下滑面板：显示曲面合并的特征信息。

（4） ：改变第一面组中要保留的侧。

（5） ：改变第二面组中要保留的侧。

4.6.2　延伸

此命令是将指定的曲面或边沿指定的方向或以指定的方式进行拉伸。

在要对曲线进行延伸操作前，也要求首先选取要进行延伸的边，然后单击"分型面"功能区"编辑"面板上的"延伸"按钮 ，弹出如图 4-50 所示的"Extend"操控面板。

图 4-50　"Extend"操控面板

（1）"参考"下滑面板：对要进行延伸的边进行编辑。单击 细节... 按钮，弹出如图 4-51 的"链"对话框。从此图中可以看出，可以对要延伸的边进行移除操作。

勾选"基于规则"单选项，弹出如图 4-52 所示的对话框。规则中包括相切、部分环、完整环三个选项。

1）相切：包括所有与锚点相切的边，如图 4-52 所示。

2）部分环：包括与锚点与范围参考直接的所有项目，如图 4-53 所示，单击"反向"按钮可以改变选取的边与锚点之间的连接方向。

3）完整环：包括所有环参考的所有项目，如图 4-54 所示。

4）"选项"选项卡：如图 4-55 所示。

图 4-51 "链"对话框

图 4-52 "基于规则"选项

图 4-53 "部分环"对话框

图 4-54 "完整环"对话框

5）已添加的：已经添加的边或曲线。

6）排除：选取一个或多个边或曲线以从链尾排除。

（2）"量度"下滑面板：选取曲面的边界链以进行延伸，如图 4-56 所示的对话框。

其中的距离类型包括四种类型，见图 4-56 所示的"距离类型"下拉列表。

1）垂直于边：在垂直于边界边的位置开始测量延伸距离。

2）沿边：从要延伸边的位置开始测量延伸距离。

3）至顶点平行：从延伸边的顶点处开始延伸，并保证延伸平行于边界边。

4）至顶点相切：从延伸边的顶点处开始延伸，并于下一个单侧边相切。

（3）"选项"下滑面板：选项的收集器如图 4-57 所示。

方式分为三种类型：

图 4-55　"选项"选项卡

图 4-56　"量度"下滑面板

1）相同：延伸操作后的曲面与原来的曲面相同，例如原来的曲面为平面，延伸后的曲面也为平面，原来的曲面为圆柱面，延伸后的曲面也为圆柱面。

2）相切：延伸后的曲面与原来的曲面相切。

3）逼近：延伸后的曲面逼近原来的曲面。

（4）"属性"下滑面板：显示延伸边的信息。

（5）　：沿原始曲面延伸曲面。

（6）　：将曲面延伸到指定的参考曲面。

图 4-57　"选项"下滑面板

4.6.3　偏移

单击"分型面"功能区"编辑"面板上的"偏移"按钮　，弹出如图 4-58 所示的"Offset"操控面板。

图 4-58　"Offset"操控面板

（1）"参考"下滑面板：对要进行偏移的边、面进行编辑，编辑选项与延伸方法中的设置相同。

（2）"选项"下滑面板：如图 4-59 所示。方式分为两种类型：

1）垂直于边：偏移操作后的曲面同原来的曲面相同且垂直。

2）至顶点：偏移操作后的曲面偏移至选定的顶点处。

（3）"属性"下滑面板：显示偏移特征的信息。

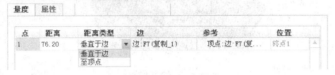

图 4-59 "选项"下滑面板

4.7 分型面的检测

在"模具"功能区"分析"面板上选择"分型面检查"命令，弹出如图 4-60 所示的"零件曲面检测"菜单。

（1）自相交检测：由于分型面要求不能与自身相交，所以此项主要是检测分型面是否自交。

（2）轮廓检查：检查分型面的围线以确定由其围成的平面上是否有靠破孔。

图 4-60 "零件曲面检测"菜单

4.8 分型面生成实例

4.8.1 用拉伸方法生成分型面

用拉伸方法创建分型面，难点是确定分型面的位置，而分型面的具体生成则相对比较简单。此种方法主要用于分型面是简单平面的设计零件，很容易掌握。

1. 打开模具模型文件

1）在计算机 D 盘的"Moldesign"文件夹中，为模具工程建立一个名为"surface_1"的文件夹，然后将光盘文件"源文件\第 4 章\ex_1\ surface_1.mfg"复制到"surface_1"文件夹中。

2）运行 Creo 软件，单击"主页"功能区的"数据"面板中"选择工作目录"按钮 ，将工作目录设置为"D：\Moldesign\surface_1\"。

3）单击"快速访问"工具栏中的"打开"按钮 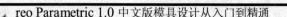，弹出"文件打开"对话框，选取
"surface_1.mfg"文件，然后单击 ▢ 打开 ▾ 按钮，如图4-61所示。

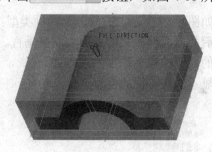

图4-61　模具模型

2. 用草绘方法创建分型面

1）单击"模具"功能区"分型面和模具体积块"面板上的"分型面"按钮 ▢，弹出"分型面"功能区面板，进入分型面的设计环境。

2）单击"分型面"功能区"形状"面板上的"拉伸"按钮 ▢，弹出如图4-62的"拉伸"控制面板。

3）在"放置"下滑面板中，单击"定义"按钮。系统提示：

> 选择一个平面或曲面以定义草绘平面。（选取模块的前面作为草绘平面，如图4-63所示）
>
> 选择一个参考（例如曲面、平面或边）以定义视图方向。（选取模块的上面作为参考平面，如图4-63所示。选取"草绘"对话框中的方向为"顶"）

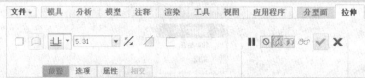

图4-62　"拉伸"控制面板

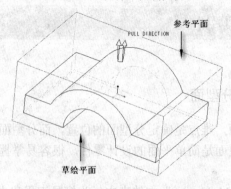

图4-63　选取草绘平面和参考平面

4）单击"草绘"功能区"设置"面板上的"参考"按钮 ▢，弹出"参考"对话框。系统提示：

> 选择垂直曲面、边或顶点，截面将相对于它们进行尺寸标注和约束。（选取的左右侧面边线，和顶部的

前方边线作为参考，如图4-64所示，选取结果见图4-65所示的"参考"对话框）

5）单击参考对话框中的 关闭 按钮，进入草绘界面，绘制如图4-66所示的二维图形（图中的加粗），然后单击 ✔ 按钮，完成二维草图的绘制。

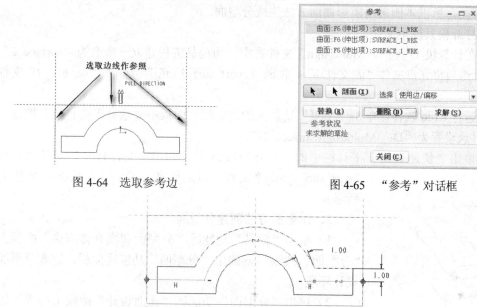

图4-64　选取参考边　　　　　　　图4-65　"参考"对话框

图4-66　草绘图形

6）选取操控面板中的拉伸方式为"到选定项" ⏚ 选项，选取模块的后方的平面，见图4-67所示的"曲面：F6（伸出项）：SURFACE_1_WRK"。

7）单击 ✔ 按钮，完成分型面的拉伸设置。

3. 查看分型面

1）单击视图快速访问工具栏中的"着色"按钮 ▢，刚刚生成的分型面显示在绘图环境中，结果如图4-68所示。

图4-67　选取面组：F6　　　　　　　图4-68　生成的分型面

2）在"继续体积块选取"菜单中选取"完成/返回"选项，返回分型面创建环境，单击 ✔ 按钮，完成分型面的生成。

4.8.2 用阴影曲面方法生成分型面

本实例是为鼠标壳零件创建分型面。由于鼠标壳表面复杂，通过拉伸方法无法生成所需要的分型面，所以本例采用阴影曲面方法生成分型面。

1．打开模具模型文件

1）在计算机 D 盘的"Moldesign"文件夹中，为模具工程建立一个名为"surface_2"的文件夹，然后将光盘文件"源文件\第 4 章\ex_2\ part_surf_2.mfg"复制到"surface_2"文件夹中。

2）运行 Creo 软件，单击"主页"功能区的"数据"面板中"选择工作目录"按钮，将工作目录设置为"D：\Moldesign\surface_2\"。

3）单击"快速访问"工具栏中的"打开"按钮，弹出"文件打开"对话框，选取"part_surf_2.mfg"文件，然后单击 打开 ▼ 按钮，如图 4-69 所示。

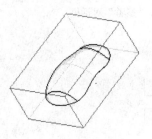

2．用阴影方法创建分型面

1）单击"模具"功能区"分型面和模具体积块"面板上的"分型面"按钮，弹出"分型面"功能区面板，进入分型面的设计环境。

2）单击"分型面"功能区"曲面设计"面板上的"阴影曲面"命令，系统根据参考模型的特征自动生成分型面。系统提示：

图 4-69　模具模型

> 所有元素已定义。请从对话框中选择元素或动作。

3）单击"阴影曲面"对话框中的 确定 按钮，完成阴影曲面的生成。

4）单击 ✔ 按钮，完成分型面的生成。

3．查看分型面

1）单击视图快速访问工具栏中的"着色"按钮，则刚刚生成的分型面显示在绘图环境中，结果如图 4-70 所示。

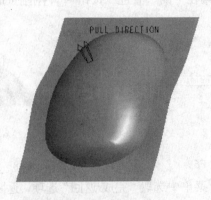

图 4-70　分型面 PART_SURF_1

2）在"继续体积块选取"菜单中选取"完成/返回"选项，返回主创建环境。

4.8.3 用裙边方法生成分型面

本例和 4.8.2 节实例所采用的参考模型是相同的,但本例采用裙边方法生成分型面。通过和 4.8.2 节实例的比较,可以看出虽然两个实例中对于同一个参考模型生成的分型面不同,但开模效果是相同的。

在 Creo 中如果要想采用裙边方法创建分型面,首先必须要生成轮廓曲线,然后才能利用轮廓曲线用裙边方法生成分型面。

1. 打开模具模型文件

1)在计算机 D 盘的"Moldesign"文件夹中,为模具工程建立一个名为"surface_3"的文件夹,然后将光盘文件"源文件\第 4 章\ex_3\ part_surf_2.mfg"复制到"surface_3"文件夹中。

2)运行 Creo 软件,单击"主页"功能区的"数据"面板中"选择工作目录"按钮 ,将工作目录设置为"D:\Moldesign\surface_3\"。

3)单击"快速访问"工具栏中的"打开"按钮 ,弹出"文件打开"对话框,选取 part_surf_2.mfg 文件,然后单击 打开 按钮。

2. 创建轮廓曲线

1)单击"模具"功能区"设计特征"面板上的"轮廓曲线"按钮 ,弹出"轮廓曲线"对话框。系统提示:

> 所有元素已定义。请从对话框中选取元素或动作。

此时在绘图区的模型中的出现表示方向的红色箭头,如图 4-71 所示。

2)接受系统默认的各项定义,单击"轮廓曲线"对话框中的 确定 按钮,出现如图 4-72 所示的曲线,表示生成的轮廓曲线。

图 4-71　方向箭头　　　　　　图 4-72　轮廓曲线

3. 用裙边方法创建分型面 PART_SURF_1

1)单击"模具"功能区"分型面和模具体积块"面板上的"分型面"按钮 ,弹出"分型面"功能区面板,进入分型面的设计环境。

2)单击"分型面"功能区"曲面设计"面板上的"裙边曲面"按钮 ,弹出如图 4-73 所示的"裙边曲面"对话框和"链"菜单。

3)在"链"菜单中选取"特征曲线"选项。系统提示:

> 选择包含曲线的特征。(选取如图 4-74 所示的轮廓线)

图 4-73 "裙边曲面"对话框和"链"菜单

4）选取"链"菜单中的"完成"选项，单击"裙边曲面"对话框中的 确定 按钮，结果如图 4-75 所示。

图 4-74 选取特征曲线　　　　图 4-75 利用裙边创建分型面的结果

5）单击视图快速访问工具栏中的"着色"按钮 ，刚刚生成的分型面显示在绘图环境中，结果如图 4-76 所示。

6）单击 ✔ 按钮，完成分型面创建，结果如图 4-77 所示。

图 4-76 裙边方法生成的分型面　　　　图 4-77 生成分型面

4.8.4 创建含有靠破孔的分型面

上模有部分会接触到下模，而接触到的部位通常是各种形状和深度的空孔，即靠破孔。

本实例通过含有靠破孔的模型生成分型面的实际操作，使读者熟悉对于靠破孔的处理以及填充环的操作。

1. 打开模具模型文件

1）在计算机 D 盘的"Moldesign"文件夹中，为模具工程建立一个名为"surface_4"的文件夹，然后将光盘文件"源文件\第 4 章\ex_4\ handset.mfg"复制到"surface_4"文件夹中。

2）运行 Creo 软件，单击"主页"功能区的"数据"面板中"选择工作目录"按钮 ，将工作目录设置为"D：\Moldesign\surface_4\"。

3）单击"快速访问"工具栏中的"打开"按钮 📂，弹出"文件打开"对话框，选取"handset.mfg"文件，然后单击 ┃ 打开 ┃▾ 按钮，如图 4-78 所示。

2. 创建分型面 PART_SURF_1

1）首先将工件遮蔽，然后单击"模具"功能区"分型面和模具体积块"面板上的"分型面"按钮 🗊，弹出"分型面"功能区面板，进入分型面创建环境。

2）首先选取如图 4-79 所示的参考模型的外表面。

图 4-78　模具模型

图 4-79　选取曲面

> 注意：此时需要要将过滤器的选项设置为"几何"，才能选取参考零件的各个表面。

3）单击"快速访问"工具栏中的"复制"按钮 🗐。

4）单击"快速访问"工具栏中的"粘贴"按钮 🗐，弹出如图 4-80 所示的"曲面：复制"操控面板。

5）单击"选项"下滑按钮，弹出如图 4-81 所示的各个选项。

图 4-80　"曲面：复制"操控面板　　　　　图 4-81　"选项"下滑面板

6）一般系统默认的选项为"按原样复制所有曲面"。在这个实例中由于有靠破孔存在，所以必须勾选"排除曲面并填充孔"。系统提示：

> 选择要填充的任何数量的参考，如封闭轮廓（环）或曲面。（选取如图 4-82 所示的两个含有靠破孔的曲面）

7）单击 ✔ 按钮，完成曲面的粘贴，此时在模型树中增加了如图 4-83 所示的"复制1[PART_SURF_1–分型面]"特征项目。单击 ✔ 按钮，完成分型面创建。

3. 创建裙边分型面 PART_SURF_2

1）单击"模具"功能区"设计特征"面板上的"轮廓曲线"按钮 🝰，弹出"轮廓曲线"对话框，如图 4-84 所示。

2）选取"轮廓曲线"对话框中的"环选择"选项，单击 ┃定义┃ 按钮，弹出"环选择"对

话框，如图 4-85 所示，同时参考模型的各个边都加亮显示，如图 4-86 所示。

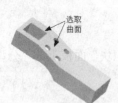

选取
曲面

HANDSET_REF_1.PRT
HANDSET_WRK_1.PRT
复制 1 [PART_SURF_1 - 分型面]
在此插入

图 4-82 选取含有靠破孔的面　　　　图 4-83 模型树　　　　图 4-84 "轮廓曲线"对话框

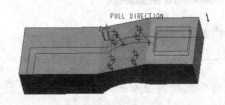

图 4-85 "环选择"对话框　　　　　　　图 4-86 加亮显示的环

3）将"环选择"对话中的"环"选项卡中的编号为 2 到 9 的曲线状态都设置为"排除"，具体操作为：利用 Shift＋鼠标左键选取 2 到 9，然后单击 排除 按钮，最后"环选择"对话框的设置如图 4-87 所示。

4）选取"环选择"对话框中的"链"选项卡，将编号为"1-1"的曲线的状态修改为"下部"，最后设置如图 4-88 所示。

5）单击"环选择"对话框中的 确定 按钮，返回"轮廓曲线"对话框。

6）单击 确定 按钮，结果生成如图 4-89 所示的红色线为生成的轮廓曲线。

7）单击"模具"功能区"分型面和模具体积块"面板上的"分型面"按钮 ，弹出"分型面"功能区面板，进入分型面的设计环境。

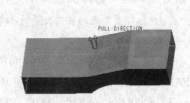

图 4-87 "环选择"对话框　　图 4-88 "环选择"对话框的"链"选项卡　　图 4-89 生成的轮廓曲线

8）取消工件遮蔽，单击"分型面"功能区"曲面设计"面板上的"裙边曲面"按钮 ，弹出如图 4-90 所示的"裙边曲面"对话框和"链"菜单。

9）在"链"菜单中选取"特征曲线"选项。系统提示：

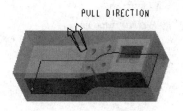

图 4-90 "裙边曲面"对话框和"链"菜单　　　　图 4-91 选取特征曲线

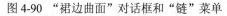
选择包含曲线的特征。（选取如图 4-91 所示的轮廓线）

10）选取"链"菜单中的"完成"选项，单击"裙边曲面"对话框中的 确定 按钮，结果如图 4-92 所示。

11）单击视图快速访问工具栏中的"着色"按钮 ，刚刚生成的分型面显示在绘图环境中，结果如图 4-93 所示。

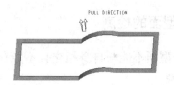

图 4-92 利用裙边创建分型面的结果　　　　图 4-93 裙边方法生成的分型面 PART_SURF_2

4. 合并生成分型面 PART_SURF_1

1）首先在模型树中选取生成的"复制 1[PART_SURF_1 – 分型面]"和"裙边曲面 标识1309 [PART_SURF_2 – 分型面]"，如图 4-94 所示。

提示：如果要对两曲面进行合并操作，首先必须选取两个曲面，才能使得"合并"命令可用。

2）单击"分型面"功能区"编辑"面板上的"合并"按钮 ，弹出如图 4-95 的"合并"操控面板。

图 4-94 模型树　　　　　　　　图 4-95 "合并"操控面板

3）由于已经选取了要进行合并的两个曲面，所以在"参考"下滑面板中不再进行任何操作。

Creo Parametric 1.0

4）单击"选项"下滑按钮，从弹出的下滑面板中勾选"连接"选项。

5）单击 ✔ 按钮，完成曲面的合并，此时在模型树中增加了如图 4-96 所示的"合并 1 [PART_SURF_2 – 分型面]"项目。

图 4-96　模型树　　　　　　　　　　　　　图 4-97　分型面 PART_SURF_2

5. 查看合并后的分型面 PART_SURF_2

1）单击视图快速访问工具栏中的"着色"按钮 🖼，则生成的合并分型面显示在绘图区，如图 4-97 所示。

2）单击 ✔ 按钮，完成分型面的生成。

4.8.5　分型面的检测

由于分型面不能与自身相交且不能存在靠破孔，因此在进行模具分割之前进行分型面的检测。

1）在计算机 D 盘的"Moldesign"文件夹中，为模具工程建立一个名为"surface_5"的文件夹，然后将光盘文件"源文件\第 4 章\ex_5\ check.mfg"复制到"surface_5"文件夹中。

2）运行 Creo 软件，单击"主页"功能区的"数据"面板中"选择工作目录"按钮 🗃，将工作目录设置为"D：\Moldesign\surface_5\"。

3）单击"快速访问"工具栏中的"打开"按钮 🗁，弹出"文件打开"对话框。选取"check.mfg"，结果如图 4-98 所示。

4）在"零件曲面检测"菜单中选取"自相交检测"选项。系统提示：

选择要检测的曲面：（选取分型面 PART_SURF_1）

没有发现自交截。

图 4-98　模具模型　　　　图 4-99　"零件曲面检测"菜单　　　　图 4-100　自交检测结果

5）在"零件曲面检测"菜单中选取"轮廓检查"选项。系统提示：

选择要检测的曲面：（选取分型面 PART_SURF_1）

分型曲面有 6 个围线，确认每个都是必需的（此时分型面如图 4-100 所示）。系统弹出"轮廓/检测"菜单,如图 4-101 所示。

6. 选取"下一个环"选项,如图 4-102 所示,此结果表示分型面上有靠破孔,确定是必需的,然后进行填充靠破孔操作,生成正确的分型面。

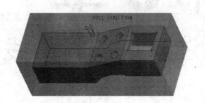

图 4-101 "轮廓/检测"菜单   图 4-102 下一个环

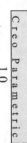

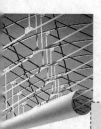

第5章

浇注系统和等高线

本章导读

本章首先详细介绍了浇注系统的生成方法，然后详细介绍了等高线的生成，最后是关于在模具设计中常见的浇注系统的具体实例演示。

重点与难点
- 浇注系统
- 等高线
- 顶杆孔

Creo Parametric

1.0

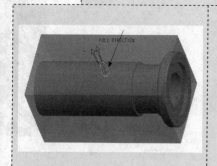

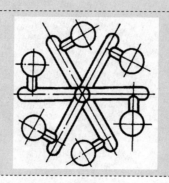

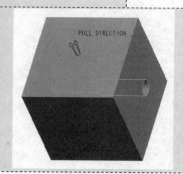

5.1 浇注系统

浇注系统是指使熔化的材料流入型腔的通道，它的主要作用是将成型材料顺利、平稳地送入型腔，并在填充过程中将压力充分传递到模具型腔的各个部位，从而来获得外形轮廓清晰、内部组织优良的制件。

5.1.1 浇注系统简介

注射模的浇注系统，是指塑料熔体从注射机喷嘴进入模具开始到型腔为止所流经的通道。它的作用是将熔体平稳地引入模具型腔，并在填充和固化定型过程中，将型腔内气体顺利排出，且将压力传递到型腔的各个部位，以获得组织致密、轮廓清晰、表面光洁和尺寸稳定的塑件。因此，浇注系统设计的正确与否直接关系到注射成型的效率和塑件的质量。浇注系统可分为普通浇注系统和热流道浇注系统两大类。

1. 普通浇注系统的组成

注射模的浇注系统如图 5-1 和图 5-2 所示，由主流道、分流道、浇口及冷料穴等四部分组成。

（1）主流道：主流道是指从注射机喷嘴与模具接触处开始，到有分流道支线为止的一段料流通道。它起到将熔体从喷嘴引入模具的作用，其尺寸的大小直接影响熔体的流动速度和填充时间。

（2）分流道：分流道是主流道与型腔进料口之间的一段流道，主要起分流和转向作用，是浇注系统的断面变化和熔体流动转向的过渡通道。

（3）浇口：浇口是指料流进入型腔前最狭窄的部分，也是浇注系统中最短的一段，其尺寸狭小且短，目的是使料流进入型腔前加速，便于充满型腔，且又利于封闭型腔口，防止熔体倒流。另外，也便于成型后冷料与塑件分离。

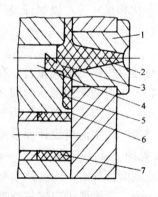

图 5-1 卧式、立式注射机用模具普通浇注系统
1—主流道衬套 2—主流道 3—冷料穴
4—拉料杆 5—分流道 6—浇口 7—塑件

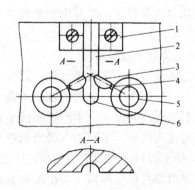

图 5-2 直角式注射机用模具普通浇注系统
1—主流道镶块 2—主流道 3—分流道
4—浇口 5—模腔 6—冷料穴

（4）冷料穴：在每个注射成型周期开始时，最前端的料接触低温模具后会降温、变硬，

称为冷料。为防止此冷料堵塞浇口或影响制件的质量而设置的料穴称为冷料穴。冷料穴一般设在主流道的末端，有时在分流道的末端也增设冷料穴。

2．浇注系统设计的基本原则

浇注系统设计是注射模设计的一个重要环节，它直接影响注射成型的效率和质量。设计时一般遵循以下基本原则：

（1）必须了解塑料的工艺特性，以便于考虑浇注系统尺寸对熔体流动的影响。

（2）排气良好。浇注系统应能顺利地引导熔体充满型腔，料流快而不紊，并能把型腔的气体顺利排出。图5-3a所示的浇注系统，从排气角度考虑，浇口的位置设置就不合理，如改用图5-3b和图5-3c所示的浇注系统设置形式，则排气良好。

（3）防止型芯和塑件变形。高速熔融塑料进入型腔时，要尽量避免料流直接冲击型芯或嵌件，防止型芯及嵌件变形。对于大型塑件或精度要求较高的塑件，可考虑多点浇口进料，以防止浇口处由于收缩应力过大而造成塑件变形。

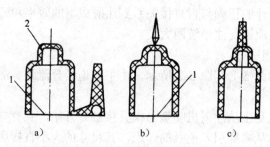

图5-3　浇注系统与填充的关系
1—分型面　2—气泡

（4）减少熔体流程及塑料耗量。在满足成型和排气良好的前提下，塑料熔体应以最短的流程充满型腔，这样可缩短成型周期，提高成型效果，减少塑料用量。

（5）去除与修整浇口方便，并保证塑件的外观质量。

（6）要求热量及压力损失最小。浇注系统应尽量减少转弯，采用较低的表面粗糙度，在保证成型质量的前提下，尽量缩短流程，合理选用流道断面形状和尺寸等，以保证最终的压力传递。

3．普通浇注系统设计

（1）主流道设计：主流道轴线一般位于模具中心线上，与注射机喷嘴轴线重合。在卧式和立式注射机注射模中，主流道轴线垂直于分型面（见图5-4），主流道断面形状为圆形。在直角式注射机用注射模中，主流道轴线平行于分型面（见图5-5），主流道截面一般为等截面柱形，截面可为圆形、半圆形、椭圆形和梯形，以椭圆形应用最广。主流道设计要点如下：

1）为便于凝料从直流道中拔出，主流道设计成圆锥形（见图5-4），锥角 α =2°~4，通常主流道进口端直径应根据注射机喷嘴孔径确定。设计主流道截面直径时，应注意喷嘴轴线和主流道轴线对中，主流道进口端直径应比喷嘴直径大0.5~1 mm。主流道进口端与喷嘴头部接触的形式一般是弧面（见图5-5），通常主流道进口端凹下的球面半径 R_2 比喷嘴球面半径 R_1 大1~2mm，凹下深度约3~5mm。

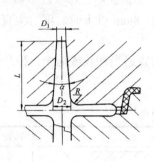 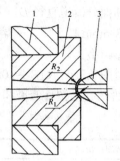

1—定模底板　2—主流道衬套　3—喷嘴

图 5-4　主流道的形状和尺寸　　　图 5-5　注射机喷嘴与主流道衬套球面接触（R2 > R1）

2）主流道与分流道结合处采用圆角过渡，其半径 R 为 1~3mm，以减小料流转向过渡时阻力。

3）在保证塑件成型良好的前提下，主流道的长度 L 尽量短，以减少压力损失及废料。，一般主流道长度视模板的厚度，流道的开设等具体情况而定。

4）由于主流道要与高温塑料和喷嘴反复接触和碰撞，容易损坏，所以一般不将主流道直接开在模板上，而是将它单独设在一个主流道衬套中，如图 5-6 所示。

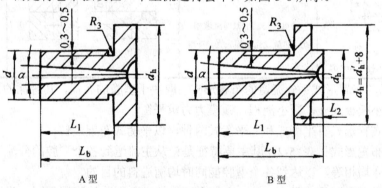

A 型　　　　　　　　　　B 型

图 5-6　主流道衬套的形式

（2）分流道设计：对于小型塑件单型腔的注射模，通常不设分流道；对于大型塑件采用多点进料或多型腔注射模，都需要设置分流道。分流道的要求是：塑料熔体在流动中热量和压力损失最小，同时使流道中的塑料量最少。塑料熔体能在相同的温度、压力条件下，从各个浇口尽可能同时地进入并充满型腔。从流动性、传热性等因素考虑，分流道的比表面积（分流道侧表面积与体积之比）应尽可能小。

1）分流道的截面形状及尺寸：分流道的形状尺寸主要取决于塑件的体积、壁厚、形状以及所加工塑料的种类、注射速率、分流道长度等。分流道断面积过小，会降低单位时间内输送的塑料量，并使填充时间延长，塑料常出现缺料、波纹等缺陷。分流道断面积过大，不仅积存空气增多，塑件容易产生气泡，而且增大塑料耗量，延长冷却时间。但对注射粘度较大或透明度要求较高的塑料，如有机玻璃，应采用断面积较大的分流道。

常用的分流道截面形状及特点见表 5-1。

Creo Parametric 1.0

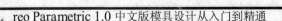

圆形断面分流道直径 D 一般在 2~12mm 范围内变动。实验证明,对多数塑料来说,分流道直径在 5~6mm 以下时,对熔体流体性影响较大;直径在 8mm 以上时,再增大直径,对熔体流动性影响不大。

分流道的长度一般在 8~30mm 之间,一般根据型腔布置适当加长或缩短,但最短不宜小于 8mm,否则会给塑件修磨和分割带来困难。

表 5-1　分流道截面形状及特点

截面形状	特　点	截面形状	特　点
圆形截面形状 $D=T_{max}+1.5$	优点:比表面积最小,因此阻力小,压力损失小,冷却速度最慢,流道中心冷凝慢有利于保压 缺点:同时在两半模上加工圆形凹槽,难度大,费用高 T_{max} 一塑件最大壁厚	梯形截面形状 $b=4\sim12mm$。$h=(2/3)b$。$r=1\sim3mm$	与 U 形截面特点近似,但比 U 形截面流道的热量损失及冷凝都多。加工也较方便,因此也常用
抛物线形(或 U 形)截面 $h=2r$(r 为圆的半径)$a=10°$	优点:比表面积值比圆形截面大,但单边加工方便,且易于脱模 缺点:与圆形截面流道相比,热量及压力损失大,冷凝料多	半圆形和矩形截面	两者的比表面积均较大,其中矩形最大,热量及压力损失大,一般不常用

2)分流道的布置形式:分流道的布置形式,取决于型腔的布局,其遵循的原则应是,排列紧凑,能缩小模板尺寸,减小流程,锁模力力求平衡。

分流道的布置形式有平衡式和非平衡式两种,以平衡式布置最佳。

平衡式的布置形式见表 5-2,其主要特征是:从主流道到各个型腔的分流道,其长度、断面形状及尺寸均相等,以达到各个型腔能同时均衡进料的目的。

分流道非平衡布置形式见表 5-3,它的主要特征是各型腔的流程不同,为了达到各型腔同时均衡进料,必须将浇口加工成不同尺寸。同样空间时,比平衡式排列容纳的型腔数目多,型腔排列紧凑,总流程短。因此,对于精度要求特别高的塑件,不宜采用非平衡式分流道。

3)分流道设计要点:分流道的断面和长度设计,应在保证顺利充模的前提下,尽量取小,这对于小型塑件尤为重要。

分流道的表面积不必很光滑,表面粗糙度一般为 1.6μm 即可,这样可以使熔融塑料的冷却皮层固定,有利于保温。

当分流道较长时,在分流道末端应开设冷料穴(见表 5-2 和表 5-3),以容纳冷料,保证塑件的质量。

分流道与浇口的连接处要以斜面或圆弧过渡(见图 5-7),有利于塑件的流动及填充。否则会引起反压力,消耗动能。

(3)浇口设计:连接分流道与型腔的进料通道,是浇注系统中截面最小的部分。其作用是使熔料通过浇口时产生加速度,从而迅速充满型腔。接着浇注处塑料首先冷凝,封闭型腔,防止熔料倒流。成型后浇口处凝料最薄，利于与塑件分离。浇口的形式很多，常见的有以下 10 种。

表 5-2　分流道平衡式布置的形式

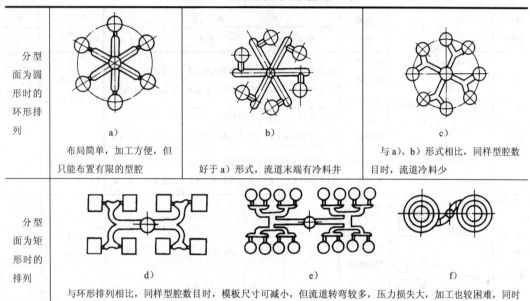

分型面为圆形时的环形排列	a) 布局简单，加工方便，但只能布置有限的型腔	b) 好于 a) 形式，流道末端有冷料井	c) 与 a)、b) 形式相比，同样型腔数目时，流道冷料少
分型面为矩形时的排列	d)	e)	f)
	与环形排列相比，同样型腔数目时，模板尺寸可减小，但流道转弯较多，压力损失大，加工也较困难，同时冷料多		

表 5-3　分流道非平衡式布置的形式

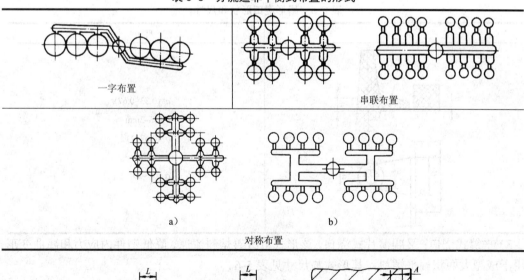

一字布置

串联布置

a)　　　　　　　　　b)

对称布置

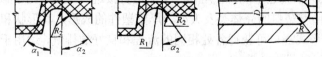

图 5-7　分流道与浇口的连接形式

Creo Parametric 1.0

1）侧浇口：又称边缘浇口，设置在模具的分型面处，截面通常为矩形，其形式和尺寸见表 5-4，可用于各种形状的塑件。

表5-4　侧浇口形状和尺寸

模具类型	浇口简图	塑料名称	*a*			*b*	*l*
			壁厚<1.5	壁厚1.5~3	壁厚>3		
热塑性塑料注射模	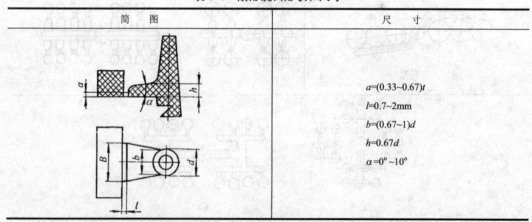	聚乙烯聚丙烯聚苯乙烯	简单塑料 0.5~0.7 复杂塑料 0.5~0.6	简单塑料 0.6~0.9 复杂塑料 0.6~0.8	简单塑料 0.8~1.1 复杂塑料 0.8~1.0	中小型 $b=(3\sim10)a$	0.7~2
		ABS 聚甲醛	简单塑料 0.6~0.8 复杂塑料 0.5~0.8	简单塑料 1.2~1.4 复杂塑料 0.8~1.2	简单塑料 0.8~1.1 复杂塑料 0.8~1.0		
		聚碳酸脂聚苯醚	简单塑料 0.8~1.2 复杂塑料 0.6~1.0	简单塑料 1.3~1.6 复杂塑料 1.2~1.5	简单塑料 1.0~1.6 复杂塑料 1.4~1.6	大型塑件 $b>10a$	
热固性塑料注射模		注射型酚醛塑料粉	0.2~0.5			2~5	1~2

2）扇形浇口：和侧浇口类似，用于成型宽度较大的薄片塑件，其形状和尺寸见表 5-5。

表5-5　扇形浇口形状和尺寸

简　图	尺　寸
	$a=(0.33\sim0.67)t$ $l=0.7\sim2mm$ $b=(0.67\sim1)d$ $h=0.67d$ $\alpha=0°\sim10°$

3）平缝式浇口：又叫薄片式浇口，该形式可改善熔料流速，降低塑件内应力和翘曲变形，适用于成型大面积扁平塑料，其形式与尺寸见表 5-6。

4）直接浇口：又叫主流道型浇口，熔体经主流道直接进入型腔。由于该浇口尺寸大、流动阻力小，常用于高粘度塑料的壳体类及大型、厚壁塑件的成形，其形状和尺寸见表 5-7。

5）环形浇口：该形式浇口可获得各处相同的流程和良好的排气，适用于圆筒形或中间带孔的塑件，其形式和尺寸见表 5-8。

表 5-6 平缝式浇口

简 图	尺 寸
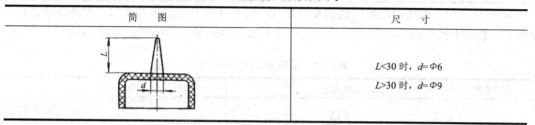	a=0.2~1.5 l<1.5 b=0.75~1B

表 5-7 直接浇口形状和尺寸

简 图	尺 寸
	L<30 时，d=Φ6 L>30 时，d=Φ9

表 5-8 环形浇口形状和尺寸

模具类型	浇口简图	尺 寸
热塑性塑料注射模	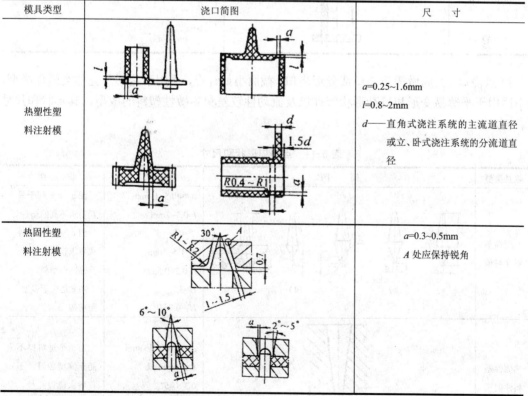	a=0.25~1.6mm l=0.8~2mm d——直角式浇注系统的主流道直径 　　或立、卧式浇注系统的分流道直 　　径
热固性塑料注射模		a=0.3~0.5mm A 处应保持锐角

Creo Parametric 1.0

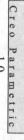

6）轮辐式浇口：该浇口的特点是浇口去除方便，但塑件上往往留有熔接痕，适用范围与环形浇口相似，见表5-9。

表 5-9　轮辐式浇口形状和尺寸

浇口类型	浇口简图	尺　寸
轮辐式 浇口		a=0.8~1.8mm b=1.6~6.4mm

7）爪形浇口：该浇口是轮辐式的变异形式，尺寸可以参考轮辐式浇口。该浇口常设在分流锥上，适用于孔径较小的管状塑件和同轴度要求较高的塑件的成型，见表 5-10。

表 5-10　爪形浇口形状和尺寸

浇口类型	浇口简图	尺　寸
爪形浇口		参考轮辐式浇口

8）点浇口：又叫橄榄形浇口或菱形浇口，截面小如针点，适用于盆形及壳体类塑件成型，而不适用于平薄易变形和复杂形状塑件以及流动性较差和热敏性塑料的成型，其形状和尺寸见表 5-11。

表 5-11　点浇口形状和尺寸

模具类型	简　图	尺　寸	说　明
热塑性塑料注射模	a) b) c) d) e)	d=Φ0.5~1.5mm l=0.5~2mm β=6°~15° R=1.5~3mm r=0.2~0.5mm H=3 H_1=0.75D	图 a、b 适用于外观要求不高的塑件 图 c、d 适用于外观要求较高，薄壁及热固性塑料 图 e 适用于多型腔结构
热固性塑料注射模		d=Φ(0.4~1.5)mm R=0.5mm 或 0.3×45° l=0.5~1.5mm	当一个进料口不能充满型腔时，不宜增大浇口孔径，而应采用多点进料

9）潜伏式浇口：又叫隧道式、剪切式浇口，是点浇口的演变形式，其特点是利于脱模，适用于要求外表面不留浇口痕迹的塑件，对脆性塑料也不宜采用，其形状和尺寸见表5-12。

表5-12 潜伏式浇口形状和尺寸

类　　型	简　图	尺　寸
推切式	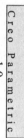	$d=\Phi 0.8{\sim}1.5mm$ $\alpha=30^{\circ}{\sim}45^{\circ}$ $\beta=5^{\circ}{\sim}20^{\circ}$ $l=1{\sim}1.5$ $R=1.5{\sim}3mm$
拉切式		
二次流道式		$d=\Phi 1.5{\sim}2.5mm$ $\alpha=30^{\circ}{\sim}45^{\circ}$ $\beta=5^{\circ}{\sim}20^{\circ}$ $l=1{\sim}1.5mm$ $b=(0.6{\sim}0.8)t$ $\theta=0{\sim}2^{\circ}$ $L>3d_1$

10）护耳式浇口：又叫凸耳式、冲击型浇口，适用于聚氯乙烯、聚碳酸脂、ABS及有机玻璃等塑料的成型。其优点是可避免因喷射而造成塑料的翘曲、层压、糊状斑等缺陷，缺点是浇口切除困难，塑件上留有较大的浇口痕迹，其形状和尺寸见表5-13。

表5-13 护耳式浇口形状和尺寸

简　图	护耳尺寸	浇口尺寸
	$L=10{\sim}20mm$ $B=10{\sim}1.5mm$ $H=0.8t$ t —塑件壁厚	a、b、l 参考表5-4 选取

（4）浇口位置设计：浇口位置需要根据塑件的几何形状、结构特征、技术和质量要求及塑料的流动性能等因素综合加以考虑。浇口的位置选取见表5-14。

表 5-14　浇口位置的选取

简　图	说　明	简　图	说　明
	圆环形塑件采用切向进浇，可减少熔接痕，提高熔接部位强度，有利于排气，但会增加熔接痕数量，适用于大型塑件		箱体形塑件设置的浇口流程短，焊接痕少，焊接强度好
	框形塑件采用对角设置浇口，可减少塑件收缩变形，圆角处有反料作用，增大流速，利于成型		对于大型塑件采用双点浇口进料，改善流动性，提高制件质量
	圆锥形塑件，当其外观无特殊要求时，采用点浇口进料为合适		圆形齿轮塑件，采用直接浇口，可避免产生接缝线，齿形外观质量也可以保证
	对于壁厚不均匀塑件，浇口位置应使流程一致，避免涡流而形成明显的焊接痕		薄板形塑料，浇口设在中间长孔中，缩短流程，防止确料和焊接痕，制件质量良好
	骨架形塑件，浇口位置选取在中间，缩短流程，减少了填充时间		长条形塑件，采用从两端切线方向进料，可缩短流程，如有纹向要求时，可改从一端切线方向进料
	对于多层骨架而薄壁塑件采用多点浇口，改善填充条件		圆形扁平塑件，采用径向扇形浇口，可以防止涡流，利于排气，保证制件质量

（5）冷料穴和拉料杆设计：冷料穴用来收集料流前锋的冷料，常设在主流道或分流道末端。拉料杆的作用是在开模时，将主流道凝料从定模中拉出。两者的形状及尺寸见表 5-15。

（6）排气孔设计：排气孔常设在型腔最后充满的部位，通过试模后确定。其形状及尺寸见表 5-16。

表 5-15 冷料穴与拉料杆

形式	简 图	说 明	形式	简 图	说 明
带工形拉料杆的冷料穴		常用于热塑性塑料模，也可用于热固性塑料模。使用这种拉料杆，在塑件脱模后，必须作侧向移动，否则无法取出塑件	带拉料杆的球形冷料穴	$R=\dfrac{d_1}{2}+0.5$	常用于推板推出和弹性较好的塑料
带推杆的倒锥形冷料穴		适用于软质塑料	带推杆的菌形冷料穴		常用于推板推出和弹性较好的塑料
带推杆的圆环形冷料穴		用于弹性较好的塑料	主流道延长式冷料穴		常用于直角注射机模具

表 5-16 排气孔的形状和尺寸

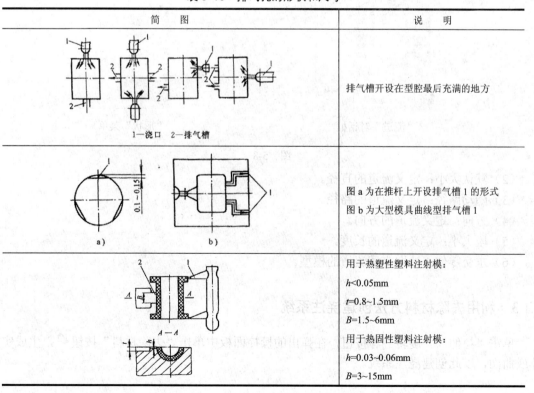

简 图	说 明
1—浇口 2—排气槽	排气槽开设在型腔最后充满的地方
a)　　　b)	图 a 为在推杆上开设排气槽 1 的形式 图 b 为大型模具曲线型排气槽 1
A—A	用于热塑性塑料注射模： $h<0.05mm$ $t=0.8\sim1.5mm$ $B=1.5\sim6mm$ 用于热固性塑料注射模： $h=0.03\sim0.06mm$ $B=3\sim15mm$

> 注意：本小节主要讲述了模具设计的一些基础知识，更深的知识可以参考各种模具设计手册和书籍，但是设计一套好的模具更需要有丰富的经验。本书的宗旨不是详细讲述如何能更好地设计出模具，而是如何通过 Creo 系统来完成模具设计的一些较基本的操作。在掌握了这些基本的操作以后，可以结合自己的设计经验，运用 Creo 设计出更出色的模具。

5.1.2　利用流道创建浇注系统

单击"模具"功能区"生产特征"面板上的"流道"按钮✕，弹出 "流道"对话框及"形状"菜单（见图 5-8）。

（1）形状：如图 5-8 所示的"形状"菜单。

1）倒圆角：建立截面为圆形的流道特征。

2）半倒圆角：建立截面为半圆形的流道特征。

3）六边形：建立截面为六边形的流道特征。

4）梯形：建立截面为梯形的流道特征。

5）圆角梯形：建立截面为梯形但此梯形的各个角均为圆角的流道特征。

"流道"对话框　　　　　　　　　　　　　　　　"形状"菜单

图　5-8

（2）默认大小：定义流道的直径。

（3）随动路径：定义流道的路径。

（4）方向：定义流道的方向。

（5）段大小：定义流道的长度。

（6）求交零件：选取交截流道的模型。

5.1.3　利用去除材料方法创建浇注系统

单击"拉伸"、"旋转"等按钮，在弹出的操控面板中单击"去除材料"按钮◻，生成实体或曲面，以此创建浇注系统。

5.2 等高线

5.2.1 等高线简介

等高线位于工件的模型中，它属于组件级的特征，其作用是传送冷却水使其通过模具或铸造元件，冷却熔融材料。模具的冷却速度直接关系到整个模具生产线的收益率。

5.2.2 创建等高线菜单

单击"模具"功能区"生产特征"面板上的"等高线"按钮，弹出如图 5-9 所示的"等高线"对话框及文本输入框。

（1）直径：定义等高线的直径。

（2）回路：设置等高线回路。

（3）末端条件：设置等高线的末端条件类型。选取此项时，弹出如图 5-10 所示的"尺寸界线末端"菜单及"选择"对话框。选取"选取末端"命令，系统弹出如图 5-11 所示的"规定端部"菜单。各选项含义如下：

1）无：没有端部条件。

2）盲孔：通过输入指定的延长数值将端部进行延长。

3）通过：等高线的端部通过指定的点、表面等。

4）通过 w/沉孔：在等高线端部设置沉孔。

（4）求交零件：为创建的尺寸指定交截的模型。

Creo Parametric 1.0

图 5-9 "等高线"对话框及文本输入框

图 5-10 "尺寸界线末端"菜单

图 5-11 "规定端部"菜单

5.2.3 等高线回路的检查

单击"模具"功能区"分析"面板上的"模具分析"按钮 ，弹出如图 5-12 所示的"模具分析"对话框。

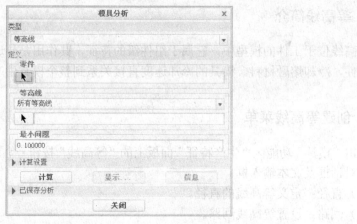

图 5-12 "模具分析"对话框

（1）零件：选取要进行等高线检测的元件类型。

（2）等高线：

1）所有等高线：对所有等高线进行检测。

2）选取等高线：对选取的等高线进行检测。

3）选取曲面：选取等高线所在的曲面，检测等高线。

（3）最小间隙：输入等高线的最小间隙数值。

（4）计算设置：通过单击"计算"按钮，则在模型中以红色和绿色显示结果。其中，红色表示小于最小间隙的部分，绿色表示大于最小间隙的部分。

5.3 顶杆孔

单击"模具"功能区"生产特征"面板上的"顶杆孔"按钮，弹出如图 5-13 所示的"顶杆孔：直"对话框。

（1）位置类型：弹出如图 5-14 所示的"位置"菜单。

1）线性：在两平面中放置一个线性偏距。

2）径向：沿一个轴或在与平面有夹角的位置放置一个径向偏距。

3）同轴：放置在同一个轴。

4）在点上：放置在基准点。

（2）放置参考：指定放置参考。

（3）方向：根据放置平面指定创建特征的位置。

（4）求交零件：选取与顶杆孔相交的元件，此操作可自动或手工完成，如图 5-15 所示的"相交元件"对话框。

（5）沉孔：指定沉孔的尺寸。

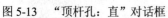

图 5-13　"顶杆孔：直"对话框　　图 5-14　"位置"菜单　　图 5-15　"相交元件"对话框

5.4　实例

5.4.1　用创建流道方法创建浇注系统

本例采用流道命令来生成浇注系统，此方法简单，易于掌握。

1．打开文件

1）在计算机 D 盘的"Moldesign"文件夹中，为模具工程建立一个名为"sleeve3"的文件夹，然后将光盘文件"源文件\第 5 章\ex_1\ sleeve.mfg"复制到"sleeve3"文件夹中。

2）运行 Creo 软件，单击"主页"功能区的"数据"面板中"选择工作目录"按钮，将工作目录设置为"D：\Moldesign\sleeve3\"。

3）单击"快速访问"工具栏中的"打开"按钮，选取"sleeve.mfg"文件，然后单击 打开 按钮，打开文件如图 5-16 所示的模具模型。

2．创建流道

1）单击"模具"功能区"基准"面板上的"平面"按钮，弹出"基准平面"对话框，如图 5-17 所示。

2）选取基准平面 MOLD_RIGHT，在"偏移"文本框中输入"150"作为偏移的距离。

3）单击 确定 按钮，则生成的基准平面 ADTM1，如图 5-18 所示。

4）单击"模具"功能区"生产特征"面板上的"流道"按钮，弹出"流道"对话框及"形状"菜单，在菜单中选取"倒圆角"选项。系统提示：

在弹出的文本框中输入流道直径：10

5）单击 ✓ 按钮，弹出如图 5-19 所示的"流道"菜单。

图 5-16　模具模型　　　图 5-17　"基准平面"对话框　　　图 5-18　基准平面 ADTM1

6）选取"草绘路径"和"新设置"选项。系统提示：

选择或创建一个草绘平面。（选取草绘平面 ADTM1，如图 5-20 所示）

7）弹出"方向"菜单，如图 5-21 所示。模型中显示方向箭头，如图 5-22 所示，在"方向"菜单中选取"确定"选项，在弹出的如图 5-23 所示的"草绘视图"菜单中选取"默认"选项，进入草绘界面。

图 5-19　"流道"菜单　　　图 5-20　选取草绘平面　　　图 5-21　"方向"菜单

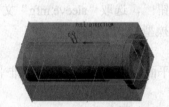

图 5-22　方向显示　　　　　　　图 5-23　"草绘视图"菜单

8）单击"草绘"功能区"设置"面板上的"参考"按钮 ▢，弹出"参考"对话框，选取如图 5-24 所示的曲线和边线，单击"参考"对话框中的 关闭(C) 按钮。

9）单击"草绘"功能区"草绘"面板上的"线链"按钮 ∠，绘制如图 5-25 所示的流道图形。

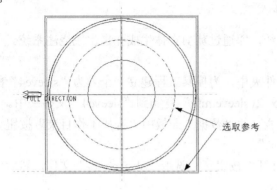

图 5-24 选取参考曲线

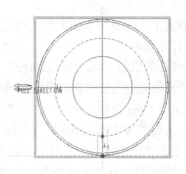

图 5-25 绘制流道图形

10）单击 ✓ 按钮，完成草绘。弹出如图 5-26 所示的"相交元件"对话框，对话框中的选项简单说明如下：

自动添加：自动选取要相交的元件。

移除：为删除组件特征相交部分选取相交元件。

信息：将等高线特征的信息显示在浏览器中，如图 5-27 所示。

等级：设置相交特征的可见性等级。

新名称：为相交特征创建新名称。

图 5-26 "相交元件"对话框

图 5-27 流道特征的信息

11）单击 自动添加 按钮，则在模型名称框中出现"SLEEVE_WRK"。

12）单击 信息 按钮，弹出流道特征的信息。

13）单击"相交元件"对话框中的"确定"按钮。

14）单击"流道"对话框的 确定 按钮。结果生成如图 5-28 所示的流道特征。

5.4.2 用去除材料方法创建浇注系统

本例采用去除材料方法来生成浇注系统，即通过裁剪实体生成孔来生成浇注系统。

1．打开文件

1）在计算机 D 盘的"Moldesign"文件夹中，为模具工程建立一个名为"sleeve4"的文件夹，然后将光盘文件"源文件\第 5 章\ex_2\ sleeve.mfg"复制到"sleeve4"文件夹中。

2）运行 Creo 软件，单击"主页"功能区的"数据"面板中"选择工作目录"按钮，将工作目录设置为"D：\Moldesign\sleeve4\"。

3）单击"快速访问"工具栏中的"打开"按钮，选取"sleeve.mfg"文件，然后单击 打开 ▼ 按钮，打开文件如图 5-29 所示。

图 5-28　生成流道特征

图 5-29　模具模型

4）单击"模具"功能区"基准"面板上的"平面"按钮，弹出"基准平面"对话框，选取基准平面 MOLD_RIGHT，输入平移距离为"150"，如图 5-30 所示。单击"基准平面"的 确定 按钮，完成基准平面的偏移，最后结果如图 5-31 所示。

图 5-30　"基准平面"对话框

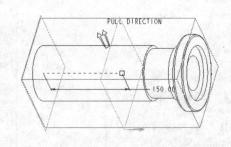

图 5-31　偏移基准平面 ADTM2 结果

2．创建浇注系统

1）单击"模型"功能区"切口和曲面"面板上的"旋转"按钮，弹出如图 5-32 所示的"旋转"操控面板。

图 5-32　"旋转"操控面板

2）选取草绘平面为 ADTM1，选取参考为工件的顶面，最后"草绘"对话框的各项设置如图 5-33 所示。

3）单击"草绘"对话框中的 草绘 按钮，进入草绘界面。

4）绘制如图 5-34 所示的草绘图形。单击 ✓ 按钮，完成草绘。

5）接受系统默认的"旋转操控板"中的各项设置，单击"旋转"操控面板中的 ✓ 按钮。结果如图 5-35 所示。

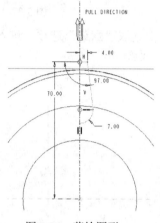

图 5-33　"草绘"放置对话框　　　图 5-34　草绘图形　　　图 5-35　生成流道结果

5.4.3　创建等高线

本例通过在模具环境下设置等高线，直接利用等高线命令来创建等高线，简单快捷。

1．打开文件

1）在计算机 D 盘的"Moldesign"文件夹中，为模具工程建立一个名为"waterline"的文件夹，然后将光盘文件"源文件\第 5 章\ex_3\ waterline.mfg"复制到"waterline"文件夹中。

2）运行 Creo 软件，单击"主页"功能区的"数据"面板中"选择工作目录"按钮 🗂，将工作目录设置为"D：\Moldesign\waterline\"。

3）单击"快速访问"工具栏中的"打开"按钮 📂，选取"waterline.mfg"文件，然后单击 打开 ▾ 按钮打开文件，如图 5-36 所示。

2．创建等高线

1）单击"模具"功能区"基准"面板上的"平面"按钮 ▱，弹出"基准平面"对话框，选取基准平面 MAIN_PARTING_PLN，输入平移距离为"20"，单击"基准平面"的 确定 按钮，完成基准平面的偏移，最后结果如图 5-37 所示。

2）单击"模具"功能区"生产特征"面板上的"等高线"按钮 ▨，弹出"等高线"对话框及文本输入框，如图 5-38 所示。系统提示：

　　输入等高线圆环的直径：输入 8

3）单击 ✓ 按钮，弹出"设置草绘平面"菜单。系统提示：

　　选择或创建一个草绘平面。（选取基准平面 ADTM1）

图 5-36　零件

图 5-37　生成基准平面 ADTM1

4）在弹出的"草绘视图"菜单中选取"默认"选项，进入草绘界面。

5）绘制如图 5-39 所示的等高线回路。

图 5-38　"等高线"对话框

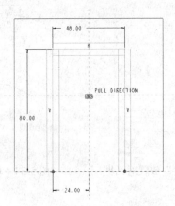

图 5-39　绘制等高线回路

6）单击 ✓ 按钮，完成草绘。弹出"相交元件"对话框。

7）选取 WATERLINE_REF.PRT 元件，单击 确定 按钮，返回"等高线"对话框。

8）选取"等高线"对话框中的"末端条件"，然后单击"定义"按钮。

9）弹出如图 5-40 所示的"尺寸界线末端"菜单及"选择"对话框。系统提示：

指定曲线段设置末端条件。（选取如图 5-41 所示的等高线末端）

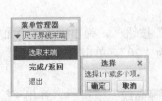

图 5-40　"尺寸界线末端"菜单

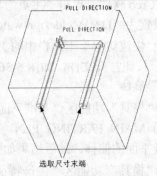

图 5-41　选取等高线末端

10）单击"选取"对话框中的 确定 按钮，弹出如图 5-42 所示的"规定端部"菜单。

11）选取"通过 w/沉孔"选项，选取"完成/返回"选项，弹出文本框。系统提示：

输入沉孔直径：（输入 10 作为沉孔直径，单击 ✓ 按钮或按回车键）

> 输入沉孔深度：（输入 8 作为沉孔深度，单击 ✔ 按钮或按回车键）
>
> 输入沉孔直径：（输入 10 作为沉孔直径，单击 ✔ 按钮或按回车键）
>
> 输入沉孔深度：（输入 8 作为沉孔深度，单击 ✔ 按钮或按回车键）

12）生成的沉孔结果如图 5-43 所示，同时返回"尺寸界线末端"菜单。

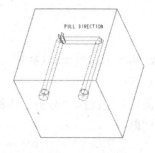

图 5-42 "规定端部"菜单 　　　　图 5-43 生成沉孔结果

13）选取如图 5-44 所示的水平等高线的右端，单击"选取"对话框的 确定 按钮。

14）选取"盲孔"→"完成/返回"选项。系统提示：

> 输入多余钻孔的扩展孔值：（输入 8，单击 ✔ 按钮或按回车键）

15）生成的沉孔结果如图 5-45 所示，同时返回"尺寸界线末端"菜单。

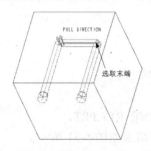

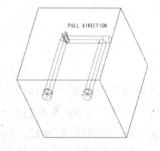

图 5-44 选取末端 　　　　　　　　图 5-45 生成沉孔末端

16）选取如图 5-46 所示的水平等高线的左端，单击"选取"对话框的 确定 按钮。

17）选取"通过"→"完成/返回"选项，结果如图 5-47 所示。

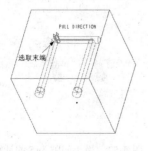

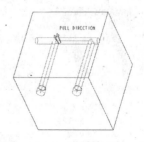

图 5-46 选取末端 　　　　　　　　图 5-47 生成通过末端

Creo Parametric 1.0

113

18）选取"尺寸界线末端"菜单中的"完成/返回"选项，单击"等高线"对话框的 确定 按钮，结果如图 5-48 和图 5-49 所示。

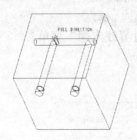

图 5-48　生成等高线线框图

图 5-49　生成等高线着色图

3. 等高线检查

1）单击"模具"功能区"分析"面板上的"模具分析"按钮，弹出如图 5-50 所示的"模具分析"对话框。

图 5-50　"模具分析"对话框

2）在"类型"中选取"等高线"。

3）单击"零件"下的 按钮，选取零件 WATERLINE_REF.PRT，

4）设置"最小间隙"为 0.12，单击 计算 按钮，结果如图 5-51 所示。

5）设置"最小间隙"为 5，单击 计算 按钮，结果如图 5-52 所示。从图 5-51 和图 5-52 对比可以看出，红色表示比间隙近。绿色表示比间隙远。

图 5-51　最小间隙为 0.12 的计算结果

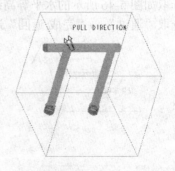

图 5-52　最小间隙为 5 的计算结果

5.4.4 顶杆孔

本例通过在模具环境下直接利用顶真孔命令来创建顶杆孔，简单快捷。

1. 打开文件

1) 在计算机 D 盘的"Moldesign"文件夹中，为模具工程建立一个名为"hole"的文件夹，然后将光盘文件"源文件\第 5 章\ex_4\ hole.mfg"复制到"hole"文件夹中。

2) 运行 Creo 软件，单击"主页"功能区的"数据"面板中"选择工作目录"按钮，将工作目录设置为"D：\Moldesign\hole\"。

3) 单击"快速访问"工具栏中的"打开"按钮，选取"hole.mfg"文件，然后单击 打开 按钮，打开文件如图 5-53 所示的模具模型。

2. 创建顶杆孔

1) 单击"模具"功能区"生产特征"面板上的"顶杆孔"按钮，弹出"顶杆孔"对话框及"位置"菜单，如图 5-54 所示。

图 5-53 零件　　　　　　　图 5-54 "顶杆孔：直"对话框

2) 首先定义位置类型，在"位置"菜单中依次选取"线性"→"完成"选项。系统提示：

选择放置平面。（选取如图 5-55 所示的零件右侧平面）

为标尺寸选取两边、轴、平曲面或基准。（选取基准平面 MAIN_PARTING_PLN）

与参考距离：（输入 10）

3) 单击 ✓ 按钮或按回车键。系统提示：

选取第二参考。

为标尺寸选取两边、轴、平曲面或基准。（选取基准平面 MOLD_FRONT）

与参考距离：（输入 10）

4) 弹出"方向"菜单，如图 5-56 所示。

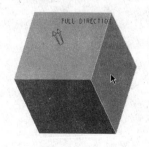

图 5-55 选取放置平面　　　　　图 5-56 "方向"菜单

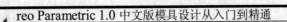
5）选取"确定"选项（此时图中箭头由零件的右侧面指向左侧面），弹出"相交元件"对话框。

6）选取 HOLE_PRT 零件，弹出文本框。系统提示：

　　输入交集的直径值：（输入 10）

此时"相交元件"对话框的设置如图 5-57 所示。

7）单击 自动添加 按钮后单击 确定 按钮，弹出文本框。系统提示：

　　输入沉孔直径：（输入 16，单击 ✓ 按钮或按 Enter 键）

　　输入沉孔深度：（输入 50）

8）单击 ✓ 按钮或按回车键，返回"顶杆孔：直"对话框，其最后设置如图 5-58 所示。单击 确定 按钮，结果如图 5-59 所示。

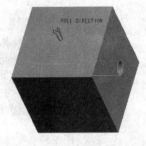

图 5-57　"相交元件"对话框　　　图 5-58　"顶杆孔：直"对话框　　　图 5-59　生成顶杆孔结果

第6章

模具设计辅助功能

本章导读

　　本章将主要介绍模具设计中的辅助功能，首先详细介绍了 Creo/MOLDESIGN 的模具检测功能，然后介绍了 Creo/MOLDESIGN 的塑料顾问，最后介绍了 Creo/MOLDESIGN 中特征生成失败的处理方法。

重点与难点

- 模具布局
- 塑性顾问
- 模具检测
- 用户定义特征 UDF
- 特征生成失败的处理方法

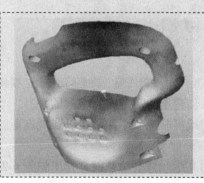

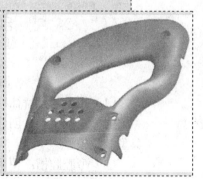

6.1 模具布局

模具布局是 Creo Parametric 系统的应用程序，它的作用是为设计及装配单型腔或多型腔工具提供动态环境。用户可以利用此应用程序在装配模式下进入具有模具模块功能的应用程序。

模具布局应用程序具有模具模块的功能，能够将模具模型以一种指定的阵列方式装配在一个特定的装配模型中。用户可以创建、修改和删除模具模型，还可以创建某些模具专用的特征。另外，还可以使用型腔子装配、模具基体装配、标准元件及注射成型机很容易地填充装配。型腔填充工具允许根据矩形、圆形及自定义的阵列规则对型腔进行灵活阵列。可单独地添加、移除、移动或重定向每个型腔阵列成员，甚至可以用一个族表实例来替换任意型腔模型。

模具布局应用程序还包含与"模具进料孔"处理过程相同的"模具开模"定义信息。模具布局的特有功能总结如下：

1）产生模具型腔。

2）选取和放置"注射成型机"模型。

3）在装配级创建流道。

4）使用标准元件"目录"来添加、重定义、删除、修剪及切除元件。

5）通过定义步骤、删除、修改、重新排序及分解来打开模具。

6.1.1 "模具布局"功能区面板与"模具布置"菜单

"模具布局"功能区面板及"模具布置"菜单如图 6-1 所示。下面简单介绍功能区面板及菜单中的常用命令：

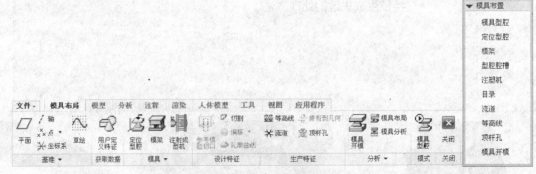

图 6-1 "模具布局"功能区面板及"模具布置"菜单

（1）用户定义特征：创建用户自定义特征（UDF）。

（2）模具型腔：创建或打开模具型腔，可以实现在型腔布局中创建、重定义或替换"模具型腔"模型。

（3）型腔腔槽：使用高级元件装配功能，弹出如图 6-2 所示的"型腔腔槽"菜单。

（4）目录：用于添加、重定义、删除、修剪及切除元件。

（5）流道：创建流道特征，包括定义或修改流道的名称、形状、默认尺寸、流径、方向及相交零件。

（6）注塑机：定位或修改注塑机部件，见图6-3所示"选项"菜单。

1）添加：添加新的注塑机，选取此选项后弹出如图6-4所示，可以从此对话框中选取需要的注塑机。

图6-2　"型腔腔槽"菜单　　图6-3　"选项"菜单　　图6-4　"选择注射成型机"对话框

2）替换：替换现有的注塑机。

3）过滤器：根据拉杆的数量和压力值来选取注塑机。

4）拉杆：选取拉杆数量。

5）压力：选取夹紧压力。

6）IMM原点：选取或创建坐标系以放置IMM。

7）显示所有机器：弹出如图6-5所示的信息窗口，可以从中选取需要的注塑机。

图6-5　信息窗口

（7）顶杆孔：创建或修改顶杆孔，如图6-6所示的"顶杆孔：直"对话框。

1）位置类型：指定推钉孔的放置类型，包括如图6-7所示的"位置"菜单中的类型。

2）线性：定义推钉孔的放置为线性，通过选取两个平面指定偏距来定义放置位置。

119

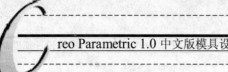

3）径向：沿一个轴在与平面有夹角的位置放置一个径向偏距来定义放置位置。

4）同轴：将推钉孔放置在一个轴上。

图 6-6 "顶杆孔：直"对话框

图 6-7 "位置"菜单

5）在点上：将推钉孔放置在一个基准点。

6）放置参考：指定放置参考。

7）方向：指定创建特征的方向。

8）求交零件：选取模型与装配特征求交。

9）沉孔：指定沉孔的尺寸，定义沉孔的直径和沉孔的深度。

6.1.2 创建模具布局实例

本例通过加入注塑机使读者了解模具布局的应用及其作用。

1. 新建模具模型文件

1）在计算机 D 盘的 "Moldesign" 文件夹中，为模具工程建立一个名为 "chapter_6" 的文件夹，然后将光盘文件 "源文件\ch05\ex_1\ sleeve.mfg" 复制到 "chapter_6" 文件夹中。

2）运行 Creo 软件，单击 "主页" 功能区的 "数据" 面板中 "选择工作目录" 按钮，将工作目录设置为 "D：\Moldesign\chapter_6"。

3）单击 "快速访问" 工具栏中的 "打开" 按钮，弹出 "打开" 对话框，选取文件：sleeve.mfg，单击 打开 ▼ 按钮，结果如图 6-8 所示。

图 6-8 模具模型

2. 创建模具布局文件

1）单击 "模具" 功能区 "转到" 面板上的 "模具布局" 按钮，弹出 "新建" 对话框，在其中选取 "装配" 和 "模具布局" 选项，添加文件名为 sleeve2，取消 "使用默认模板" 选项的勾选，然后单击 确定 按钮。

2）在弹出的 "新文件选项" 对话框中选取 "mmbs_mold_lay"，然后单击 确定 按钮，则新建一个模具模型文件，进入模具布局的工作环境，如图 6-9 所示。

图6-9 模具布局工作界面

3）单击"模具布局"功能区"模具"面板上的"注射成型机"按钮，弹出"选择注塑成型机"对话框，拉杆设为"全部"，压力设为"88"，如图6-10所示。

4）在注塑机名称列表中选取"Boy_80T2"。

5）单击 确定 按钮，添加如图6-11所示的注塑机。

图6-10 "选择注射成型机"对话框

图6-11 注塑机

6.2 模具检测

Creo/MOLDESIGN 中除了提供模具设计的主要功能，还提供模具设计中的检测、分析等必不可少的辅助功能，例如投影面积计算、厚度检查、分型面检查等。

6.2.1　"分析"功能

在模具模型设计环境下,"分析"功能的一些命令主要位于"分析"功能区面板,如图 6-12 所示。

（1）测量:测量长度、距离、角度、变换、面积或直径等。

（2）检查几何:如图 6-13 所示的下拉面板,包括基本的几何特征例如点、倾斜率等的分析,以及拔模、阴影等的 Creo/MOLDESIGN 特有的特征分析。

（3）模具分析

1）厚度检查:对零件进行厚度检查。

2）投影面积:计算模具或造型型腔的曲面面积。

3）分型面检查:选取分型面检查。

4）模型分析:计算模型的属性,主要包括装配质量属性、X-截面质量属性、成对间隙、全局间隙、体积干涉、全局干涉、短边、边的类型、厚度。

5）模具开模:对模具开模过程的干涉与否进行检查。

图 6-12　"分析"功能区面板

图 6-13　"检查几何"下拉面板

6.2.2　投影面积计算

（1）单击"分析"功能区"模具分析"面板上的"投影面积"按钮 ，弹出如图 6-14 所示的"测量"对话框。

1）定义:选取要进行投影面积计算的特征,包括图 6-15 所示的曲面、面组、多面和所有参照零件。

2）投影方向:选取投影参照类型,包括图 6-16 所示的平面、线/轴、坐标系、视图平面类型。

图 6-14　"测量"对话框

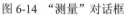

图 6-15　"图元"类型

图 6-16　"投影方向"类型

无：不设置投影方向。

平面：选取垂直于投影方向的平面。

线/轴：选取一条直线或轴作为投影的方向。

坐标系：选取坐标系作为设置的投影方向的参考。

视图平面：选取视图平面作为投影的平面。

（2）单击 计算 按钮后，进行投影面积计算，在"结果"栏中显示投影面积的计算结果。

6.2.3　厚度检查

塑件必须具有一定的厚度才能满足实际生产中刚度和强度的要求，另外在拔模时必须具有一定的壁厚才能承受一定的拔模推力，因此壁厚的设计一定要合理。如果壁太薄，不能满足强度和刚度的要求；如果壁太厚，在塑件内部容易产生气泡；如果壁厚不均匀，将会造成后期收缩不一致，导致塑件变形。因此对于塑件的厚度应进行检测，保证壁厚恰当和均匀。

（1）单击"分析"功能区"模具分析"面板上的"厚度检查"按钮 ，弹出如图 6-17 所示的对话框。

- ■　最大值和最小值：设置检测厚度的最大值和最小值。
- ■　对于厚度的检测主要包括两种方法

1）平面方法：利用指定的平面与零件相切，计算相切处的厚度，选取的平面应该与零件相交。

2）层切面方法：通过指定开始点、终止点和各个切片间的距离系统自动生成切片，切片与零件相切，计算相切处的厚度，如图 6-18 所示。

起点：定义切片的起始位置，一般选取零件边缘上的点，如果零件上没有点，可以利用基准点生成辅助点。

终点：定义切片的终止位置，一般也应该选取零件边缘上的点。

使用的层切面数：定义切片数。

层切面方向：定义切面的方向，系统提供如图 6-19 所示的三种方法来定义切面方向，包

括平面、曲线/边/轴和坐标系。

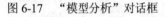

图 6-17 "模型分析"对话框　　图 6-18 "层切面"对话框　　图 6-19 层切面方向

层切面偏移：定义切片之间的距离，切片之间的距离不能太小，否则系统会提示切片太多的错误。

（2）单击 计算 按钮，在"结果"栏中显示计算结果，如果此项结果显示"是"，表示此厚度满足要求。

6.2.4 拔模检测

拔模检测是为了确定模型内部的零件能否顺利从型腔中脱模，拔模检测必须要指定一个拔模角度和开模方向。为了确定所选零件的曲面是否要进行拔模斜度的设置，系统会检测垂直于零件曲面的平面与开模方向之间的角度。

使用拔模检测可以确定模型内的零件是否适合拔模，以使模具或铸造零件能够顺利地抽取，产品不会变形。拔模检测是以用户定义的拔模角和拉出方向为检查依据。

另外，为了确定所选零件的曲面是否应该利用拔模来修改，系统也会自动检查垂直于零件曲面的平面和拉伸方向间的角度。

如果拔模检查以一侧为准，那么被完全拔模的曲面就会以洋红色显示。如果拔模检查以两侧为准，那么一侧就会显示洋红色，另一侧就会显示蓝色，系统也以一个颜色范围显示零件表面的实际拔模斜度与指定值之间的差异。

进入模具模块设计工作环境后，单击"模具"功能区"分析"面板上的"模具分析"按钮，弹出"模具分析"对话框，在"类型"下拉列表中选取"拔模检测"选项，如图 6-20

所示。

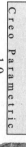

图 6-20 "拔模检测"对话框

拔模检测涉及的命令按钮及其功能介绍如下:

（1）曲面：定义要进行拔模检测的曲面，如图 6-21 所示。

1）零件：选取一个零件作为要检测的曲面。

2）曲面：选取一个曲面作为要检测的曲面。

3）面组：选取一个面组作为要检测的曲面。

4）所有曲面：选取一个零件或装配作为要检测的曲面。

（2）拖拉方向：定义模具的开模方向，如图 6-22 所示。

图 6-21 "曲面"下拉列表 　　图 6-22 "拖拉方向"下拉列表

1）平面：选取一个平面作为开模方向。

2）坐标系：选取一个坐标系作为开模方向。

3）曲线、边或轴：选取曲线/边/轴作为开模方向。

4）默认开模方向：系统默认的开模方向。

（3）角度选项：角度设置。

1）单向：检测单方向的拔模斜度。

2）双向：检测双方向的拔模斜度。

3）拔模角度输入框：设定拔模角度检测值。

（4）计算设置：见图 6-23 所示的"计算设置"对话框。

1）⚖️ 质量：根据设置点的密度来定义分辨率，默认的密度值为 1。可以通过拖动鼠标设置滑杆在"低"和"高"间的移动来设定密度值。

2）📊 点数：根据设置的点的数量来定义分辨率，可以通过直接输入数值来设定点数。

3）📏 步长：根据设置的相邻两点的距离来定义分辨率，可以通过拖动鼠标设置滑杆在"低"和"高"间的移动来设定步长。

4）结果改善：进行更多的计算，来得到更为精确的结果。

5）动态更新：当设置变化时，立即重新计算，更新结果。

（5） 计算 按钮：完成设置后，进行计算产生分析结果。

（6） 显示... 按钮：设置分析结果的显示，如图 6-24 所示。

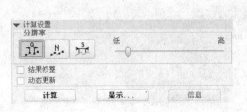

图 6-23 "计算设置"对话框 图 6-24 "显示设置"对话框

1） 线性比例：设置以线性比例颜色显示的样式。

2） 对数比例：设置以对数比例颜色显示的样式。

3） 双色比例：设置以双色显示结果。

4）色彩数目：设置线性比例和对数比例显示的颜色数目。

5）动态更新：当设置变化时，立即更新结果。

（7）保存分析：保存分析结果，如图 6-25 所示。

遮蔽/取消遮蔽：显示分析结果或不显示分析结果。

图 6-25 "已保存分析"对话框

6.3 UDF 用户定义特征

6.3.1 UDF 的定义

在实际的 Creo Parametric 设计中，经常会利用多个不同的特征来设计产品的总体特征。例如模具中的流道系统，Creo Parametric 提供了"用户自定义特征数据库"（UDF Library）命令，将常用特征组合在一起作为"用户定义特征"（UDF）。当这样的自定义特征达到一定数量时，这些特征就可以成为"标准特征数据库"，用户就可以直接调用这些特征，节省设计时间。

用户自定义特征是由特征、参考与尺寸所组成的一个"组"，将组以文件的形式保存，就可以创建常用的几何数据库。

在 Creo/MOLDING 模块中，UDF 常用于创建流道系统，因为在模具里，流道系统是很类似的。当在模具模块中创建 UDF 时，要保证 UDF 中的所有特征都是装配层次的特征。

用户自定义特征当然也可以在零件模式、装配模式或模具模式中创建，也可以由零件或元件层次的特征组成。

6.3.2　UDF 菜单

在装配或零件模式下，单击"工具"功能区"实用工具"面板上的"UDF 库"按钮 ，弹出如图 6-26 所示的"UDF"菜单。

（1）创建：在 UDF 库中生成一个新的 UDF，弹出如图 6-27 所示的"UDF 选项"菜单，其中的"独立"和"从属的"是指 UDF 的保存方式。

1）独立：将用户所创建的特征都保存进 UDF 中，其后原始模型所作的任何修改都不对 UDF 产生影响。

2）从属的：UDF 中的特征信息大部分从当前特征复制得来，原始模型所作的任何修改都反映到 UDF 中。

（2）修改：修改当前的 UDF。

（3）列表：将当前工作目录中的所有 UDF 以列表形式显示。

（4）数据库管理：对当前的 UDF 选取数据库管理，见图 6-28 所示的"数据库管理"菜单，其中包括保存、另存为、备份、重命名等功能。

（5）集成：将原始的 UDF 同目标 UDF 进行集成。

图 6-26　"UDF"菜单　　　图 6-27　"UDF 选项"菜单　　　图 6-28　"数据库管理"菜单

Creo Parametric 1.0

6.3.3 创建 UDF

单击"工具"功能区"实用工具"面板上的"UDF 库"按钮 ，在弹出的"UDF"菜单中选取"创建"选项，在弹出的文本框中输入 UDF 名称，在弹出的"UDF 选项"菜单中依次选取"独立"→"完成"选项，弹出如图 6-29 所示的"UDF：UDF1，独立"对话框。

图 6-29 和图 6-30 显示创建 UDF 的一般步骤。

图 6-29 "UDF：UDF1，独立"对话框　　　图 6-30 "UDF：UDF1，从属的"对话框

1）定义 UDF 的名称。

2）指定 UDF 的保存选项，包括"独立"和"从属的"两种方法。

3）选取要保存到 UDF 中的特征，如图 6-31 所示的"UDF 特征"菜单，利用此菜单可以对特征进行增加、移除、显示等操作。

4）定义外部参照提示，如图 6-32 所示的"提示设置"菜单，输入提示为输入外部参照的名称。

5）定义尺寸值或特征的参数设置。

6）将 UDF 生成族表。

图 6-31 "UDF 特征"菜单　　　图 6-32 "提示设置"菜单

6.4 特征生成失败的处理方法

6.4.1 特征生成失败的原因

在特征创建或重定义期间，由于给定的数据不当或参照的丢失，会出现特征生成失败的情况。在 Creo 设计中特征生成失败的原因包括如下几种：

1）特征定义得不正确，使其成为独立的特征，例如开放截面的伸出项延伸到了边界曲面之外。

2）创建了与另一个特征相冲突的特征（例如在一边创建了倒角后在同一边又创建倒圆角）。

3）尺寸值定义或修改不当，例如倒圆角的半径大于壳厚度。

4）因删除或隐含父特征而使参照丢失。

5）特征重定义得不正确，例如壳特征厚度大于模型中的最小倒圆角。

6）模型不再满足阵列约束，例如修改了相同的阵列并且实例重叠。

7）检索时装配中的元件丢失。

8）分割不能再生，因为分型面已被改变并且它不再遵循分型面的规则。

9）所有模具元件的精度不一致。

6.4.2 特征再生失败的解决方法

1. 诊断失败

当模型中的特征再生失败时，Creo Parametric 会有提示信息注明失败的原因，但不能准确地确定失败的原因。此时，在 Creo Parametric 中就会有报错信息。这样的报错信息一般以以下几种形式出现：

（1）工具栏或面板命令不可用，无法保存模型。

（2）造成失败的特征不能再生。

（3）弹出提示信息，例如提示特征生成不完整。

（4）弹出解决对话框。

（5）弹出表示问题诊断的窗口。

2. 解决方法

在界面中选取再生失败的特征后单击鼠标右键，在弹出的右键快捷菜单中选取"编辑定义"选项，返回到命令编辑界面，重新对设置参数等进行修改。

6.4.3 模具精度

在 Creo Parametric 中的系统精度包括"相对精度"和"绝对精度"两种设置，其中系统

Creo Parametric 1.0

默认的设置是"相对精度"。

1）相对精度：通过将模型中允许的最短边除以模型总尺寸计算得出。模型总尺寸是指模型边界框的对角线的长度。

2）绝对精度：是按模型的单位设置的。一般采用默认的相对精度使精度能随模型尺寸的改变而改变。但当通过 IGES 文件或其他的一些格式输入输出时，就要采用绝对精度，以减小传输过程中的误差。

在进行模具设计时，如果采用系统默认的"相对精度"设置，就有可能发生装配间的绝对精度冲突问题，系统会给出如图 6-33 所示的提示。

⚠装配元件的绝对精度有冲突。请参阅文件 MFG0001.ACC。

图 6-33　精度冲突提示

遇到类似这种情况，就需要改变模型精度。还有一些原因需要改变模型精度，包括以下几种：

1）当对两个尺寸差异很大的模型进行相交操作时，例如采用合并或切除操作。

2）在大模型上创建小的特征孔，例如通风孔。

3）通过 IGES 格式的文件或其他一些格式来输入几何特征。

6.5　注塑成型模拟与分析——塑料顾问（Plastic Advisor）

Creo Parametric 系统除了提供模型厚度分析和模型拔模检测外，还提供了强大的模流分析功能——塑料顾问（Plastic Advisor）。塑料顾问模块是 Creo Parametric 1.0 的一个外挂模块，专门用来对塑件制品进行注塑成型模拟与分析。该模块主要分析的是塑料熔体在注塑成型过程中的填充状态，如流动路径、填充质量、温度分布、压力分布、填充时间分布、最佳浇口位置及可能产生熔接痕和气泡缺陷的位置等。通过这些分析，用户可以直观看到注塑成型中的各种缺陷，使设计人员能在模具设计的初始阶段发现问题，并得到可靠、易于理解的加工反馈和信息建议，使模具设计得到完善和优化。

6.5.1　塑料顾问模块简介

塑料顾问不是 Creo Parametric 1.0 的默认安装。在安装 Creo Parametric 1.0 时，需在"要安装的功能"列表框中展开"选项"节点，接着单击"Creo　Plastic Advisor"选项前的 ⬚▾ 按钮，然后在弹出的菜单中选取"安装此功能"选项，如图 6-34 所示。用户可以临时添加安装"Creo/Plastic Advisor"模块。

塑料顾问模块是在模具布局下运行的模块。启动模具布局后，选取"文件"→"另存为"→"Plastic Advisor"命令，系统弹出如图 6-35 所示的"选取"对话框，同时在信息栏中提示

⮕Pick datum points on the highlighted part or use Done Sel to bypass selection（选取一个

基准点作为浇口位置或单击鼠标中键进行查询选取）。

在模型上选取浇口位置后，系统将调出塑料顾问操作界面。它由五部分组成，分别是图形显示区、负责控制图形缩放旋转和其他选取或显示模型的左工具栏区、存放所有功能的下拉式菜单区、常用工具的上工具栏区，以及底下的工作标签区，如图 6-36 所示。

图 6-34　安装塑料顾问模块

注意：若用户不清楚浇口的最佳位置，而希望 Creo Parametric 系统给出一个参考，则可以不进行浇口基准点的选取，而直接单击"选取"对话框中的 取消 按钮。

塑料顾问模块可以提供以下分析：

1）产品结构的合理性分析。

2）选取合理的注塑材料。

3）确定合理的浇口位置。

4）浇口位置的自动优化。

5）预测熔接痕的位置。

6）模具型腔是否充满。

7）最终制品的质量分析。

8）如何选取合适的注塑机。

9）缩痕分析。

10）成本顾问。

图 6-35　"选取"对话框

注意：在塑料顾问操作界面中，当鼠标指针处于旋转状态 时，按住鼠标左键可以旋转参照模型，按住鼠标中键可以缩放参照模型。

 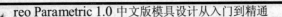

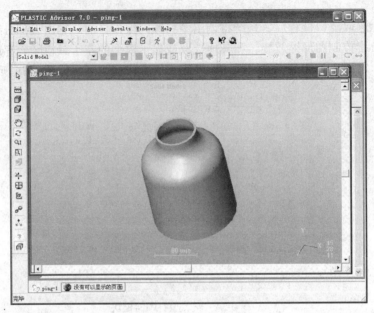

图 6-36　塑料顾问操作界面

6.5.2　塑料顾问模块的分析内容

进入塑料顾问操作界面后，单击上工具栏中的"Analysis Wizard（分析向导）"按钮 🏃，系统将弹出如图 6-37 所示的"Analysis Wizard—Analysis Selection"对话框。在对话框的"Select analysis sequence（选取分析方式）"选项组可以指定分析内容。其中：

- "Molding Window"：用于分析合适的成型条件。在进行这个分析之前，必须先运行"Gate Location"分析，以选取最佳的处理条件，或进行材料比较。
- "Gate Location"：用于浇口位置分析。
- "Plastic Filling"：用于分析塑料熔体的流动性。
- "Cooling Quality"：用于冷却质量分析。预测因冷却速度的不同而产生缺陷（翘曲变形）的位置。
- "Sink Marks"：用于分析缩痕。该项分析应在塑料流动分析之后才能进行。

1. 浇口位置分析

对塑件制品进行模流分析时，应先在塑料顾问（Plastic Advisor）中选取浇口位置（Gate Location）分析功能，以得到合适的浇口位置。

如图 6-38 所示，在"Analysis Wizard—Analysis Selection"对话框的"Select analysis sequencer"选项组中选取"Gate Location"复选框，接着单击对话框中的 下一步(N) > 按钮，系统将弹出如图 6-39 所示的"Analysis Wizard—Select Material"对话框。在该对话框中，用户可为塑料模流分析指定所需的材料。

选取"Analysis Wizard—Select Material"对话框中的"Special Material"单选项，单击"Manufacture"下拉列表，在打开的列表中选取提供塑料材料的生产商，如 Generic，接着打开"Trade name"下拉列表，在其中选取生产商提供的材料牌号，如 ABS—Acrylonitrile—butadiene—styrene。

图 6-37 "Analysis Wizard（分析向导）"对话框

图 6-38 选取"Gate Location"复选框

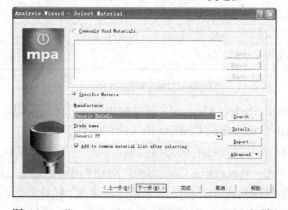

图 6-39 "Analysis Wizard—Select Material"对话框

指定完所需的材料后，单击"Analysis Wizard—Select Material"对话框中的 Details... 按钮，系统将弹出如图 6-40 所示的"Thermoplastic material（热塑性材料）"对话框。单击该对话框中的各个选项卡，可以查看材料相应的属性（如收缩性、流变性、机械性能等）。

133

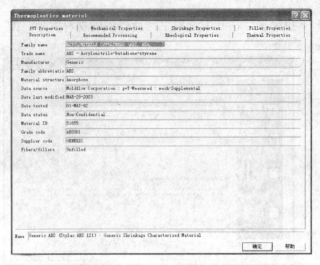

图 6-40 "Thermoplastic material"对话框

单击"Analysis Wizard—Select Material"对话框中的 Report... 按钮，系统将弹出如图 6-41 所示的 "Material Data Method Prort（材料数据测试方法报告）"对话框。在该对话框中，用户可以查看材料数据的测试方法报告。

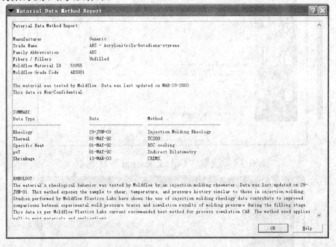

图 6-41 "Material Data Method Report"对话框

单击"Analysis Wizard—Select Material"对话框中的 下一步(N) > 按钮，系统将弹出如图 6-42 所示的 "Analysis Wizard—Processing Conditions（成型条件）"对话框。在该对话框中，用户可设置模具温度、塑料熔解温度和注射压力极限值，或使用系统的默认值。

单击"Analysis Wizard—Processing Condition"对话框中的 完成 按钮，系统将开始进行浇口位置分析，并在塑料顾问操作界面下方显示分析进度。经计算后，系统将弹出如图 6-43 所示的 "Results Summary"对话框，在该对话框中显示出了分析结果。

单击"Results Summary"对话框中的 Close 按钮，系统返回到塑料顾问操作界面，并在参照模型上显示出合适的浇口位置，如图 6-44 所示。其中蓝色区域是最合适的浇口位置，红色区域是最不合适的浇口位置，其他颜色部分可参照图形显示区右侧的颜色对照表来判断。

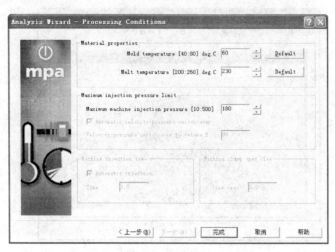

图 6-42　"Analysis Wizard—Processing Conditions" 对话框

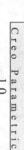

图 6-43　"Results Summary" 对话框

单击塑料顾问操作界面顶部工具栏中的 "Pick Injection Locations（选取浇口位置）" 按钮，光标显示为一个十字叉，接着在参照模型的最佳浇口区域中选取如图 6-45 所示的点作为浇口位置。在选取的点处，系统将给出一个代表浇口位置的小圆锥，并在图形显示区下方给出了浇口标示处的 X、Y、Z 坐标值，如图 6-46 所示。

2．塑料熔体流动性分析

单击塑料顾问操作界面上工具栏中的 "Analysis Wizard" 按钮，系统将弹出 "Analysis Wizard—Analysis Selection" 对话框，接着在对话框的 "Select analysis sequence" 选项组中选取 "Plastic Filling" 复选框，如图 6-47 所示，然后单击对话框中的 完成 按钮，系统将开始进行流动性分析。分析完成后，系统弹出如图 6-48 所示的 "Results Summary" 对话框，在该对话框中显示出了流动性分析的详细情况。

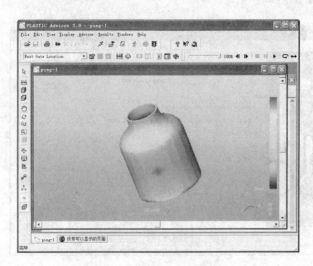

图 6-44　浇口位置分析结果

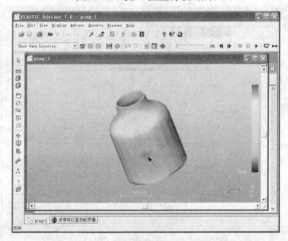

图 6-45　选取浇口位置

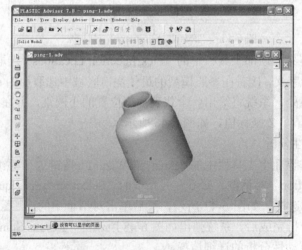

图 6-46　浇口位置标示及坐标值

注意：在"Results Summary"对话框中有一个类似于交通灯的指示灯符号。如果分析结果中指示灯为绿色，则表示通过，黄色表示有缺陷，红色表示不可行。在"Results Summary"对话框的中部，系统给出了流动性分析的具体数据，如实际注射时间、实际注射压力、是否有熔接线、是否有气泡、注射量、预估循环时间等。

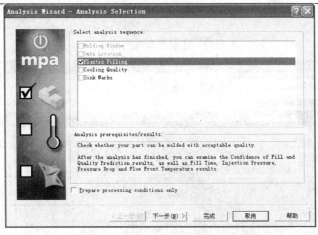

图 6-47 "Analysis Wizard—Analysis Selection"对话框

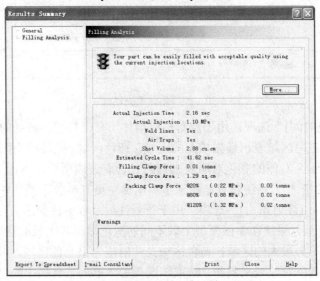

图 6-48 "Results Summary"对话框

单击"Results Summary"对话框中的 Close 按钮，系统返回到塑料顾问操作界面。用户可在操作界面工具栏中的下拉列表中选取要查看的流动性分析内容，如图 6-49 所示。其中：

"Plastic Flow(塑性流动)"选项：用于查看塑料熔体在模具型腔中的填充动画。选取该选项后，单击工具栏中的"Play Result (播放结果)"按钮 ▶，系统将开始演示塑料熔体的填充，

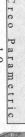

如图 6-50 所示。

图 6-49　选取要查看的内容

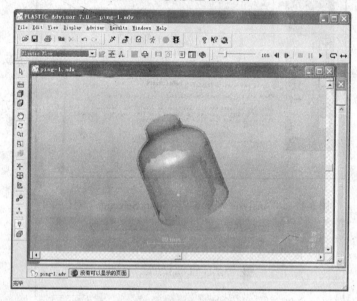

图 6-50　塑料熔体填充动画

"Fill Time (填充时间)"选项：用于查看塑料熔体填充模具型腔各处的时间，如图 6-51 所示。参照模型上的红色区域表示最先填充的区域，蓝色区域表示最后填充的区域，其他颜色区域可参照图形显示区右侧的颜色对照表来判断。选取该选项后，单击工具栏中的"Play Result (播放结果)"按钮 ▶，系统将开始演示塑料熔体在模具型腔中的填充顺序。

"Injection Pressure (注射压力)"选项：用于查看注射过程中注射压力在模具型腔中的分布情况，如图 6-52 所示。系统在参照模型上以不同的颜色显示各区域的注射压力分布情况。其中红色区域是注射压力最大的区域，蓝色区域是注射压力最小的区域，其他颜色区域可参照图形显示区右侧的颜色对照表来判断。选取该选项后，单击工具栏中的"Play Result (播放结果)"按钮 ▶，系统将开始演示注射压力在模具型腔中的分布情况。

"Flow Front Temp. (料流前段温度)"选项：用于查看料流前段温度的分布情况，如图 6-53 所示。系统在参照模型上以不同的颜色显示各区域的料流前段温度分布情况。其中红色区域表示温度最高的区域，蓝色区域表示温度最低的区域，其他颜色区域可参照图形显示区右侧的颜色对照表来判断。如果零件上一个较薄区域的料流前段温度太低，则可能产生填充不足现象；如果零件某区域的料流温度太高，则可能发生物质退化和表面瑕疵现象。因此，料流前段温度应控制在一定的范围内。选取该选项后，单击工具栏中的"Play Result (播放结果)"按钮 ▶️，系统将开始演示料流前段温度在模具型腔中的分布情况。

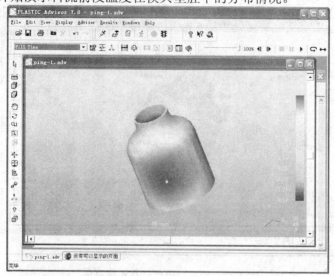

图 6-51　填充时间分析

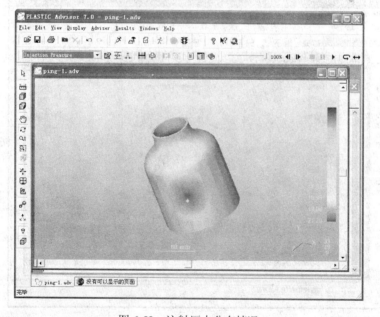

图 6-52　注射压力分布情况

"Pressure Drop(压力损失)"选项：用于查看注射过程中注射压力的损失分布情况，如图6-54 所示。系统在参照模型上以不同的颜色显示了各区域的注射压力损失情况。其中蓝色区域表示注射压力损失最小，红色区域表示注射压力损失最大，其他颜色区域可参照图形显示区右侧的颜色对照表来判断。选取该选项后，单击工具栏中的"Play Result (播放结果)"按钮

Creo Parametric 1.0

, 系统将开始演示注射压力在模具型腔中的损失分布情况。

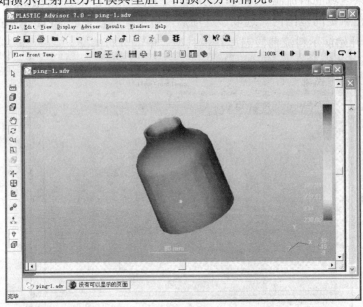

图 6-53　料流前段温度分布情况

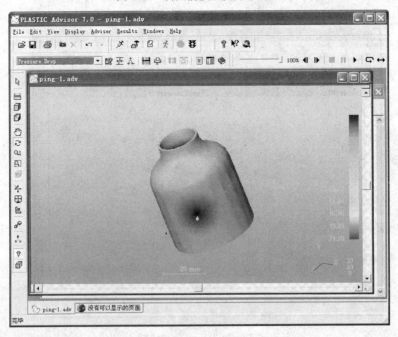

图 6-54　注射压力损失分布情况

"Skin Orientation(表面位向)"选项: 用于查看塑料制品表面纤维的排列位向, 如图 6-55 所示。系统用料流前段的速度矢量来表示塑料制品表面纤维的排列位向。

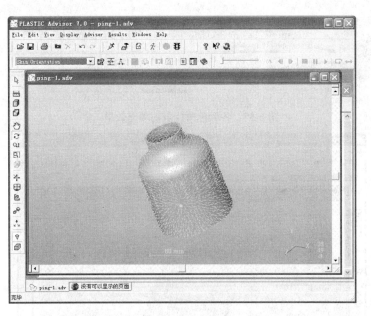

图 6-55　表面纤维排列位向

"Confidence of Fill (填充可行性)"选项：用于查看塑料熔体的综合填充效果，如图 6-56 所示。系统在参照模型上以不同的颜色表示塑料熔体的填充情况。其中绿色区域表示填充效果最佳，黄色区域表示填充效果欠佳，其他颜色区域所代表的填充效果如图 6-57 所示。

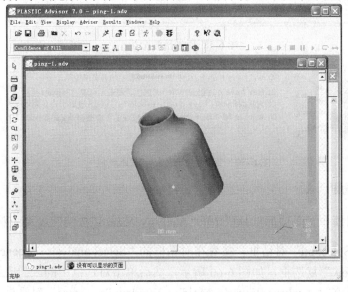

图 6-56　填充效果

"Quality Prediction (质量预测)"选项：用于查看塑料制品期望的外观质量和机械性能，如图 6-58 所示。系统在参照模型上以不同的颜色显示各区域的填充质量分布情况。其中红色区域表示填充质量较低，绿色区域表示填充质量较高，其他颜色所代表的填充质量如图 6-59 所示。

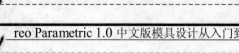

A: Will definitely fill. （绿色区域填充效果最佳）

B: May be difficult to fill or may have （黄色区域填充效果欠佳）
quality problems.

C: Will be difficult to fill or will have （红色区域填充存在问题）
quality problems.

D: Will not fill (short shot). （灰色区域不能填充）

图 6-57　各颜色所代表的填充效果

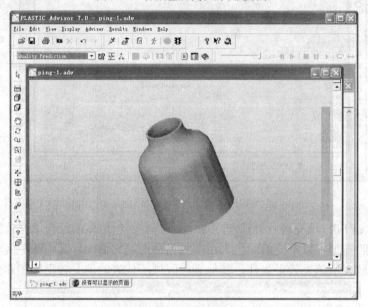

图 6-58　质量预测分析

A: Will have high quality.绿色区域表示填充质量较高

B: May have quality problems.黄色区域表示可能存在质量问题

C: Will definitely have quality problems.红色区域表示存在质量问题

D: Will not fill (short shot).灰色区域表示不能塑料熔体不能充填

图 6-59　各颜色所代表的填充质量

3. 成型条件分析

单击塑料顾问操作界面顶部工具栏中的"Analysis Wizard"按钮 ，系统将弹出"Analysis Wizard—Analysis Selection"对话框，接着在对话框的"Select analysis sequence"选项组中选取"Molding Window"复选框，如图 6-60 所示，然后单击对话框中的 下一步(N) > 按钮，系统将弹出如图 6-61 所示的"Analysis Wizard—Molding Window Properties"对话框。

在"Analysis Wizard—Molding Window Properties"对话框的"Required surface finish"选项组中选取"Gloss（中等光洁度）"单选按钮，然后单击对话框中的 完成 按钮，系统开始对成型条件进行分析。分析完成后，系统弹出如图 6-62 示的"Results Summary"对话框。

图 6-60 "Analysis Wizard—Analysis Selection" 对话框

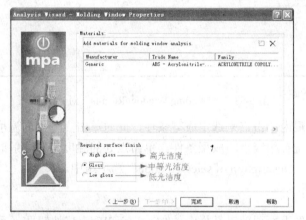

图 6-61 "Analysis Wizard—Molding Window Prperties" 对话框

图 6-62 "Results Summary" 对话框

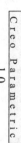

Creo Parametric 1.0

单击"Results Summary"对话框中的 `Display Molding Window` 按钮，系统弹出如图 6-63 所示的 "Molding Window Results"对话框。该对话框左侧的图形区中有两个坐标轴，其中垂直方向表示的是温度，水平方向表示的是注射时间。由这两个轴组成了一个二维的象限，该象限每个点代表一个成型条件。二维象限被红色、黄色和绿色分为三个区域。其中，:红色区域表示会发生严重错误的成型条件，黄色区域表示会发生局部缺陷的成型条件，绿色区域表示合适的成型条件。

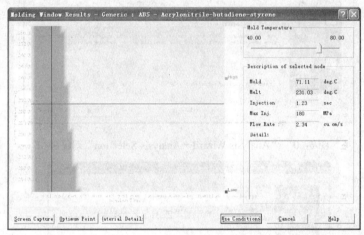

图 6-63 "Molding Window Results"对话框

用户可在二维象限内单击点来选定成型条件，此时单击点分别向温度轴和注射时间轴上各引出一个黑线，以查看相应点的成型条件。单击点处的温度值和注射时间值及详细说明会显示在对话框右边的"Description of selected node"选项组中。

4. 冷却质量分析

单击塑料顾问操作界面顶部工具栏中的"Analysis Wizard"按钮 ，系统将弹出"Analysis Wizard—Analysis Selection"对话框，接着在对话框的"Select analysis sequence"选项组中选取"Cooling Quality"复选框，如图 6-64 所示，然后单击对话框中的 完成 按钮，系统将开始进行冷却质量分析。分析完成后，系统弹出如图 6-65 所示的"Results Summary"对话框。

单击"Results Summary"列表中选取要查看的冷却质量分析内容，如图 6-66 所示。其中：

"Surface Temp. Variance (表面温度变化)"选项：用于查看注塑件表面温度的变化情况，如图 6-67 所示。系统在参照模型上以不同的颜色表示各部分的表面温度变化情况。其中红色区域表示表面温度变化剧烈，蓝色区域表示表面温度变化缓和，其他颜色区域可参照图形显示区右侧的颜色对照表来判断。选取该选项后，单击工具栏中的"Play Result (播放结果)"按钮 ，系统将开始动态演示表面温度的变化情况。

"Freeze Time Variance (冷却时间变化)"选项：用于查看塑料熔体在模具型腔中的冷却情况，如图 6-68 所示。系统在参照模型上以不同的颜色表示各部分的冷却情况。其中红色区域表示冷却速度慢，蓝色区域表示冷却速度快，其他颜色区域可参照图形显示区右侧的颜色对照表来判断。选取该选项后，单击工具栏中的"Play Result (播放结果)"按钮 ，系统将开始动态演示塑料熔体的冷却情况。

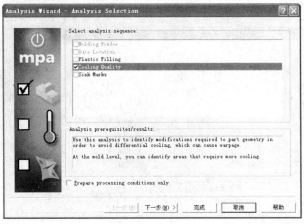

图 6-64　"Analysis Wizard—Analysis Selection" 对话框

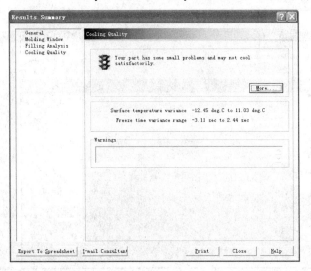

图 6-65　"Results Summary" 对话框

图 6-66　选取要查看的内容

"Cooling Quality (冷却质量)" 选项：用于查看塑料熔体的冷却质量，如图 6-69 所示。系统在参照模型上以不同的颜色表示各部分的冷却质量。其中红色区域表示冷却质量差，蓝色区域表示冷却质量好，其他颜色区域可参照图形显示区右侧的颜色对照表来判断。

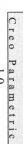

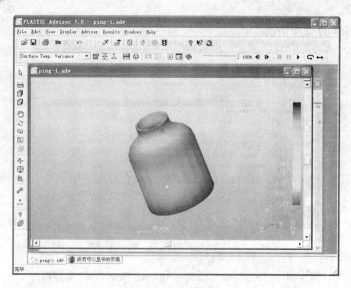

图 6-67　表面温度变化分析

图 6-68　冷却时间变化分析

5．缩痕分析

缩痕是指在注塑件表面发生的凹陷现象，主要由塑料熔体冷却不均匀造成的。虽然缩痕并不影响注塑件的结构或性能，但它被认为是质量的严重瑕疵。

单击塑料顾问操作界面顶部工具栏中的"Analysis Wizard"按钮 ，系统将弹出"Analysis Wizard—Analysis Selection"对话框，接着在对话框的"Select analysis sequence"选项组中选取"Sink Marks"复选框，如图 6-70 所示，然后单击对话框中的 完成 按钮，系统将开始进行缩痕分析。分析完成后，系统弹出如图 6-71 所示的"Result Summary"对话框，在该对话框中显示了缩痕分析结果。

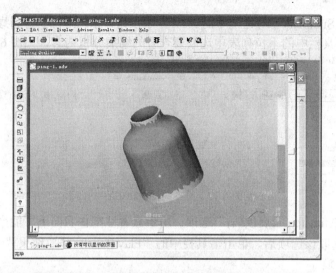

图 6-69　冷却质量分析

图 6-70　"Analysis Wizard—Analysis Selection" 对话框

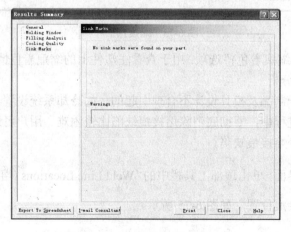

图 6-71　"Results Summary" 对话框

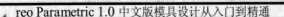

单击"Results Summary"对话框中的 Close 按钮，系统返回到塑料顾问操作界面。用户可在操作界面工具栏中的下拉列表中选取要查看的缩痕分析内容，如图 6-72 所示。其中：

图 6-72　选取缩痕分析内容

"Sink Marks Estimate (缩痕预估)"选项：用于查看注塑件表面上可能产生的缩痕缺陷，如图 6-73 所示。选取该选项后，单击工具栏中的"Play Result (播放结果)"按钮 ▶ ，可动态演示注塑件上的缩痕。

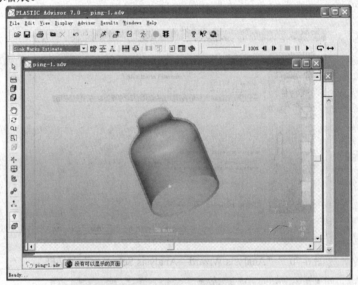

图 6-73　缩痕预估

"Sink Mark Shade(缩痕着色)"选项：用于查看注塑件上的缩痕着色情况，如图 6-74 所示。

6. 熔接痕和气泡分析

熔接痕大多是由于制品及模具设计不合理引起的，如冷却系统设置不合理、冷料穴较小等。在实际注塑成型过程中，要彻底消除熔接痕缺陷比较困难。用户可通过改善排气系统及增加制品加强筋来减少熔接痕缺陷。

在塑料顾问操作界面，单击顶部工具栏中的"Weld Line Locations (熔接痕位置)"按钮，可查看分析出来的熔接痕位置，如图 6-75 所示。

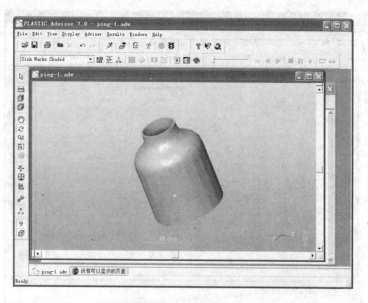

图 6-74　缩痕着色

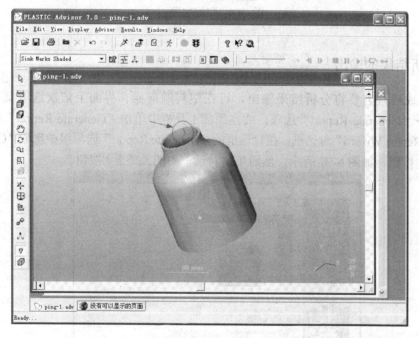

图 6-75　熔接痕位置

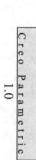

气泡是由于在注塑成型及冷却过程中注射速度太慢、保压时间过短、塑料的收缩率过大等原因造成的。要减少气泡的产生，可在产生气泡的位置处开设排气槽，让气体顺利排出模具型腔。

在塑料顾问操作界面，单击顶部工具栏中的"Air Trap Locations (气泡位置)"按钮 ，可查看分析出来的气泡位置，如图 6-76 所示。

149

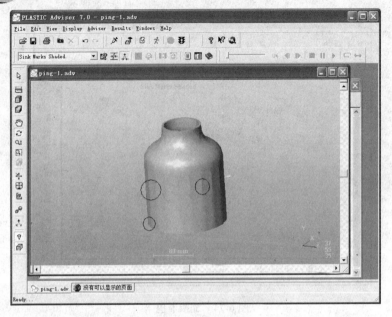

图 6-76   气泡位置

6.5.3   分析结果的输出

分析完成后，若要将分析结果输出，可在塑料顾问操作界面上依次选取菜单栏中的"Results"→"Generate Report"选项，或在顶部工具栏中单击"Generate Report"按钮，系统弹出"Report Wizard"对话框，在对话框的"Generate Report"选项组中选取"Create new report"单选按钮，如图 6-77 所示，然后单击对话框中的 下一步(N) > 按钮。

图 6-77   "Report Wizard"对话框

在系统弹出的对话框中输入标题、作者、单位、接受人、接受单位等相关信息，如图 6-78 所示。输入完相关的信息后，单击对话框中的 下一步(N) > 按钮。

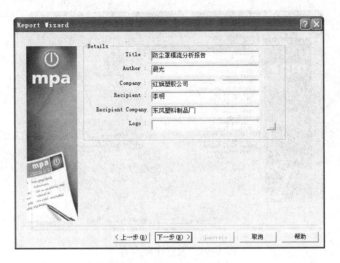

图 6-78　输入相关信息

　　此时在"Report Wizard"对话框的左侧列表框中列出的是系统分析得到的项目，右侧列表框中列出的是要进行的报告项目，如图 6-79 所示。用户可在左侧列表框中选定要报告的分析项目，然后单击　Add >> 　按钮，将其添加到右侧列表框中，也可在右侧列表框中选定分析项目，然后单击 Remove << 按钮，将其移除。单击对话框中的 下一步(N) > 按钮。系统弹出如图 6-80 所示的对话框，在该对话框中，用户可为报告项目添加注释。

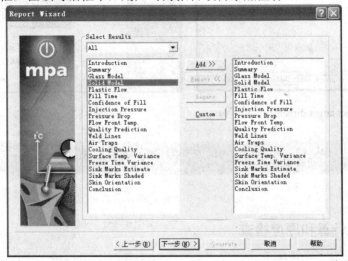

图 6-79　选取要报告的分析项目

　　单击对话框中的　Generate　按钮，系统弹出如图 6-81 所示的"Select target directory"对话框。在该对话框中为分析报告选取保存路径，然后单击对话框中的　Select　按钮，系统弹出如图 6-82 所示的窗口，在该窗口中，用户可以查看分析项目的汇总报告。

Creo Parametric 1.0

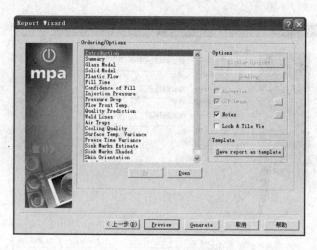

图 6-80　设置注释内容

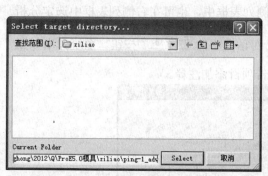

图 6-81　"Select target directory"对话框

图 6-82　分析报告

6.6　实例

6.6.1　投影面积计算和厚度检查

1．打开零件文件

1）在计算机 D 盘的"Moldesign"文件夹中，为模具工程建立一个名为"ex1"的文件夹，然后将光盘文件"源文件\第 6 章\ex_1\ displayudf.mfg"复制到"ex1"文件夹中。

2）运行 Creo 软件，单击"主页"功能区的"数据"面板中"选择工作目录"按钮，将工作目录设置为"D：\Moldesign\ex1\"。

3）单击"快速访问"工具栏中的"打开"按钮，弹出"文件打开"对话框，选取

"displayudf.mfg"，然后单击 打开 ▼ 按钮，如图 6-83 所示。

2．平面方法检测厚度

1）单击"模具"功能区"分析"面板上的"厚度检查"按钮 ，弹出"模型分析"对话框，如图 6-84 所示。

图 6-83　零件　　　　　　　　　　图 6-84　"模型分析"对话框

2）选取"平面"选项，单击"零件"下的 ↖ 按钮，选取零件"BULK4_ REF.PRT"。

3）单击 ↖ 按钮，选取基准平面"MOLD_RIGHT:F1"。

4）厚度的最大值设为"0.002"。

5）单击 计算 按钮，结果如图 6-85 所示的显示，零件上的分析结果如图 6-86 所示。

图 6-85　"模型分析"对话框　　　　　　图 6-86　零件厚度分析结果

153

3．层切面方法检测厚度

1）单击"模具"功能区"分析"面板上的"厚度检查"按钮，选取"层切面"选项。

2）单击"零件"下的 按钮，选取零件"BULK_REF.PRT"。

3）单击零件的右端上表面顶点作为起点。

4）单击零件的左端上表面顶点作为终止点。

5）单击 按钮，选取"MOLD_RIGHT"基准平面作为层切面的方向。

6）"层切面偏移"设置为 2。

7）最大厚度设为 0.02。

8）单击 计算 按钮，结果如图 6-87 所示。

9）结果显示此厚度设置不满足要求。

4．层切面方法检测厚度

单击"分析"功能区"模具分析"面板上的"投影面积"按钮，弹出如图 6-88 所示的"测量"的对话框。此对话框中显示计算的参照模型的投影面积结果。

图 6-87　"层切面"计算结果

图 6-88　"测量"对话框

6.6.2　创建一个 UDF

1．打开模具模型文件

1）在计算机 D 盘的"Moldesign"文件夹中，为模具工程建立一个名为"bulk4"的文件夹，然后将光盘文件"源文件\第 6 章\ex_2\ bulk4.asm"复制到"bulk4"文件夹中。

2）运行 Creo 软件，单击"主页"功能区的"数据"面板中"选择工作目录"按钮，将工作目录设置为"D：\Moldesign\bulk4\"。

3）单击"快速访问"工具栏中的"打开"按钮，弹出"文件打开"对话框，选取"bulk4.asm"

文件，然后单击 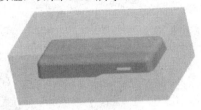 按钮，如图 6-89 所示。

图 6-89　模具模型

4）单击"工具"功能区"实用工具"面板上的"UDF 库"按钮，在弹出的"UDF"菜单中选取"创建"选项，弹出文本框，提示输入 UDF 的名称：UDF1。

5）单击 按钮或按回车键，完成名称的输入，选取"菜单管理器"中的"独立"→"完成"选项，弹出对话框和如图 6-90 所示的"UDF：UDF1，独立"对话框、"UDF 特征"菜单及"选择"对话框。系统提示：

> 选择特征或元件加至 UDF。（选取参照模型加入 UDF）

图 6-90　"UDF：UDF1，独立"对话框、"UDF 特征"菜单及"选择"对话框

6）选取"选取特征"菜单中的"完成"选项和 UDF 特征菜单中的"完成/返回"选项，返回 UDF 定义的对话框。系统提示：

> 所有元素已定义。请从对话框中选取元素或动作。

7）单击对话框中的 按钮，生成 UDF。系统提示：

> 组"UDF1"已经存储。

2．新建模具模型文件

1）单击"快速访问"工具栏中的"新建"按钮，弹出"新建"对话框。

2）选取"制造"和"模具型腔"选项，文件名称定义为：displayudf，选取"mmns_mfg_mold"。

3）单击 按钮，进入模具模块。

3．调用 UDF1

1）单击"模型"功能区"获取数据"面板上的"用户定义特征"按钮，弹出如图 6-91 所示的"打开"对话框，显示刚刚建立的 UDF1。

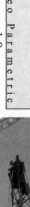

2）选取"udf1.gph"，单击 ▐ 打开 ▐▼ 按钮，则在图形区显示如图 6-92 所示的模型。

图 6-91　"打开"对话框

图 6-92　UDF1 模型

6.6.3　分型面生成失败的处理方法

1．打开模具模型文件

1）在计算机 D 盘的"Moldesign"文件夹中，为模具工程建立一个名为"bulk5"的文件夹，然后将光盘文件"源文件\第 6 章\ex_3\bulk4.mfg"复制到"bulk5"文件夹中。

2）运行 Creo 软件，单击"主页"功能区的"数据"面板中"选择工作目录"按钮 🗐，将工作目录设置为"D：\Moldesign\bulk5\"。

3）单击"快速访问"工具栏中的"打开"按钮 ☞，弹出"文件打开"对话框，选取 bulk4.mfg 文件，然后单击 ▐ 打开 ▐▼ 按钮，如图 6-93 所示。

2．建立分型面 PART_SURF_1

1）对工件进行遮蔽操作。

2）单击"模具"功能区"分型面和模具体积块"面板上的"分型面"按钮 ▢，进行分型面设计环境。

3）选取参照模型的外表面，单击"快速访问"工具栏中的"复制"按钮 🗐。

4）单击"快速访问"工具栏中的"粘贴"按钮 🗐，弹出如图 6-94 所示的"曲面：粘贴"操控面板。

5）单击"选项"下滑按钮，在下滑面板中接受系统默认的选项"按原样复制所有曲面"。

6）单击 ✔ 按钮，完成粘贴操作。

7）单击 ✔ 按钮，完成分型面的生成，返回模具设计的主设计环境。

图 6-93　模具模型

| 文件▼ | 模具 | 分析 | 模型 | 注释 | 渲染 | 工具 | 视图 | 应用程序 | 分型面 | **曲面：复制** |

1个曲面集　　　❚❚ ⊘ ⌷ 6∂ ✔ ✘

参考　选项　属性

图 6-94　"曲面：粘贴"操控面板

3．创建上下体积块

1）在"模具"功能区"分型面和模具体积块"面板上单击"模具体积块"下拉列表中的"体积块分割"按钮 🗐，弹出"分割体积块"菜单，如图 6-95 所示。

2）选取"两个体积块"→"所有工件"→"完成"选项，弹出如图6-96所示的"分割"对话框及"选择"对话框。系统提示：

为分割工件选择分型面。（选取分型面 PART_SURF_1 后单击"选择"对话框中的 确定 按钮）

图6-95 "分割体积块"菜单　　　　　　图6-96 "分割"对话框及"选择"对话框

3）系统弹出如图6-97所示的"确认"菜单，选取"确认"选项。

4）单击"分割"对话框的 确定 按钮。

5）系统弹出提示对话框，提示特征未完成，如图6-98所示，单击 是(I) 按钮。

6）未完成的分割特征如图6-99所示。

图6-97 "确认"菜单　　　　图6-98 提示对话框　　　　图6-99 分割特征

7）可以对特征进行重新定义。

6.6.4 塑料顾问实例

1. 进入塑料顾问模块

1）在计算机 D 盘的"Moldesign"文件夹中，为模具工程建立一个名为"bashou"的文件夹，然后将光盘文件"源文件\第 6 章\ex_4\bashou.prt"复制到"bashou"文件夹中。

2）运行 Creo 软件，单击"主页"功能区的"数据"面板中"选择工作目录"按钮，将工作目录设置为"D：\Moldesign\bashou\"。

3）单击"快速访问"工具栏中的"打开"按钮，弹出"文件打开"对话框，选取 bashou.prt，然后单击 打开 ▼ 按钮，系统进入零件模块，如图6-100所示。

4）如图6-101所示，选取"文件"→"另存为"→"Plastic Advisor"命令，系统弹出如图6-102所示的"选择"对话框，在信息栏中提示 Pick datum points on the highlighted part or use Done Sel to bypass selection，

选取一个基准点作为浇口位置。若用户不清楚浇口的最佳位置，而希望系统给出，则可以不进行基准点的选取，而直接单击"选择"对话框中的 取消 按钮。

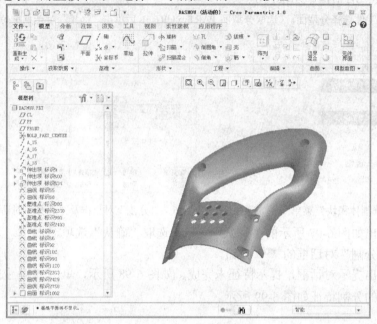

图 6-100　零件模块

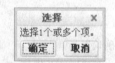

图 6-101　选取"Plastic Advisor"命令　　　　　图 6-102　"选择"对话框

5）系统调出如图 6-103 所示的塑料顾问操作界面，并试图链接 PTC 的相关站点。单击界面下方任务栏中的 bashou 按钮，进入零件的塑料顾问操作界面，如图 6-104 所示。

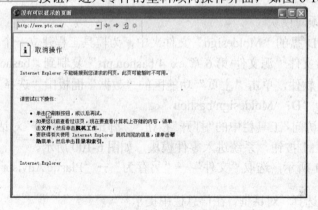

图 6-103　塑料顾问操作界面

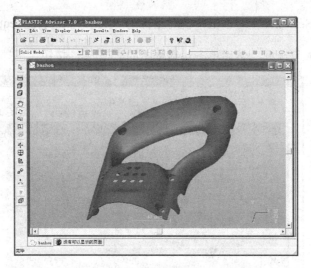

图 6-104　进入零件的塑料顾问操作界面

Creo Parametric 1.0

2．浇口位置分析

1）单击塑料顾问操作界面顶部工具栏中的"Analysis Wizard"按钮 ，系统弹出"Analysis Wizard—Analysis Selection"对话框，在对话框的"Select analysis sequence"选项组中选取"Gate Location"选项，然后单击对话框中的 下一步(N) > 按钮。

2）系统弹出"Analysis Wizard—Select Material"对话框。选取对话框中的"Special Material"单选项，接着单击"Manufacture"下拉列表，在打开的列表中选取生产商"PTS Plastic"，然后单击"Trade name"下拉列表，在打开的列表中选取材料牌号"Thermoflex TF60E 701"，最后单击对话框中的 下一步(N) > 按钮。

3）系统弹出"Analysis Wizard—Processing Condition"对话框。在对话框中接受系统默认的材料性能和注射压力参数。单击对话框中的 完成 按钮，系统将开始进行浇口位置分析，并在塑料顾问操作界面下方显示分析进度。

4）分析结束后，系统弹出"Results Summary"对话框。单击对话框中的 Close 按钮，系统返回塑料顾问操作界面，并在零件上以蓝色标示出最佳的浇口区域，如图 6-105 所示。

5）单击塑料顾问操作界面顶部工具栏中的"Pick Injection Locations"按钮 ，在图形显示区，光标显示为一个十字叉，接着在参照模型的最佳浇口区域中选取如图 6-106 所示的点作为浇口位置。在选取的点处，系统将给出一个代表浇口位置的小圆锥，并在图形显示区下方给出了浇口标示处的 X、Y、Z 坐标值，如图 6-107 所示。

3．成型条件分析

1）单击塑料顾问操作界面顶部工具栏中的"Analysis Wizard"按钮 ，系统弹出"Analysis

Wizard—Analysis Selection"对话框，在对话框的"Select analysis sequence"选项组中选取"Molding Window"复选框，然后单击对话框中的 下一步(N) > 按钮。

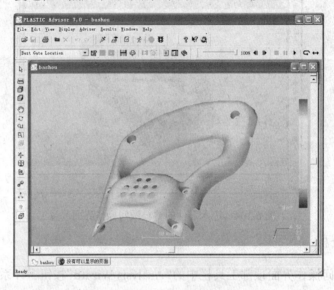

图 6-105　浇口位置分析

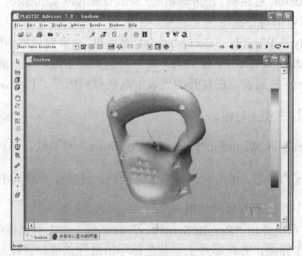

图 6-106　选取浇口位置点

2）系统弹出"Analysis Wizard—Molding Window Properties"对话框，在对话框的"Required surface finish"选项组中选取"Gloss"单选项，然后单击对话框中的 完成 按钮，系统开始对成型条件进行分析。分析完成后，弹出"Results Summary"对话框。

3）单击"Results Summary"对话框中的 Display Molding Window 按钮，系统弹出"Molding Window Result"对话框。用户可在对话框左侧的绿色区域中单击一点，此时单击点处对应的温度和注射时间作为用户选定的成型条件，然后依次单击对话框中的 Use Conditions 按钮，退出成型条件分析。

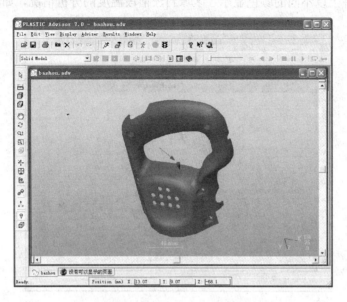

图 6-107 浇口标示及浇口位置坐标值

4．塑料熔体填充分析

1）单击塑料顾问操作界面顶部工具栏中的"Analysis Wizard"按钮 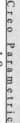，系统弹出"Analysis Wizard—Analysis Selection"对话框，在对话框的"Select analysis sequence"选项组中选取"Plastic Filling"复选框，然后单击对话框中的 完成 按钮，系统将开始进行填充分析。

2）分析完成后，系统弹出"Results Summary"对话框，单击对话框中的 Close 按钮，返回塑料顾问操作界面。

3）如图 6-108 所示，在塑料顾问操作界面上的结果类型列表框中选取"Plastic Flow"选项，接着单击工具栏中的"Play Result"按钮 ▶，系统将开始演示塑料熔体的充填，如图 6-109 所示。

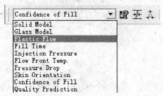

图 6-108　选取"Plastic Flow"选项

4）如图 6-110 所示，在塑料顾问操作界面上的结果类型列表框中选取"Fill Time"选项，系统在零件上以不同的颜色表示各部分的填充顺序，如图 6-111 所示。

5）如图 6-112 所示，在塑料顾问操作界面上的结果类型列表框中选取"Injection Pressure"选项，系统在零件上以不同的颜色显示各区域注射压力的分布情况，如图 6-113 所示。

6）如图 6-114 所示，在塑料顾问操作界面上的结果类型列表框中选取"Flow Front Temp."

选项，系统在零件上以不同的颜色显示各区域料流前段温度的分析情况，如图 6-115 所示。

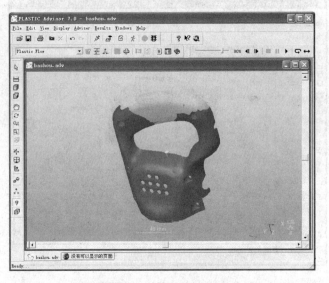

图 6-109 充填过程动画

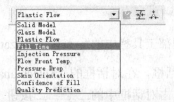

图 6-110 选取"Fill Time"选项

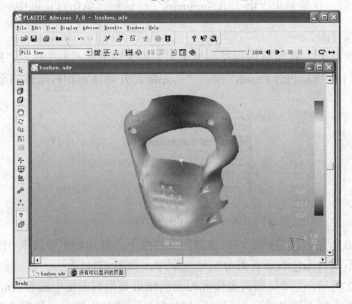

图 6-111 填充时间分析

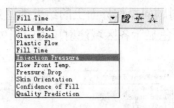

图 6-112　选取"Injection Pressure"选项

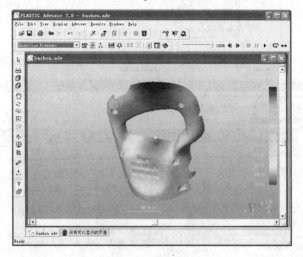

图 6-113　注射压力分析

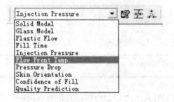

图 6-114　选取"Flow Front Temp."选项

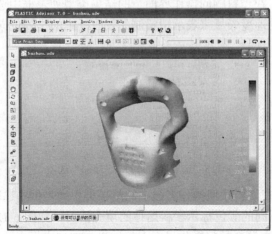

图 6-115　料流前段温度分析

7）如图 6-116 所示，在塑料顾问操作界面上的结果类型列表框中选取"Pressure Drop"选项，系统在零件上以不同的颜色显示各区域注射压力的损失情况，如图 6-117 所示。

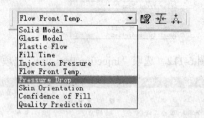

图 6-116　选取"Pressure Drop"选项

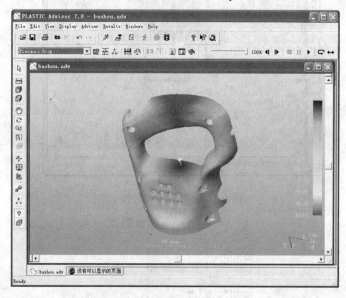

图 6-117　注射压力损失分析

8）如图 6-118 所示，在塑料顾问操作界面上的结果类型列表框中选取"Skin Orientation"选项，系统用料流前段的速度矢量来表示塑料制品表面纤维的排列位向，如图 6-119 所示。

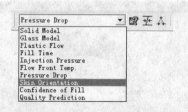

图 6-118　选取"Skin Orientation"选项

9）如图 6-120 所示，在塑料顾问操作界面上的结果类型列表框中选取"Confidence of Fill"选项，系统在零件上以不同的颜色标示塑料熔体的填充情况，如图 6-121 所示。

10）如图 6-122 所示，在塑料顾问操作界面上的结果类型列表框中选取"Quality Prediction"选项，系统在零件上以不同的颜色标示各区域填充质量的分析情况，如图 6-123 所示。

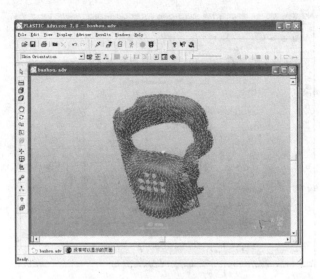

图 6-119 表面纤维的排列位向分析

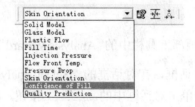

图 6-120 选取"Confidence of Fill"选项

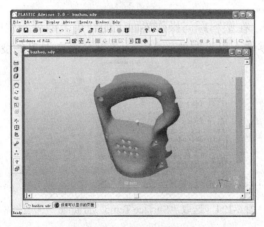

图 6-121 填充可行性分析

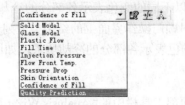

图 6-122 选取"Quality Prediction"选项

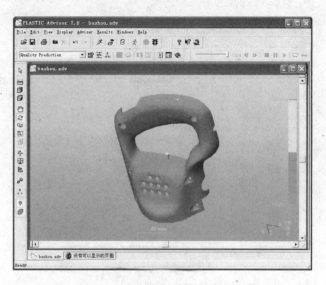

图 6-123　填充质量预测分析

5．冷却质量分析

1）单击塑料顾问操作界面顶部工具栏中的"Analysis Wizard"按钮 ，系统弹出"Analysis Wizard—Analysis Selection"对话框，在对话框的"Select analysis sequence"选项组中选取"Cooling Quality"复选框，然后单击对话框中的 完成 按钮，系统开始进行冷却质量分析。

2）分析完成后，系统弹出"Results Summary"对话框，单击对话框中的 Close 按钮，返回到塑料顾问操作界面。

3）如图 6-124 所示，在塑料顾问操作界面上的结果类型列表框中选取"Surface Temp. Variance"选项，系统在零件上以不同的颜色表示各部分表面温度的变化情况，如图 6-115 所示。

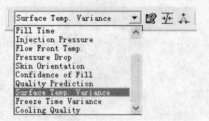

图 6-124　选取"Surface Temp. Variance"选项

4）如图 6-126 所示，在塑料顾问操作界面上的结果类型列表框中选取"Freeze Time Variance"选项，系统在零件上以不同的颜色表示各部分的冷却情况，如图 6-127 所示。

5）如图 6-128 所示，在塑料顾问操作界面上的结果类型列表框中选取"Cooling Quality"选项，系统在零件上以不同的颜色表示各部分的冷却质量，如图 6-129 所示。

6．缩痕分析

1）单击塑料顾问操作界面顶部工具栏中的"Analysis Wizard"按钮 ，系统弹出"Analysis

Wizard—Analysis Selection"对话框，在对话框的"Select analysis sequence"选项组中选取"Sink Marks"复选框，然后单击对话框中的 <u>完成</u> 按钮，系统将开始进行缩痕分析。

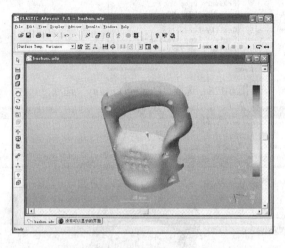

图 6-125 表面温度变化分析

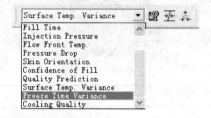

图 6-126 选取"Freeze Time Variance"选项

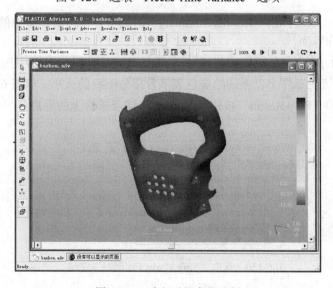

图 6-127 冷却时间变化分析

Creo Parametric 1.0

167

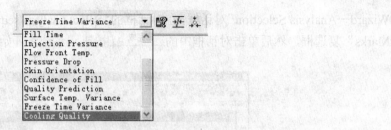

图 6-128　选取"Cooling Quality"选项

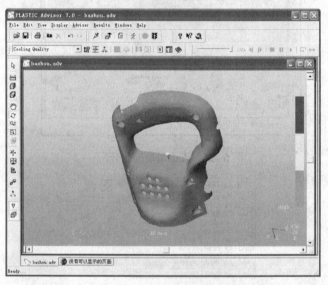

图 6-129　冷却质量分析

2）分析完成后，系统弹出"Results Summary"对话框，单击对话框中的 Close 按钮，返回到塑料顾问操作界面。

3）如图 6-130 所示，在塑料顾问操作界面上的结果类型列表框中选取"Sink Marks Estimate"选项，系统在零件上以不同的颜色表示各部分缩痕的大小，如图 6-131 所示。单击操作界面工具栏中的"Play Result"按钮 ▶，可动态演示零件上的缩痕。

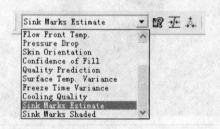

图 6-130　选取"Sink Marks Estimate"选项

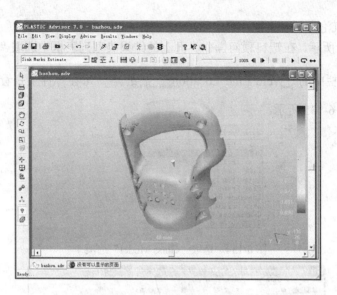

图 6-131　缩痕预估分析

4）如图 6-132 所示，在塑料顾问操作界面上的结果类型列表框中选取"Sink Mark Shade"选项，系统在零件上以着色显示各部分的缩痕，如图 6-133 所示。

图 6-132　选取"Sink Mark Shade"选项

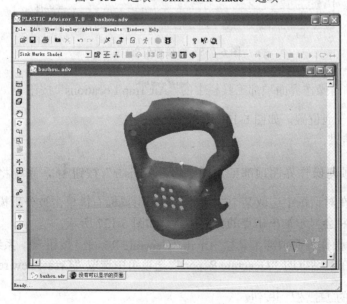

图 6-133　缩痕着色

Creo Parametric 1.0

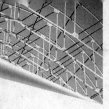

7. 熔接痕和气泡分析

1）如图 6-134 所示，在塑料顾问操作界面上的结果类型列表框中选取"Glass Model"选项，然后单击工具栏中的"Weld Line Locations"按钮 ⚒，可在零件上查看系统分析出来的熔接痕位置，如图 6-135 所示。

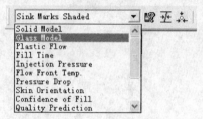

图 6-134　选取"Glass Model"选项

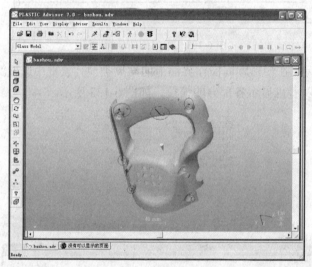

图 6-135　熔接痕位置

2）单击塑料顾问操作界面顶部工具栏中的"Air Trap Locations"按钮 ⚘，可在零件上查看系统分析出来的气泡位置，如图 6-136 所示。

8. 输出分析结果

1）单击塑料顾问操作界面顶部工具栏中的"Adviser"按钮 ⚘，系统将弹出"Results Advice"对话框。在对话框中选取某个选项卡，然后用鼠标右键单击被分析模型表面上的某点，在该对话框中将会显示被单击点的相关信息，如图 6-137 所示。

2）在塑料顾问操作界面顶部工具栏中单击"Generate Report"按钮 📖，系统弹出"Report Wizard"对话框，在对话框的"Generate Report"选项组中选取"Create new report"单选项，然后单击对话框中的 下一步(N) > 按钮。

3）在系统弹出的对话框中输入报告标题、作者、单位等相关信息，如图 6-138 所示。输入完后单击对话框中的 下一步(N) > 按钮。

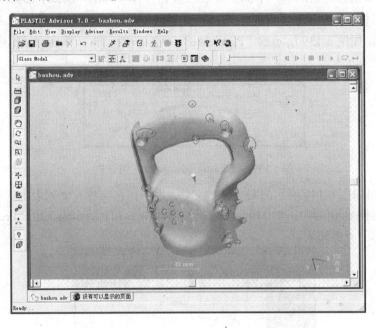

图 6-136　气泡位置

图 6-137　"Results Advice" 对话框

图 6-138　输入相关信息

171

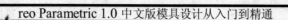
4）系统继续弹出"Report Wizard"对话框，在对话框中选取要输出的分析结果，然后单击对话框中的 下一步(N) > 按钮。

5）在系统弹出的对话框中，单击 Generate 按钮，接着弹出"Select target directory"对话框，在该对话框中接受系统默认的输出路径，然后单击对话框中的 Select 按钮。

6）系统弹出如图 6-139 所示的"Plastic Advisor 7.0"对话框，单击对话框中的 是(Y) 按钮。

图 6-139　"Plastic Advisor 7.0"对话框

7）系统输出如图 6-140 所示的网页格式文件，用户可在文件左侧列表中选取某一分析选项，系统将在右侧显示区域中给出相应的分析结果。图 6-141 所示为选取"Pressure Drop"分析选项后给出的分析结果。

图 6-140　输出分析结果

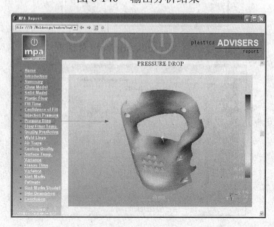

图 6-141　"Pressure Drop"分析结果

第**7**章

滑块与模具体积块

本章导读

　　模具体积块的生成也是模具设计的一个重要步骤。本章首先介绍了模具体积块的一般定义，然后介绍了模具体积块的三种生成方法及体积块生成失败后的处理方法。

重点与难点

- 模具体积块
- 滑块

7.1 体积块

模具的体积块是一个没有实际质量，却占有空间的三维封闭特征。体积块是由一组可以被填充从而形成一个封闭空间的曲面所构成的。

Creo Parametric 提供了两种方法来生成体积块：分割与创建。

分割的方法是利用分型面来分割工件、建立模具体积块，因此这种方法速度比较快，但是需要分型面必须正确，并且要求完整。

创建的方法需要手动建立模具体积块，包括聚合、草绘和滑块 3 种方法。

7.1.1 用分割法生成体积块

用分型曲面分割工件或现有模具体积块的最大优点之一是复制了工件或模具体积块的边界曲面结果，对它们进行的设计更改不会影响分割本身。用分型曲面分割工件的另一个优点是工件内的所有元件体积之和等于该工件原有体积，系统会自动对此进行跟踪，因此绝不会发生因忘记型腔内的某一小体积块而使模具体积块不精确的情况。

（1）进入模具模块设计工作环境，在保证生成的分型面正确的前提下，在"模具"功能区"分型面和模具体积块"面板上单击"模具体积块"下拉列表中的"体积块分割"按钮 ，弹出"分割体积块"菜单，如图 7-1 所示。

1）两个体积块：将工件或已有的体积块分割为两个体积块。

2）一个体积块：对工件或已有的体积块进行分割，但只生成一个体积块。

3）所有工件：对所有的工件进行分割。

4）模具体积块：对模具体积块进行分割。

5）选择元件：选取要进行分割的元件，例如工件、体积块等。

（2）选取"两个体积块"→"所有工件"选项，然后选取"完成"选项，弹出如图 7-2 所示的"分割"对话框及"选择"对话框。

图 7-1 "分割体积块"菜单　　图 7-2 "分割"对话框及"选择"对话框

1）分割曲面：选取分割曲面，也就是选取分型曲面。

2）几何选项：生成几何特征或创建相交曲线。

3）分类：对组合体积块进行分类。

（3）"分割"对话框中的元素定义完成后，单击其上的 **确定** 按钮，生成相应的体积块。

7.1.2　创建体积块的方法——聚合

借助聚合方法，通过收集参考模型的特征然后将其封闭，就可以定义体积块。利用此种方法，如果参考模型发生变化，能在再生时进行更新。

（1）单击"模具"功能区"分型面和模具体积块"面板上的"模具体积块"按钮 ，进入模具体积块的设计环境。

（2）单击"编辑模具体积块"功能区"体积块工具"面板上的"收集体积块工具"按钮 ，弹出如图 7-3 所示的"聚合体积块"菜单。

1）选择：从参考零件中选取曲面和特征。

2）排除：从定义的体积块中排除边或曲面环。

3）填充：填充体积块内部轮廓线或曲面上的孔。

4）封闭：利用所指定的顶部或底部曲面来闭合聚合生成的体积块。

（3）选取图 7-3 所示菜单中的"完成"选项，弹出如图 7-4 所示的"聚合选取"菜单。

1）曲面和边界：首先拾取一个曲面作为种子曲面，接着拾取边界曲面。

2）曲面：直接拾取一组连续的曲面。

图 7-3　"聚合体积块"菜单　　图 7-4　"聚合选取"菜单

（4）选取"完成"选项，系统提示：选择一个种子曲面。选取曲面后弹出如图 7-5 所示的"特征参考"菜单。

1）添加：增加特征参考。

2）移除：将选取的特征参考删除。

3）全部移除：删除全部的特征参考。

（5）完成曲面的选取后，选取"特征参考"菜单中的"完成参考"选项，弹出如图 7-6 所示的"封闭环"菜单。

1）顶平面：选取平面作为封合的顶平面。

2）全部环：将所选曲面中要封闭的孔全部选取。

3）选取环：通过选取限制环来选取要封闭的孔。

（6）选取封闭平面或环后，完成聚合。

图7-5 "特征参考"菜单

图7-6 "封闭环"菜单

7.1.3 创建体积块的方法——草绘

在"编辑模具体积块"界面中利用"形状"面板中的命令进行体积块创建，如图7-7所示。对于草绘方法创建体积块，其方法同创建其他的实体特征相同，所以在这里不再赘述。

1）拉伸：利用拉伸方法创建特征。

2）旋转：利用旋转方法创建特征。

3）扫描：利用扫描方法创建特征。

4）混合：利用混合方法来创建特征。

7.1.4 创建体积块的方法——滑块

（1）进入体积块设计环境后，单击"编辑模具体积块"功能区"体积块工具"面板上"滑块"按钮，弹出如图7-8所示的"滑块体积块"对话框。

1）拖拉方向：选取或创建投影参考。

2）计算底切边界：计算参考零件中封闭所有底切的曲面。

3）包括：将选定的曲面包含到滑块计算中。

：对选定的边界曲面进行啮合。

：对选定的边界曲面进行着色。

4）排除：从滑块计算中排除选定的边界曲面。

5）投影平面：选取或创建投影平面。

（2）单击 回 计算底切边界 按钮，系统自动搜索模型中的滑块特征.如果搜索到，则显示在"排除"列表框中;如果未搜索到，会提示"未发现模具滑块特征的岛"。

（3）将搜索到的滑块特征选进"包括"栏。

（4）选取投影平面,也可接受系统提供的默认投影平面,单击 ✔ 按钮,完成滑块的创建。

图 7-7　"形状"面板

图 7-8　"滑块体积块"对话框

7.2　滑块

简单地说,滑块就是可以移动的体积块,其移动的方向一般与开模方向垂直。使用"模具设计"中的滑块元件在成品中形成底切,如图 7-9 所示。在模具开模和关闭期间,滑块可能会从一侧移入,以创建所需的形状并促进零件的喷射。

图 7-9　创建滑块

7.2.1　滑块创建过程

滑块创建过程由下列步骤组成:

1）给定一个拖拉方向,系统基于给定的"拖拉方向"选取几何分析,以标识出黑色体积块。黑色体积块是参考零件中的底切,即在模具开模期间生成捕捉材料的区域(除非创建了滑块)。它们被定义为参考零件区域,从"拖拉方向"及其相反方向上射出的光线都照射不到该区域。

2）当系统标识并显示所有的黑色体积块时，请选取要包括进单个滑块的体积块或体积块组。

3）指定投影平面。系统将所选的黑色体积块沿着与投影平面垂直的方向延伸，直至投影平面，这是最后的滑块几何。

4）可将滑块创建为"模具体积块"，然后将其抽取出来创建"模具元件"。也可将滑块创建为模具基体元件的特征，例如型腔嵌件。

7.2.2 创建滑块

在 Creo 模具体积块中可创建滑块作为"模具体积块"或"模具特征"，具体步骤如下：

1）单击"模具"功能区"分型面和模具体积块"面板上"模具体积块"按钮，弹出"编辑模具体积块"功能区面板，如图 7-10 所示。单击"编辑模具体积块"功能区"体积块工具"面板上"滑块"按钮，弹出如图 7-11 所示的"滑块体积块"对话框。

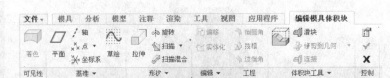

图 7-10　"编辑模具体积块"功能区面板　　　　图 7-11　"滑块体积块"对话框

2）如果模具模型中只有一个参考零件，那么其名称被选取，并显示在该对话框的"参考零件"文本框中，如图 7-11 所示。否则，选取一个参考零件核查底切，因为只能选取一个参考零件。

3）如果已经定义了模型的"拖拉方向"，则它会被自动选取。通过取消"使用默认值"复选框的勾选并使用平面、边、轴或坐标系指定一个"拖拉方向"，可选取不同的拖拉方向。在创建滑块前，如果模型中没有定义"拖拉方向"，则必须指定拖拉方向。

4）单击 **回 计算底切边界** 按钮，系统通过在"拖拉方向"上向参考零件投射闪光而选取几何分析，光不能到达的区域就是底切或黑体积块。完成检查后，系统会生成黑体积块边界的默认名称（比如面组 1、面组 2），并以紫色显示体积块的边界面组，同时把它们的名称放入"滑块体积块"对话框的"排除"列表中。

5）通过将其名称移至"包括"列表中，选取一个或几个用于创建滑块的边界面组。当把光标移到面组名称上面时，其边界会以黑红色加亮显示。为得到更好的可见性，也可选取一面组名称并单击 ⊞ 按钮以网格化相应的边界曲面，或单击 ▱ 按钮将其着色。要移动面组名称，在"排除"列表中选定它，再单击 ≪ 按钮，面组名称就会移动到"包括"列表中。一旦将面组名称移入"包括"列表中，面组的边就显示为蓝色。

6）选取定义滑块伸出长度的投影面。在创建特征时，系统会在垂直于投影平面的方向上，将黑体积块最多延伸至投影平面，该黑体积块的边界面组列在"包括"列表中。

7）单击 ∞ 按钮来预览滑块几何。在某些情况下，系统不能生成伸出长度。随后，系统发布一条信息，提供一个删除投影平面（单击 ✖ 按钮）的选项，并根据底切几何创建一个滑块体积块。之后，可手工处理该滑块体积块，以及其他任何"模具体积块"，以创建滑块元件。

8）对该滑块几何满意时，单击 ✔ 按钮。单击 ✖ 取消滑块创建。

7.3 实例

7.3.1 用分割法生成体积块

本实例采用最常用的生成模具体积块的方法——分割法，但此种方法要求事先生成分型面，因此利用此种方法要保证分型面的生成是正确的。

1. 打开模具模型文件

1）在计算机 D 盘的"Moldesign"文件夹中，为模具工程建立一个名为"surfce_1"的文件夹，然后将光盘文件"源文件\第 7 章\ex_1\surfce_1.mfg"复制到"surfce_1"文件夹中。

2）运行 Creo 软件，单击"主页"功能区的"数据"面板中"选择工作目录"按钮 🗂，将工作目录设置为"D：\Moldesign\surfce_1\"。

3）单击"快速访问"工具栏中的"打开"按钮 🖝，弹出"文件打开"对话框，选取 surfce_1.mfg 文件，然后单击 **打开** ▾ 按钮，如图 7-12 所示。

2. 分割法生成体积块

1）在"模具"功能区"分型面和模具体积块"面板上单击"模具体积块"下拉列表中的"体积块分割"按钮 ▤，弹出"分割体积块"菜单，如图 7-13 所示。

图 7-12 模具模型 　　　　　　图 7-13 "分割体积块"菜单

2）选取"两个体积块"→"所有工件"→"完成"选项，弹出如图 7-14 所示的"分割"及"选择"对话框。系统提示：

为分割工件选择分型面。（选取如图 7-15 所示的分型面）

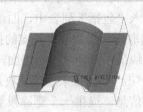

图 7-14　"分割"及"选择"对话框　　　　图 7-15　选取分型面

3）单击"选取"对话框的 确定 按钮，完成分割的设置。

4）单击"分割"对话框的 确定 按钮，弹出"属性"对话框如图 7-16 所示，输入体积块的名称为"MOLD_VOL_UP"。

5）单击"属性"对话框的 确定 按钮，弹出第二个"属性"对话框，如图 7-17 所示。

图 7-16　"属性"对话框　　　　　　　图 7-17　"属性"对话框

6）输入体积块的名称为"MOLD_VOL_DOWN"，单击对话框中的 确定 按钮。

7）单击 ✓ 按钮，完成体积块分割。

8）单击视图快速访问工具栏中的"着色"按钮 ，弹出"搜索工具"对话框，选取"面组：F9（MODL_VOL_UP）"，单击 关闭 按钮，结果显示如图 7-18 所示。

9）选取"继续体积块选取"菜单的"继续"选项，弹出"搜索工具"对话框，选取"面组：F10（MODL_VOL_DOWN）"，单击 关闭 按钮，结果显示如图 7-19 所示。

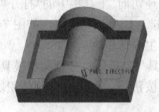

图 7-18　"MOLD_VOL_UP"着色结果　　图 7-19　"MOLD_VOL_DOWN"着色结果

7.3.2　用聚合方法创建体积块

本实例采用聚合方法生成体积块。聚合方法也是体积块创建常用的方法。

1．打开模具模型文件

1）在计算机 D 盘的"Moldesign"文件夹中，为模具工程建立一个名为"bulk2"的文件夹，然后将光盘文件"源文件\第7章\ex_2\ bulk2.mfg"复制到"bulk2"文件夹中。

2）运行Creo软件，单击"主页"功能区的"数据"面板中"选择工作目录"按钮，将工作目录设置为"D：\Moldesign\ bulk2\"。

3）单击"快速访问"工具栏中的"打开"按钮，弹出"文件打开"对话框，选取"bulk2.mfg"文件，然后单击 打开 ▼ 按钮，如图7-20所示。

2. 聚合创建体积块

1）在"模具"功能区"分型面和模具体积块"面板上单击"模具体积块"按钮，进入模具体积块创建环境。

2）单击"编辑模具体积块"功能区"体积块工具"面板上"收集体积块工具"按钮，弹出如图7-21所示的"聚合体积块"菜单。

3）在"聚合体积块"菜单中接受系统默认的"选择"和"封闭"选项，选取"完成"选项，弹出如图7-22所示的"聚合选取"菜单。

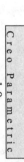

图7-20 模具模型 　　　　图7-21 "聚合体积块"菜单 　　图7-22 "聚合选取"菜单

4）在"聚合选取"菜单中选取"曲面"和"完成"选项，弹出如图7-23所示的"特征参考"菜单及"选择"对话框。系统提示：

指定连续曲面。（选取参考零件的内部面，如图7-24所示）

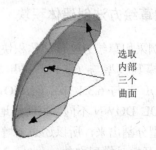

选取内部三个曲面

图7-23 "特征参考"菜单 　　　　　　　图7-24 选取的曲面

5）在"特征参考"菜单中选取"完成参考"选项，弹出"封合"菜单，如图7-25所示。

6）在"封合"菜单中接受系统默认的"顶平面"选项，同时选取"全部环"选项，选取"完成"选项。

7）系统返回"封闭环"菜单。系统提示：

选择或创建一平面，盖住闭合的体积块。（取消对工件的隐蔽，选取工件的底面，如图7-26

所示）

图 7-25 "封合"对话框   图 7-26 显示体积块结果

8）选取"封合"菜单中的"完成"选项。系统提示：

> 选择或创建一平面，盖住闭合的体积块。（由于已经完成平面的选取，所以直接选取"完成/返回"选项）

9）选取"聚合体积块"菜单中的"完成"选项。

10）单击视图快速访问工具栏中的"着色"按钮 ，结果如图 7-27 所示。

11）选取"继续体积块选取"菜单中的"完成/返回"选项后单击 按钮，完成模具体积块的生成，如图 7-28 所示。

图 7-27 模具体积块着色结果   图 7-28 模具体积块

7.3.3 用草绘方法创建体积块

本实例采用草绘方法创建体积块，也就是通过草绘方法生成实体模型来生成体积块。本例采用的模具模型与 6.3.1 节采用的模具模型相同，本例中采用草绘方法创建的体积块 MOLD_VOL_1 与 6.3.1 节中的 MOLD_VOL_UP 相同，但 MOLD_VOL_2 与 6.3.1 节中的 MOLD_VOL_DOWN 不同，很明显地可以看出，MOLD_VOL_1 和 MOLD_VOL_2 不能完全把参考模型分割出来，所以还必须增加体积块，这样就不如 6.3.1 节所采用的方法简单。

1．打开模具模型文件

1）在计算机 D 盘的"Moldesign"文件夹中，为模具工程建立一个名为"bulk3"的文件夹，然后将光盘文件"源文件\第 7 章\ex_3\bulk3.mfg"复制到"bulk3"文件夹中。

2）运行 Creo 软件，单击"主页"功能区的"数据"面板中"选择工作目录"按钮 ，将工作目录设置为"D：\Moldesign\bulk3\"。

3）单击"快速访问"工具栏中的"打开"按钮 ，弹出"文件打开"对话框，选取 bulk3.mfg

文件，然后单击 [打开 ▼] 按钮，如图7-29所示。

2．草绘创建体积块

1）单击"模具"功能区"分型面和模具体积块"面板上"模具体积块"按钮，进入模具体积块的设计环境。

2）单击"编辑模具体积块"功能区"形状"面板上的"拉伸"按钮，弹出"拉伸"操控面板。

3）在"放置"下滑面板中单击"定义"按钮。系统提示：

　　　选择一个平面或曲面以定义草绘平面。（选取如图7-30所示的草绘平面）

　　　选择一个参考(例如曲面、平面或边)以定义视图方向。（选取如图7-31所示的参考平面）

4）最后"草绘"对话框的设置如图7-31所示。

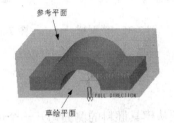

图7-29　模具模型　　　　图7-30　选取草绘平面和参考平面　　　　图7-31　"草绘"对话框

5）单击 [草绘] 按钮，进入草绘界面。

6）单击"草绘"功能区"设置"面板上的"参考"按钮，系统弹出"参考"对话框。系统提示：

　　　选择垂直曲面、边或顶点，截面将相对于它们进行尺寸标注和约束。（选取如图7-32所示的尺寸参照）

7）"参考"对话框的设置如图7-33所示。

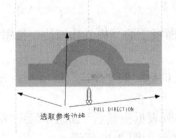

图7-32　选取尺寸参考　　　　　　　图7-33　"参考"对话框

8）单击"参考"对话框的 [关闭(C)] 按钮，完成参考选取。

9）单击"草绘"功能区"草绘"面板上的"线链"按钮 和"投影"按钮，绘制如图7-34所示的体积块二维图形，单击 ✔ 按钮完成草绘截面。

10）选取"拉伸"操控面板中的"到选定项"选项，选取草绘平面的对应面，也就是工件的后方表面作为终止面。

11）单击"拉伸"操控面板上的 ✓ 按钮，完成体积块的生成。

12）此时在模型树中增加如图 7-35 所示的"拉伸 1[MOLD_VOL_1-模具体积块]"特征。

13）单击视图快速访问工具栏中的"着色"按钮💬，则刚刚生成的体积块显示在绘图环境中，如图 7-36 所示。

14）选取"继续体积块选取"菜单中的"完成/返回"选项后单击 ✓ 按钮，完成模具体积块的生成。

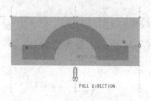

图 7-34　草绘的体积块图形　　　　图 7-35　模型树　　　　图 7-36　体积块 MOLD_VOL_1

7.3.4　创建滑块体积块

由于上、下模不接触，所以必须从模具胚料的侧面切开一个可以滑动移出的构件，这个构件称为滑块。滑块的形状一般是规则的几何体。本例中创建的滑块就是规则的长方体。

1. 打开模具模型文件

1）在计算机 D 盘的"Moldesign"文件夹中，为模具工程建立一个名为"bulk6"的文件夹，然后将光盘文件"源文件\第 7 章\ex_4\bulk4.mfg"复制到"bulk6"文件夹中。

2）运行 Creo 软件，单击"主页"功能区的"数据"面板中"选择工作目录"按钮📑，将工作目录设置为"D：\Moldesign\bulk6\"。

3）单击"快速访问"工具栏中的"打开"按钮📂，弹出"文件打开"对话框，选取 bulk4.mfg 文件，然后单击 ▎打开 ▾ 按钮，如图 7-37 所示。

2. 创建体积块

1）单击"模具"功能区"分型面和模具体积块"面板上的"模具体积块"按钮📄，进入模具体积块的设计环境。

2）单击"编辑模具体积块"功能区"体积块工具"面板上的"滑块"按钮📄，弹出"滑块体积块"对话框，如图 7-38 所示。

3）单击 ▎📄 计算底切边界 ▎按钮，在从"排除"列表框中显示"面组 1"和"面组 2"，如图 7-39 所示。同时在参考模型中以选取的方式显示面组如图 7-40 所示。

4）按住 Ctrl 键选取"排除"框中的"面组 1"和"面组 2"，单击 《 按钮，则在"包括"框中弹出"面组 1"和"面组 2"。

5）单击投影平面中的 ▸ 按钮。系统提示：

选取或创建投影平面。（选取如图 7-41 所示的投影平面）

6）单击 ✓ 按钮，完成滑块的创建，此时在模型树中显示滑块特征，如图 7-42 所示。选取"完成/返回"选项，结果如图 7-43 所示。

图 7-37 模具模型

图 7-38 "滑块体积块"对话框

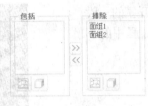

选中的特征

投影平面

图 7-39 "排除"列表框

图 7-40 选取特征

图 7-41 投影平面

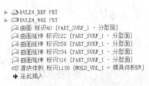

图 7-42 模型树

图 7-43 生成的滑块体积块

Creo Parametric 1.0

第8章

铸模与开模

本章导读

能够顺利开模是模具设计的目标。本章首先简单介绍了模具开模的一般定义，然后详细介绍了开模的具体步骤，接下来详细介绍了开模过程中的干涉检测，最后是关于不同模式下开模的具体实例演示。

重点与难点

- 铸模
- 开模

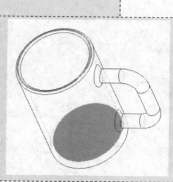

8.1　铸模

在 Creo 模具设计中，铸模就是在创建完成模具组件后，模拟制件成型的过程,可以得到一个由模具组件型腔填充而成的实体零件模型,并能在模型树中得到对应的模型零件(*.prt)。铸模也可用于检查所建立的型腔是否与原始的设计相同。生成的铸模特征如图 8-1 所示。

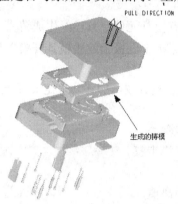

图 8-1　生成的铸模特征

系统是通过减去型腔镶块部分模块的剩余体积块来产生铸模的。此程序所产生的铸模为实体零件,所以可以将此零件带入 Creo/NC 来模拟加工过程移除过剩的材料,或带入零件模式中的分析工具,计算体积块、质量等物理属性,检测合适的拔模角,以及利用塑料射出顾问进行简单的模流分析,或是产生用于模流分析或结构分析的有限元素网格等。

在 Creo 模具设计中,创建铸模特征的过程如下:

1) 单击"模具"功能区"元件"面板上的"创建铸模"按钮 ,系统弹出文本输入框,如图 8-2 所示,用于输入铸模零件的名称。

图 8-2　文本输入框

2) 在上面的空白文本输入框中输入铸模零件的名称,然后单击 ✓ 按钮,如果检测所建立的型腔与原始的设计相同,则系统自动创建一个元件。

8.2　开模

开模就是建立模具未闭合的爆炸视图,有利于观察模具各个元件及其开闭的过程。在开模的过程中用户可以检测模具各个元件是否发生干涉,也可以检测拔模角。

8.2.1　开模定义

开模是一系列步骤,每个步骤包含一个或多个移动。在定义开模步骤时,需遵循以下原则：

1）每个步骤可以包含多个移动，这些移动在仿真过程中同时选取。

2）在每个步骤中，每个成员只能位于一个移动中。

3）一个移动可以包括几个成员，但是偏移量和方向都是相同的。

8.2.2 开模菜单

（1）确定已经型腔镶块的所有模具元件，且已经生成铸模，并遮蔽参考零件和工件。

（2）单击"模具"功能区"分析"面板上的"模具开模"按钮 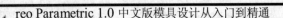，弹出如图 8-3 所示的"模具开模"菜单。

1）定义间距：通过指定模具或模具成员的移动来定义开模步骤，用户可以检测每一步骤的干涉与拔模是否符合要求。

2）删除：删除指定的开模步骤。

3）删除全部：删除所有的开模步骤。

4）修改：修改指定开模步骤。

5）修改尺寸：修改移动的距离值。

6）重新排序：重新定义开模步骤的顺序。

7）分解：根据当前进行的开模定义，逐步模拟开模的过程。

（3）定义间距：定义间距如图 8-4 所示。

1）定义移动：通过选取要移动的构件并对其进行移动方向和距离的设定来定义一个移动。

2）删除：删除一个先前定义的移动。

3）拔模检测：对一个移动进行拔模检查。

4）干涉：对一个移动进行干涉检查。

图 8-3 "模具开模"菜单

图 8-4 "定义间距"菜单

8.2.3 定义开模步骤

1. 模具元件的型腔镶块

型腔镶块是指通过用实体材料填充先前定义的模具体积块来产生模具元件的过程。

型腔镶块后生成的模具元件成为 Creo 中的零件，可以在零件设计模块中对这些零件进行修改、生成工程图、添加材料、拔模等操作。

在"模具"功能区"元件"面板上单击"模具元件"下拉列表中的"型腔镶块"按钮，弹出如图 8-5 所示的"创建模具元件"对话框。

（1）：用于在图形窗口中选取体积块。

（2）：用于选取所有体积块。

（3）：取消所有体积块的选取。

（4）"高级"栏：用于修改型腔镶块的名称等。

2．产生铸模

Creo/MOLDESIGN 可以通过注入口、流道和浇口来模拟填充模具型腔，从而创建铸模。只有在创建了型腔镶块元件后才能创建铸模。

单击"模具"功能区"元件"面板上的"创建铸模"按钮，弹出如图 8-6 所示的文本输入框。

3．模具开模

Creo/MOLDESIGN 可以模拟模具的打开过程，可使用户检查设计的适用性。用户可以指定组件的任何成员进行移动。

单击"模具"功能区"分析"面板上的"模具开模"按钮，选取元件进行定义移动。

4．查看开模过程

在完成体积块开模后在"模具开模"菜单中选取"分解"选项，系统弹出如图 8-7 所示的"逐步"菜单，在菜单中选取"打开下一个"选项，则每一个开模步骤逐步在图形界面显示。

图 8-5 "创建模具元件"对话框　　图 8-6 文本输入框　　图 8-7 "逐步"菜单

8.2.4 视图定义开模

对于模具的开模，还可以通过"视图"功能区"模型显示"面板上的"编辑位置"命令进行模具开模的定义。 "分解图"命令可以查看开模情况。"切换状态"命令可以在分解视图和取消分解视图之间进行切换。

单击"视图"功能区"模型显示"面板上的"编辑位置"按钮，弹出如图8-8所示的"分解工具"操控面板。

图8-8　"分解工具"操控面板

1）平移：对选取的元件进行平移操作。

2）旋转：对选取的元件进行旋转操作。

3）视图平面：将所取元件定位在视图平面位置进行移动操作。

8.3　干涉检测

在 Creo 中，对于开模步骤，可以在定义每步移动时对零件进行干涉检查。

干涉检测的具体步骤是：

1）在开模步骤定义完后，选取如图8-9所示"定义间距"菜单中的"干涉"选项，弹出"模具移动"菜单。

2）在"模具移动"菜单中会列出所定义的移动步骤，如图8-10所示列出了"移动1"。

3）在"模具移动"菜单中选取要进行干涉检查的移动的步骤，弹出如图8-11所示的"模具干涉"菜单。

图8-9　"定义间距"菜单　　图8-10　"模具移动"菜单　　图8-11　"模具干涉"菜单

4）选取"静态零件"选项，选取元件，系统会自动进行干涉检测，并给出提示信息，说明是否有干涉。

5）如果检测到有干涉，系统会在弹出干涉的位置以黄色曲线加以表示。

6）对于干涉的处理，可以删除此步骤的移动重新定义开模，如果干涉严重，还必须重新定义模具元件。

8.4 实例

8.4.1 定义开模

本例以简单的模具模型定义开模步骤，具体说明开模的操作步骤。

1. 打开模具模型文件

1）在计算机 D 盘的 "Moldesign" 文件夹中，为模具工程建立一个名为 "surface5" 的文件夹，然后将光盘文件 "源文件\第 8 章\ex_1\ surface_1.mfg" 复制到 "surface5" 文件夹中。

2）运行 Creo 软件，单击 "主页" 功能区的 "数据" 面板中 "选择工作目录" 按钮，将工作目录设置为 "D：\Moldesign\surface5\"。

3）单击 "快速访问" 工具栏中的 "打开" 按钮，弹出 "文件打开" 对话框，选取 "surface_1.mfg" 文件，然后单击 打开 按钮，如图 8-12 所示。

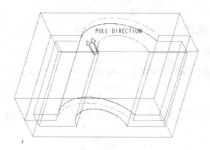

图 8-12　模具模型　　　　　图 8-13　"创建模具元件" 对话框

4）遮蔽工件。

2. 型腔镶块元件

1）在 "模具" 功能区 "元件" 面板上单击 "模具元件" 下拉列表中的 "型腔镶块" 按钮，弹出如图 8-13 所示的 "创建模具元件" 对话框。

2）单击 ▤ 按钮，选中框中所列的所有模具元件。

3）单击 "创建模具元件" 中的 确定 按钮。

3. 铸模

1）单击 "模具" 功能区 "元件" 面板上的 "创建铸模" 按钮。系统提示：

　　输入零件 名称 [PRT0001]：（输入 MOLD 作为零件名称）

2）单击 ✓ 按钮，在模型树中弹出 "MOLD.PRT"。

> 提示：在实际的设计中，铸模也可能碰到铸模不成功的情况，一般包括以下几方面的原因：
> 　　1）分型面设计不合理，这种情况下一般需要重新定义分型面。

2）设计零件的设计中有破孔。

3）设计零件是由其他设计软件转化来的 IGES 格式的文件。

4. 定义开模步骤

1）单击"模具"功能区"分析"面板上的"模具开模"按钮 🔲，在弹出的菜单中依次选取"定义间距"→"定义移动"选项，系统弹出"选择"对话框，菜单选取如图 8-14 所示。系统提示：

为迁移号码 1 选择构件。（选取 MOLD_VOL_1）

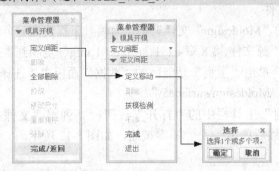

图 8-14　菜单选取

2）单击"选择"菜单中的 确定 按钮。系统提示：

通过选择边、轴或面选择分解方向。（选取如图 8-15 所示的有箭头的边）

输入沿指定方向的位移：10

3）单击 ✓ 按钮，单击"定义间距"菜单中"干涉"选项，弹出如图 8-16 所示的"模具移动"菜单。

图 8-15　选取边　　　　　　　　　图 8-16　"模具移动"菜单

4）依次选取"移动 1"→"静态零件"选项。系统提示：

选择统计零件。（选取 MOLD_VOL_2，检查移动零件 MOLD_VOL_1 与固定零件 MOLD_VOL_2 的干扰）

没有发现干扰。

5）选取"定义间距"菜单中"完成"选项，返回"定义间距"菜单，分解结果如图 8-17 所示。

6）依次选取"定义间距"→"定义移动"选项。系统提示：

为迁移号码 1 选择构件。（选取 MOLD_VOL_2）

7）单击"选取"菜单中的 确定 按钮。系统提示：

通过选择边、轴或面选择分解方向。（选取如图 8-18 所示的有箭头的边）

输入沿指定方向的位移：-10

8）单击 ✓ 按钮，再单击"定义间距"菜单中"干涉"选项，弹出"模具移动"菜单。

9）依次选取"移动 1"→"静态零件"选项。系统提示：

选取统计零件。（选取 MOLD_VOL_1，检查移动零件 MOLD_VOL_UP 与固定零件 MOLD_VOL_DOMN 的干扰）

没有发现干扰。

10）选取"定义间距"菜单中"完成"选项，返回"模具开模"菜单，选取"完成/返回"选项，完成开模操作。系统提示：

装配元件已经成功分解（分解结果如图 8-19 所示）。

图 8-17　分解结果

图 8-18　选取边

图 8-19　分解结果

8.4.2　含有滑块的开模

本例从建立分型面、体积块的具体过程开始，然后定义开模步骤，说明一个模具模型的整体操作步骤。

1．打开模具模型文件

1）在计算机 D 盘的"Moldesign"文件夹中，为模具工程建立一个名为"bulk7"的文件夹，然后将光盘文件"源文件\第 8 章\ex_2\ bulk4.mfg""复制到"bulk7"文件夹中。

2）运行 Creo 软件，单击"主页"功能区的"数据"面板中"选择工作目录"按钮 ，将工作目录设置为"D：\Moldesign\bulk7\"。

3）单击"快速访问"工具栏中的"打开"按钮 ，弹出"文件打开"对话框，选取"bulk4.mfg"文件，然后单击 打开 按钮，如图 8-20 所示的模具模型。

2．建立分型面 PART_SURF_1

1）对工件进行遮蔽操作。

2）单击"模具"功能区"设计特征"面板上的"轮廓曲线"按钮 ，弹出"轮廓曲线"

对话框，如图 8-21 所示。

图 8-20　模具模型

3）选取"轮廓曲线"对话框中的"环选择"选项，单击 定义 按钮，弹出"环选择"对话框，如图 8-22 所示。同时参考模型的各个边都加亮显示，如图 8-23 所示。

图 8-21　"轮廓曲线"对话框　　　　　　　　图 8-22　"环选取"对话框

4）将"环选择"对话框"环"选项卡中编号为 2 的曲线状态设置为"排除"，如图 8-24 所示。

图 8-23　加亮显示环路　　　　　　　　　图 8-24　"环选择"对话框

5）单击"环选择"对话框中的 确定 按钮，返回"轮廓曲线"对话框。

6）单击 确定 按钮，结果生成如图 8-25 所示的轮廓曲线。

7）取消对工件进行的遮蔽操作。

8）单击"模具"功能区"分型面和模具体积块"面板上的"分型面"按钮 ，进入分型面的设计环境。

9）单击"分型面"功能区"曲面设计"面板上的"裙边曲面"按钮 ，弹出如图 8-26 所示的"裙边曲面"对话框及"链"菜单。

10）在"链"菜单中选取"特征曲线"选项。系统提示：

选择包含曲线的特征。（选取如图 8-27 所示的轮廓线）

图 8-25 生成的轮廓曲线

图 8-26 "裙边曲面"对话框及"链"菜单

11）选取"链"菜单中的"完成"选项，单击"裙边曲面"对话框中的 确定 按钮，结果如图 8-28 所示。

图 8-27 选取特征曲线

图 8-28 利用裙边创建分型面的结果

12）单击视图快速访问工具栏中的"着色"按钮 ▢，刚刚生成的分型面显示在绘图环境中，结果如图 8-29 所示。

13）在"继续体积块选取"菜单中选取"完成/返回"选项。

3. 创建分型面 PART_SURF_2

1）对工件及分型面 PART_SURF_1 进行遮蔽操作。

2）首先选取如图 8-30 所示的参考模型的各个外表面。

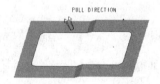

图 8-29 分型面 PART_SURF_1

图 8-30 选取参考模型外表面

注意：此时需要将过滤器的选项设置为"几何"，才能选取参考零件的各个表面。

3）单击"快速访问"工具栏中的"复制"按钮 ▣，然后单击"快速访问"工具栏中的"粘贴"按钮 ▣，弹出如图 8-31 所示的"曲面：复制"操控面板。

图 8-31 "曲面：复制"操控面板

Creo Parametric 1.0

195

4）单击"选项"下滑按钮，弹出如图 8-32 所示的下滑面板。

5）一般系统默认的选项为"按原样复制所有曲面"。在这个实例中由于有破孔存在，所以必须勾选"排除曲面并填充孔"选项。系统提示：

> 选择封闭轮的边环或曲面以填充孔。（选取如图 8-33 所示的含有破孔的曲面）

图 8-32   "选项"收集器   图 8-33   选取含有破孔的面

6）单击 ✓ 按钮，完成曲面的粘贴，此时在模型树中增加了如图 8-34 所示的"复制 1[PART_SURF_1 – 分型面]"特征项目。

> 裙边曲面 标识485 [PART_SURF_1 – 分型面]
> 复制 1 [PART_SURF_1 – 分型面]
> ➡ 在此插入

图 8-34   模型树

7）在绘图区显示的复制结果如图 8-35 所示。

4. 合并生成分型面 PART_SURF_1

1）在模型树中选取如图 8-35 所示生成的"裙边曲面 标识485 [PART_SURF_1 – 分型面]"和"复制 1[PART_SURF_1 – 分型面]"特征。

2）单击"分型面"功能区"编辑"面板上的"合并"按钮 🗗，弹出如图 8-36 的"合并"操控面板。

图 8-35   复制操作结果   图 8-36   "合并"操控面板

3）由于已经选取了要进行合并的两个曲面，所以在"参考"下滑面板中不再进行任何操作。

4）单击"选项"下滑面板，从弹出的下滑面板中勾选"连接"选项。

5）单击 ✓ 按钮，完成曲面的合并，此时在模型树中增加的"合并 1 [PART_SURF_1 – 分型面]"特征。

5. 查看合并后的分型面 PART_SURF_1

1）单击视图快速访问工具栏中的"着色"按钮 🖼，则生成的合并分型面结果显示在绘图区，如图 8-37 所示。

2）在"继续体积块选取"菜单中选取"完成/返回"选项后单击 ✓ 按钮，完成分型面创建，取消对工件的遮蔽，如图8-38所示。

图8-37 分型面PART_SURF_1

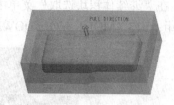

图8-38 分型面结果图

6. 创建滑块体积块

按照7.3.4节实例的方法生成如图8-39所示的滑块体积块。

a）滑块

b）隐藏工件及分型面后的滑块显示

图8-39 滑块体积块

7. 上下体积块

1）在"模具"功能区"分型面和模具体积块"面板上单击"模具体积块"下拉列表中的"体积块分割"按钮□，弹出"分割体积块"菜单，如图8-40所示。

2）依次选取"两个体积块"→"所有工件"→"完成"选项，弹出如图8-41所示的"分割"及"选择"对话框。系统提示：

为分割工件选择分型面。（选取如图8-42所示的分型面）

图8-40 "分割体积块"菜单　　图8-41 "分割"对话框　　图8-42 选取分型面

3）单击"选择"对话框中的　确定　按钮，完成分割的设置。

4）单击"分割"对话框中的　确定　按钮，弹出"属性"对话框如图8-43所示，输入体积块的名称为"MOLD_VOL_DOWN"。

5）单击"属性"对话框中的　确定　按钮，弹出第二个模具体积块"属性"对话框，输入体积块的名称为"MOLD_VOL_UP"，如图8-44所示。

6）单击"属性"对话框中的　确定　按钮。

7）单击视图快速访问工具栏中的"着色"按钮□，弹出"搜索工具：1"对话框，选取

"面组：F14（MODL_VOL_UP）"，单击 关闭 按钮，结果如图 8-45 所示。

8）在"继续体积块选取"菜单中选取"继续"选项，弹出"搜索工具：1"对话框，选取"面组：F13（MODL_VOL_DOWN）"。

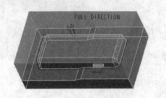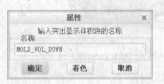

图 8-43　体积块 MOLD_VOL_DOWN 和"属性"对话框

图 8-44　体积块 MOLD_VOL_UP 和"属性"对话框

9）单击 关闭 按钮，结果如图 8-46 所示。在"继续体积块选取"菜单中选取"完成/返回"选项，退出着色观察。

图 8-45　模具体积块 MOLD_VOL_UP　　　　图 8-46　模具体积块 MOLD_VOL_DOWN

8．生成滑块体积块

1）遮蔽体积块 MOLD_VOL_DOWN 和工件。

2）在"模具"功能区"分型面和模具体积块"面板上单击"模具体积块"下拉列表中的"体积块分割"按钮 🖻，从弹出的"分割体积块"菜单中选取"一个体积块"→"模具体积块"→"完成"选项。系统提示：

选择模具元件体积块。（在弹出的"搜索工具：1"对话框中选取如图 8-47 所示的分型面 MOLD_VOL_1.PRT）

3）单击 关闭 按钮，关闭"搜索工具：1"对话框。系统提示：

为分割选定的模具体积块选择分型面。（选取"滑块体积 标识 825[MOLD_VOL_UP — 模具体积块]"）

4）单击"选择"对话框中的 确定 按钮，弹出如图 8-48 所示的"岛列表"菜单。

5）勾选"岛 2"选项后选取"完成选取"选项。

6）单击"分割"菜单中的 确定 按钮，接受系统默认的体积块名"MOLD_VOL_2"。

7）单击"属性"对话框中的 确定 按钮。

图 8-47　选取分型面 MOLD_VOL_1.PRT　　　　　图 8-48　"岛列表"菜单

8）单击视图快速访问工具栏中的"着色"按钮 ，弹出"搜索工具：1"对话框，选取 "MOLD_VOL_2"，结果如图 8-49 所示。

9）在"继续体积块选取"菜单中选取"完成/返回"选项，退出着色观察。

9．型腔镶块模具元件

1）将隐藏的体积块显示。

2）在"模具"功能区"元件"面板上单击"模具元件"下拉列表中的"型腔镶块"按钮 ，弹出如图 8-50 所示的"创建模具元件"对话框。

图 8-49　模具体积块 MODL_VOL_2　　　　　　图 8-50　"创建模具元件"对话框

3）选取后三项内容，然后单击 确定 按钮。

4）弹出修改名称文本框，接受默认名称，单击 按钮。

10．铸模

1）单击"模具"功能区"元件"面板上的"创建铸模"按钮 ，弹出文本框。

2）输入零件名称：bulk，单击 按钮。

11．定义开模步骤 1

1）遮蔽工件、分型面。

2）单击"模具"功能区"分析"面板上的"模具开模"按钮 ，在弹出的菜单中依次选取"定义间距"→"定义移动"选项。系统提示：

为迁移号码 1 选择构件。（选取 MODL_VOL_2）

3）单击"选择"菜单中的 确定 按钮。系统提示：

通过选择边、轴或面选择分解方向。（选取如图 8-51 所示的水平方向）

输入沿指定方向的位移：-5

4）单击 按钮，选取"定义间距"菜单中"完成"按钮，返回"模具开模"菜单。系统提示：

装配元件已经成功分解（分解结果如图 8-52 所示）。

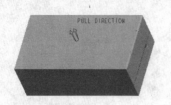

图 8-51　选取指定方向　　　　　　　　　　　图 8-52　步骤 1 分解结果

12. 定义开模步骤 2

1）依次选取菜单中的"定义间距"→"定义移动"选项。系统提示：

为迁移号码 1 选择构件。（选取 PART_VOL_UP_1）

2）单击"选择"菜单中的 确定 按钮。系统提示：

通过选择边、轴或面选择分解方向。（选取竖直方向）

输入沿指定方向的位移：5

3）单击 ✓ 按钮，选取"定义间距"菜单中"完成"按钮，返回"模具开模"菜单。系统提示：

装配元件已经成功分解（分解结果如图 8-53 所示）。

13. 定义开模步骤 3。

1）依次选取菜单中的"定义间距"→"定义移动"选项。系统提示：

为迁移号码 1 选择构件。（选取 PART_VOL_ DOWN _1）

2）单击"选择"菜单中的 确定 按钮。系统提示：

通过选择边、轴或面选择分解方向。（选取竖直方向）

输入沿指定方向的位移：-5

3）单击 ✓ 按钮，选取"定义间距"菜单中"完成"按钮，返回"模具开模"菜单。系统提示：

装配元件已经成功分解（分解结果如图 8-54 所示）。

4）选取"完成/返回"选项，完成开模操作。

图 8-53　步骤 2 分解结果　　　　　　　　图 8-54　模具模型步骤 1、2 和 3 的分解结果

8.4.3　装配模式下的开模

本例通过在组件模式下对模具模型进行分模，使读者掌握组件模式下的开模方法。

1. 新建模具模型文件

1）在计算机 D 盘的"Moldesign"文件夹中，为模具工程建立一个名为"cup_5"的文件夹，然后将光盘文件"源文件\第 8 章\ex_3\cup.prt"复制到"cup_5"文件夹中。

2）运行 Creo 软件，单击"主页"功能区的"数据"面板中"选择工作目录"按钮，将工作目录设置为"D：\Moldesign\cup_5\"。

3）单击"快速访问"工具栏中的"新建"按钮，弹出"新建"对话框，如图 8-55 所示。

4）选取"装配"和"设计"类型，输入文件名称 ex_4，取消"使用默认模板"的勾选，单击 确定 按钮，弹出如图 8-56 所示的"新文件选项"对话框。

图 8-55　"新建"对话框　　　　图 8-56　"新文件选项"对话框

5）选取"mmns_asm_design"选项，然后单击 确定 按钮，进入装配设计模式。

6）单击"模型"功能区"元件"面板上的"装配"按钮，弹出"打开"对话框，从中选取"cup.prt"文件，单击 打开 按钮，弹出"元件放置"操控面板，如图 8-57 所示。

图 8-57　"元件放置"操控面板

7）选取约束类型为" 默认"，此时操控面板上"状况"后面显示为"完全约束"。单击操控面板中的"完成"按钮，结果如图 8-58 所示。

8）单击"模型"功能区"元件"面板上的"创建"按钮，弹出"元件创建"对话框，如图 8-59 所示。

9）在"元件创建"对话框中选取"零件"和"实体"选项，输入"ex_4"作为文件名称，单击 确定 按钮，系统弹出"创建选项"对话框，选取"定位默认基准"和"对齐坐标系与坐标系"，如图 8-60 所示。

图 8-58 零件模型　　　　　图 8-59 "元件创建"对话框　　图 8-60 "创建选项"对话框

10）单击 确定 按钮。系统提示：

选择坐标系。（选取坐标系 ASM_DEF_CSYS）

11）在图形区增加了三个基准平面 DTM1、DTM2、DTM3。

2. 创建工件

1）单击"模型"功能区"基准"面板上的"草绘"按钮，弹出"草绘"对话框。系统提示：

选择一个平面或曲面以定义草绘平面。（选取"DTM3"基准平面作为草绘平面）

选择一个参考（例如曲面、平面或边）以定义视图方向。（选取"DTM2"作为"参考"，方向为"顶"）

2）"草绘"对话框的设置如图 8-61 所示。

3）单击 草绘 按钮，进入草绘界面。

4）绘制如图 8-62 所示的图形。

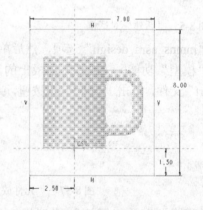

图 8-61 "草绘"对话框　　　　　图 8-62 绘制二维图形

5）单击 ✓ 按钮，完成草绘，单击视图快速访问工具栏中的"已命名视图"下拉按钮，在下拉列表中选取"标准方向"命令，图形显示结果如图 8-63 所示。

6）单击"模型"功能区"形状"面板上的"拉伸"按钮，弹出"拉伸"操控面板，选取前面生成的二维图形，深度修改为 6，深度方向为"两侧对称"，操控面板设置如图 8-64 所示。

7）单击 ✓ 按钮，完成拉伸，结果如图 8-65 所示。

图 8-63 绘制结果 　　　　　　　　　　图 8-64 "拉伸"操控面板设置

8）将零件"EX_4.ASM"激活，将零件"EX_4.PRT"隐藏。

3．生成型芯分型面

1）选取杯子的内部底面，如图 8-66 所示的加亮部分。

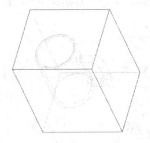

图 8-65 拉伸结果 　　　　　　　　　　图 8-66 选取底面

2）单击"快速访问"工具栏中的"复制"按钮 ，再单击"快速访问"工具栏中的"粘贴"按钮 ，弹出如图 8-67 所示的"曲面：复制"操控面板。

3）在"参考"下滑面板中单击 细节... 按钮，弹出如图 8-68 所示的"曲面集"对话框。

图 8-67 "曲面：复制"操控面板 　　　　　　图 8-68 "曲面集"对话框

4）按住 Ctrl 键选取杯子的内部表面，如图 8-69 所示。

5）单击"曲面集"对话框中的 确定 按钮，再单击"曲面：复制"操控面板上的 按钮，完成粘贴操作。

6）取消零件"EX_4.PRT"的隐藏。

7）按住 Ctrl 键，选取刚刚生成的复制面的顶部边线，如图 8-70 所示。

图 8-69　选取杯子的内部表面

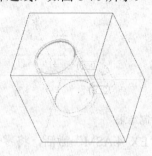

图 8-70　选取边线

8）单击"模型"功能区"修饰符"面板上的"延伸"按钮 ，弹出如图 8-71 所示的"Extend"操控面板。

图 8-71　"Extend"操控面板

9）单击 按钮，然后选取工件的顶面，如图 8-72 所示。

10）在"参考"下滑面板中单击 细节… 按钮，弹出"链"对话框，按住 Ctrl 键选取如图 8-73 所示的另一半曲线。

11）单击"链"对话框中的 确定 按钮后单击 按钮，完成延伸，结果如图 8-74 所示。

图 8-72　选取顶面

图 8-73　选取另一半曲线

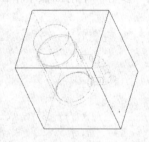

图 8-74　延伸结果

4. 创建主分型面

1）单击"模型"功能区"基准"面板上的"草绘"按钮 ，选取如图 8-75 所示的草绘平面和参考平面，方向设为"顶"，单击 草绘 按钮，进入草绘界面。

2）单击"草绘"功能区"设置"面板上的"参考"按钮 ，选取如图 8-76 所示的边线作为尺寸参考，单击"参考"对话框中的 关闭(C) 按钮。

3）绘制如图 8-77 所示的图形，单击 按钮，完成草绘。

4）单击"模型"功能区"切口和曲面"面板上的"拉伸"按钮 ，弹出"拉伸"操控面板。选取前面生成的二维图形，单击"拉伸为曲面"按钮 ，拉伸方式为"到选定项" ，操控面板设置如图 8-78 所示。

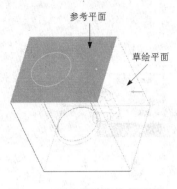

图 8-75 选取草绘和参考平面

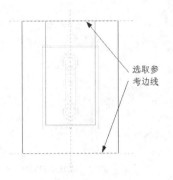

图 8-76 选取尺寸参考

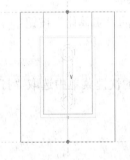

图 8-77 绘制二维图形

图 8-78 "拉伸"操控面板设置

5）选取如图 8-79 所示的面，单击 ✔ 按钮，完成拉伸，结果如图 8-80 所示。

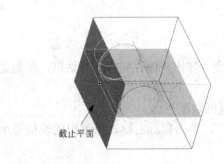

图 8-79 选取延伸到的曲面

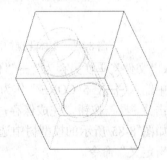

图 8-80 分型面延伸结果

5．生成体积块

1）单击"模型"功能区"元件"面板下的"元件操作"命令，弹出如图 8-81 所示的"元件"菜单。

2）选取"切除"选项，弹出"选择"对话框。系统提示：

选择要对其执行切出处理的零件。（选取胚料 EX_4.PRT，单击"选择"菜单的 **确定** 按钮）

为切出处理选择参考零件。（选取零件 CUP.PRT，单击"选择"菜单的 **确定** 按钮）

3）弹出如图 8-82 所示的"选项"菜单。

4）选取"完成"选项，返回到"元件"菜单，选取"完成/返回"选项。

5）在模型树中选取"EX_4.PRT"元件，单击鼠标右键，从弹出的快捷菜单中选取"激活"选项。

图 8-81　"元件"菜单　　　　　　图 8-82　"选项"菜单

6）选取生成的内壁复制面，单击"模型"功能区"编辑"面板上的"实体化"按钮，
弹出如图 8-83 所示的"实体化"操控面板。

7）单击"反向"按钮 调整，单击 按钮，完成切除。

8）在模型树中选取"EX_4.PRT"元件，单击鼠标右键，从弹出的快捷菜单中选取"打
开"选项，元件图如图 8-84 所示。

图 8-83　实体化操控面板　　　　　　图 8-84　型芯

9）选取"文件"→"另存为"→"保存副本"命令，弹出"保存副本"对话框，在新建
名称文本框中输入"EX_5_CORE"作为型芯的名称。

10）单击　确定　按钮，完成保存，关闭窗口，返回装配界面。

11）在如图 8-85 所示的模型树中选取"实体化 1"，单击鼠标右键，从弹出的快捷菜单
中选取"编辑定义"命令。

12）将图形区中的箭头方向通过鼠标的左击，变为向外，如图 8-86 所示。单击 按钮，
完成设置。

13）将 EX_4.PRT 元件设为"激活"，选取主分型面。

14）单击"模型"功能区"编辑"面板上的"实体化"按钮，弹出"实体化"操控面
板。

15）单击"去除材料"按钮，单击 按钮，完成切除，结果如图 8-87 所示。

16）在模型树中选取"EX_4.PRT"元件，单击鼠标右键，从弹出的快捷菜单中选取"打
开"选项，进入零件界面。

17）选取"文件"→"另存为"→"保存副本"命令，弹出"保存副本"对话框，在新
建名称文本框中输入"EX_5_FRONT"作为前体积块的名称。单击　确定　按钮，完成保存，

关闭窗口，返回装配界面。

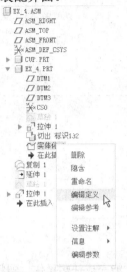

图 8-85　模型树　　　　　　　　　　图 8-86　实体1

18）在如图 8-88 所示的模型树中选取"实体 2"，单击鼠标右键，从弹出的快捷菜单中选取"编辑定义"命令。

19）将图形区中的箭头方向通过鼠标的左击，变为向上，如图 8-88 所示。单击 ✓ 按钮，完成设置，结果如图 8-89 所示。

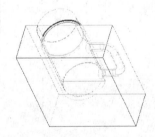
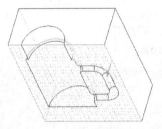
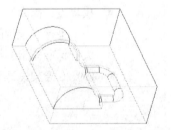

图 8-87　实体2　　　　　　图 8-88　实体2　　　　　　图 8-89　实体3

20）在模型树中选取"EX_4.PRT"元件，单击鼠标右键，从弹出的快捷菜单中选取"打开"选项，进入零件界面。

21）选取"文件"→"另存为"→"保存副本"命令，弹出"保存副本"对话框，在新建名称文本框中输入"EX_5_BACK"作为前体积块的名称。单击 确定 按钮，完成保存，关闭窗口，返回装配界面。

Creo Parametric 1.0

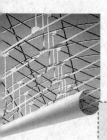

第9章

EMX 模架设计

本章导读

　　模具设计完成后，需要将其固定在模架上，才能完成注塑操作。塑料注射模标准模架分为中小型模架和大型模架，两种标准模架的区别主要在于适用范围。

重点与难点

- 模具设计简介
- 中小型标准模架的结构形式
- 大型标准模架的结构形式
- EMX5.0 模架设计系统介绍

9.1 模架设计简介

塑料注射模标准模架可见 GB/T 12555—2006《塑料注射模模架》。这种标准模架适用于大、小型两种模架。中小型标准模架的模板尺寸 $B \times L \leqslant 500mm \times 900mm$，而大型标准模架的模板尺寸 $B \times L = 630mm \times 630mm \sim 1250mm \times 2000mm$。下面简单介绍一下这两种标准模架。

9.1.1 中小型标准模架的结构型式

塑料注射模中小型模架的结构型式可按如下特征分类：

（1）按结构特征可分为基本型和派生型。如图 9-1 所示，基本型分为 A1~A4 四个品种。

A1 型模架定模采用两块模板，动模采用一块模板，设置推杆推出机构，适用于单分型面注射成型模具。

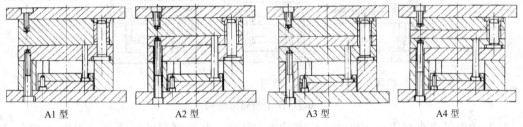

| A1 型 | A2 型 | A3 型 | A4 型 |

图 9-1 基本型模架结构

A2 型模具定模和动模均采用两块模板，设置推杆推出机构，适用于直接浇口，采用斜导柱侧抽芯的注射成型模具。

A3 型模架定模采用两块模板，动模采用一块模板，设置推件板推出机构适用于薄壁壳体类塑料制品的成型以及脱模力大、制品表面不允许留有推出痕迹的注射成型模具。

A4 型模架均采用两块模板，设置推件板推出机构，适用范围与 A2 型基本相同。

如图 9-2 所示，派生型分为 P1~P9 九个品种。

由图 9-2 可见，P1~P4 型模架由基本型模架 A1~A4 型对应派生而成。结构型式的差别在于去掉了 A1~A4 型定模座板上的固定螺钉，使定模一侧增加了一个分型面，成为双分型面成形模具，多用于点浇口。其他特点和用途同 A1~A4。

P5 型模架的动、定模各由一块模板组合而成。主要适用于直接浇口简单整体型腔结构的注射成形模具。

在 P6~P9 型模架中，P6 与 P7、P8 与 P9 是相互对应的结构。P7 和 P9 相对于 P6 和 P8 只是去掉了定模座板上的固定螺钉。P6~P9 型模架均适用于复杂结构的注射成形模，如定距分型自动脱落浇口的注射模等。

（2）按导柱和导套的安装形式可分正装（代号取 Z）和反装（代号取 F）两种。序号 1、2、3 为分别采用带头导柱、有肩导柱和有肩定位导柱。

（3）按动、定模座板的尺寸可分为有肩和无肩两种。

（4）模架动模座结构以 V 表示，分 V1、V2 和 V3 型三种。国家标准中规定，基本型和

派生型模架动模座均采用 V1 型结构，需采用其他结构时，由供需双方协议商定。

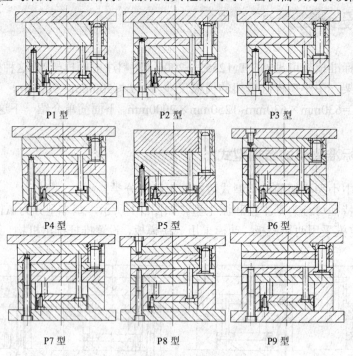

图 9-2　派生型模架结构

塑料注射模中小型模架规格的标记方法为：品种（基本型型号）-系列（模板 $B \times L$）-规格（编号数）-导柱安装形式。例如，A3-355450-16-F2（GB/T 12555—2006），即为基本型 A3 型模架，模板 $B \times L=355mm \times 450mm$，规格编号为 16，有肩导柱反装。

9.1.2　大型模架的结构型式

按结构特征来划分，大型模架也分为基本型和派生型两类。

如图 9-3 所示，基本型分为 A 型和 B 型两个品种。

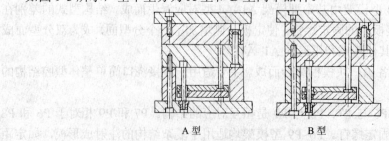

图 9-3　塑料注射模大型模架基本型结构

A 型由定模二模板、动模一模板组成，设置推杆推出机构。

B 型由定模二模板、动模二模板组成，设置推杆推出机构。

如图 9-4 所示，派生型模架有 P1、P2、P3 和 P4 四个品种。

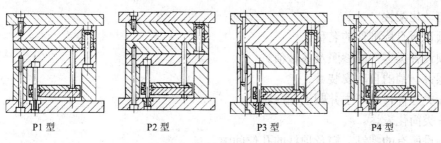

P1 型　　　　　P2 型　　　　　P3 型　　　　　P4 型

图 9-4　塑料注射模大型模架派生型结构

P1 型由定模二模板、动模二模板组成，设置推件板推出机构。

P2 型由定模二模板、动模三模板组成，设置推件板推出机构。

P3 型由定模二模板、动模一模板组成，用于点浇口的双分型面结构。

P4 型由定模二模板、动模二模板组成，用于点浇口的双分型面结构。

塑料注射模大型模架规格的标记方法和中小型模架标记方法相同，标记中不表示导柱的安装方式。

例如，A-80125-26（GB/T 12555—2006），是指基本型 A 型结构，模板 $B \times L$=800mm× 1250mm，规格编号为 26。查 800mm×L 模架尺寸组合系列中可知，定模板厚度 A=160mm，动模板厚度 B=100mm，垫板厚度 C=200mm，模架总高为 H=113mm+A+B+C=573mm。

9.2　EMX 5.0 简介

"专家模架系统"——EMX（Expert Moldbase Extension），是 Creo Parametric 系统的外挂程序之一，目前最高版本为 5.0 版。EMX 5.0 系统专门用来建立标准模架零件及滑块、斜销等其他附件。此外，EMX 5.0 系统中还能自动产生 2D 工程图及 BOM 表，是一个功能强大且使用非常方便的工具。

9.2.1　EMX5.0 的特点

"专家模架系统"EMX 5.0 有以下几个特点）

1. 快速选型及修改下列内容

1）模架及配件。

2）选取顶杆规格，自动切出相应的孔位及沉孔。

3）按预先定义的曲线轻易设计运水孔，安装水喉水堵。

4）系统预设 BOM 表及零件图。

2. 开模功能

1）完整的滑块结构，包含螺钉、销及自动切槽。

2）完整的斜顶结构，包含螺钉、销及自动切槽。

3）模拟开模过程。

4）平面图中的孔表功能。

3．自动化配置

1）预设所有标准件的名称。

2）预设各类零件的参照及参数值。

3）螺钉、销的自动安装。

4）各类零件自动产生并归于相应图层。

5）各类简化表达。

6）预设所有的螺钉、销及顶杆的孔位间隙。

9.2.2 EMX 5.0 的安装

EMX 5.0 的安装步骤如下：

1）将 EMX5.0 安装好，比如安装在 D:\PTC\EMX5.0 目录下。

2）将 D:\PTC\EMX 5.0\I486_NT 下的所有文件复制到 D:\PTC\EMX5.0\BIN 下，目录结构不变。

3）修改 D:\PTC\EMX5.0\TEXT\PROTK.DAT 文件中的下列项目：

exec_file d:\ptc\emx5.0\bin\emx41.dll

text_dir d:\ptc\emx5.0\text

4）在任意处建立一文件夹 START_DIR，将 D:\PTC\EMX5.0\TEXT 目录下的 config.pro 和 config.win 两个文件复制到 START_DIR 文件夹内。

5）修改 START_DIR 文件夹内的 config.pro 最后一项，如下：

protkdat d:\ptc\emx5.0\text\protk.dat

6）设置 Creo Parametric 的起始目录为 START_DIR，方法如下：

右键单击 Creo Parametric 快捷图标，在弹出的快捷菜单条中单击"属性"命令，然后在弹出的"Creo Parametric 1.0 属性"对话框中修改"起始位置"选项为 START_DIR 目录，如图 9-5 所示。

图 9-5　设置起始位置

9.2.3　**EMX 5.0** 的设计界面

启动 Creo Parametric，挂上 EMX 5.0 后的设计界面如图 9-6 所示。从图中可以看到，此时在功能区中新添一个功能区面板"模具"。"EMX 5.0"工具位于"工具"功能区的"TOOLKTT"面板上的"工具"下拉列表中，如图 9-7 所示。

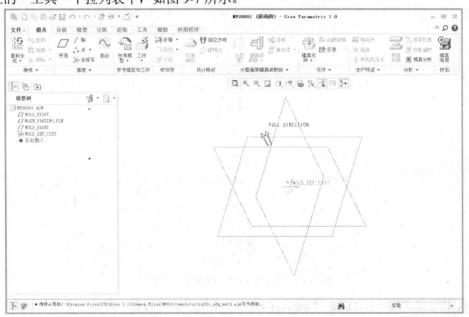

图 9-6　挂上 EMX5.0 后的设计界面

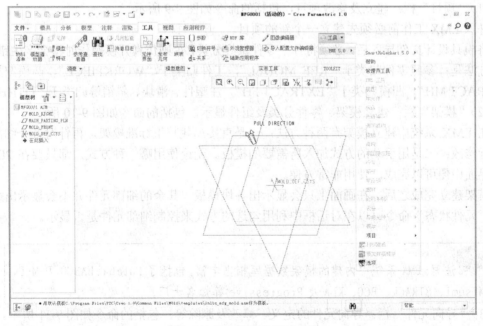

图 9-7　"EMX5.0"工具位置

9.2.4 EMX 5.0命令简介

EMX 5.0模架设计列表如图9-8所示。

图9-8 "EMX 5.0"模架设计列表

列表中的命令都可以展开。下面结合EMX 5.0模架设计列表，讲述一下模架设计中常用命令的名称及作用。

（1）"项目"栏：建立及修改项目，包括的命令如图9-9所示。

进入EMX工作前必须先建立一个新的项目。

将模具设计文件导入后，必须将各个零件做好分类，否则仿真开模操作时将会产生错误。分类方法是：参照零件归类于"REF_MODEL"，工件归类于"WORKPIECE"，凸模归类于"EXTRACT MH"，凹模归类于"EXTRACT FH"，注塑件、滑块、斜销等归类于"OTHER"。

（2）"模架"栏：建立模架、零件分类及组件显示，包括的命令如图9-10所示。

在EMX系统中建立模架有两种方法：一是直接加载整组标准模架，再针对各个细部尺寸进行修改；二是用手动的方式加入所需要的模板。无论使用哪一种方式，都只要在2D的操作界面中便可以完成，使用非常方便。

模架建立完成之后，在画面上只会显示出各块模板，其余的细部元件并不会显示出来。通过"元件状态"命令可以在对话框中利用勾选的方式来控制细部元件是否显示。

> 注意：EMX系统中内建的模架数据库相当丰富，包括了Futaba、HASCO、D-M-E、Misumi、STRACK、ECO、KLA及Progressive等知名大厂。

（3）"导向元件"栏：导向元件的定义、修改及删除等，包括的命令如图9-11所示。

图 9-9 "项目"栏命令　　　　　　图 9-10 "模架"栏命令

（4）"设备"栏：定义设备元件、附件及定义或删除现存元件，包括的命令如图 9-12 所示。

（5）"止动系统"栏：垃圾盘、垃圾钉的建立、修改、删除及保存等，包括的命令如图 9-13 所示。

图 9-11 "导向元件"栏命令　　图 9-12 "设备"栏命令　　图 9-13 "止动系统"栏命令

（6）"螺钉"栏：钉的建立、修改及删除等，包括的命令如图 9-14 所示。

EMX 系统可以通过以下简单的设定来添加螺钉。在加入螺钉之前首先必须建立特征点来作为螺钉放置的参照，然后选择螺钉头的放置平面及螺钉螺纹部分的放置方向，完成螺钉放置位置的定义之后，可以在"Screws"对话框中选择螺钉的种类并定义螺钉各个部位的详细尺寸。

（7）"定位销"栏：定位销的建立、修改及删除等，包括的命令如图 9-15 所示。

在加入定位销时只需建立特征点来作为定位销放置的参照，然后进入"定位销"对话框中定义定位销的尺寸。

（8）"顶杆"栏：顶杆的建立、修改及删除等，包括的命令如图 9-16 所示。

在加入顶杆时只需建立特征点或直接通过鼠标选取点来做为顶杆放置的参照，然后进入"顶杆"对话框中定义顶杆的尺寸。

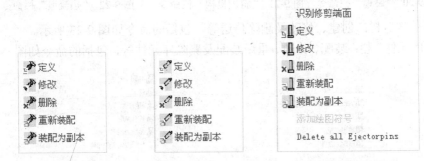

图 9-14 "螺钉"栏命令　　图 9-15 "定位销"栏命令　　图 9-16 "顶杆"栏命令

（9）"冷却"栏：冷却系统的建立、重定义及删除等，包括的命令如图 9-17 所示。

建立冷却系统时必须先建立特征曲线作为水路的参照，再进入"Cooling Elements"对话

Creo Parametric

1.0

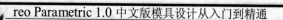

框中定义水路的尺寸及端点组件。

（10）"顶出限位柱"栏：顶出限位柱的建立、重定义及删除等，包括的命令如图9-18所示。

加入顶出限位柱的方式与加入螺钉的方式类似，需要一个特征点及两个参照面来定义其位置及方向，然后在"顶出限位柱"对话框中定义支撑柱的尺寸。

（11）"滑块"栏：滑块的建立及删除等，包括的命令如图9-19所示。

加入滑块时必须先选取一个坐标系及一个参照平面来定义其位置及方向，然后在"滑块"对话框中定义滑块的尺寸，可以使用勾选的方式选取所需要的元件。

图9-17 "冷却"栏命令　图9-18 "顶出限位柱"栏命令　　图9-19 "滑块"栏命令

（12）"碰锁"栏：碰锁的建立、删除及保存等，包括的命令如图9-20所示。

加入碰锁时首先在对话框中定义碰锁的种类与尺寸，关闭对话框后再于模架上选取碰锁的安装位置。

（13）"斜顶机构"栏：斜顶机构的建立及删除等，包括的命令如图9-21所示。

加入斜顶机构时必须先选取一个坐标系及两个参照平面来定义其位置及方向，然后在"斜顶机构"对话框中定义斜顶机构的尺寸。

（14）"热流道"栏：定义、修改及删除热流道等，包括的命令如图9-22所示。

图9-20 "碰锁"栏命令　图9-21 "斜顶机构"栏命令　　图9-22 "热流道"栏命令

（15）"传送"栏：创建、修改及删除传送等，包括的命令如图9-23所示。

（16）"库元件"栏：装配、修改、重新装配及删除库元件等，包括的命令如图9-24所示。

图9-23 "传送"栏命令　　　　　　图9-24 "库元件"栏命令

（17）"材料清单"栏：可以检查、修改及定制BOM表。可以组装、修改或删除部件库。

（18）"模架开模模拟"栏：定义模架开模模拟时，除了在信息窗口中依次输入开模总距离及增量值之外，还需设定是否要作干涉检查，输入"0"系统将不作干涉检查，输入"1"系统会对所有的零件作干涉检查，输入"2"则仅对参照模型作干涉检查。

（19）"选项"栏：弹出对话框以编辑 EXM 选项和首选项。

9.3　模架设计实例

下面通过一个实例，具体讲述整个模架的设计过程，包括创建一个新的模架设计环境、将模具装配文件装入到模具设计环境中、选取模架、生成顶杆、显示遮蔽元件和模架弹出模拟等内容。通过对本小节的学习，读者可以掌握模架设计的一个基本过程。

9.3.1　创建模架设计环境

1）在计算机 D 盘的"Moldesign"文件夹中，为模具工程建立一个名为"moldbase_mold"的文件夹。然后将光盘文件"源文件\第 9 章\ex_1\"复制到"moldbase_mold"文件夹中。

2）运行安装的 Creo 模架软件，单击"主页"功能区的"数据"面板中"选择工作目录"按钮，将工作目录设置为"D：\Moldesign\moldbase_mold\"。

3）在打开的界面中单击"主页"功能区"TOOLKTT"面板上的"工具"下拉按钮，在弹出的列表中依次选取"EXM 5.0"→"项目"→"新建"命令，系统弹出"项目"对话框，将项目名称改为"moldbase_mold"，删除前后缀，其他选项不变，如图 9-25 所示，单击 ✔ 按钮。

图 9-25　"项目"对话框

图 9-26　生成默认坐标系

4）系统在设计环境中生成默认坐标系，如图 9-26 所示，在设计树浏览器中生成

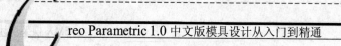

"MOLDBASE_MOLD.ASM"子项，并且在消息提示框中显示"准备就绪！选取要遮蔽的元件。"消息。

9.3.2　将模具装配件装入模架设计环境

1）单击"模型"功能区"元件"面板上的"装配"按钮 ，选取工作目录中的文件"synthesis1_mold.asm"，如图 9-27 所示，单击 打开 ▼ 按钮，将其调入到设计环境中。

2）系统弹出"元件放置"操控面板，单击"放置"下滑按钮，弹出"放置"下滑面板，然后单击"synthesis1_mold.asm"中的"MAIN_PARTING_PLN"，如图 9-28 所示。

图 9-27　选取模具设计文件

3）单击模具设计环境中的"MOLDBASE_X_Y"基准面，如图 9-29 所示。

图 9-28　选取装配件的基准面

图 9-29　选取模架基准面

4）单击"放置"下滑面板中选取约束类型为"重合"，装配结果如图 9-30 所示。

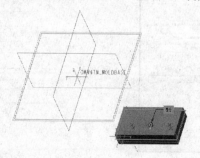

图 9-30　装配模型

5）单击"新建约束"选项，选取约束类型为"距离"，输入偏移距离值"55"，如图 9-31 所示。

6）单击"synthesis1_mold.asm"中如图 9-32 所示的平面。

图 9-31　"放置"下滑面板

图 9-32　选取装配件的面

7）单击模具设计环境中的"MOLDBASE_X_Z"基准面，如图 9-33 所示。装配结果如图 9-34 所示。

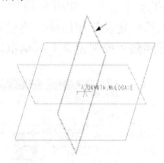

图 9-33　选取模架基准面

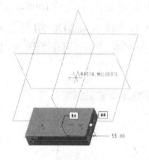

图 9-34　装配模型

8）单击"新建约束"选项，选取约束类型为"距离"，如图 9-35 所示。

9）单击"synthesis1_mold.asm"中如图 9-36 所示的平面。

图 9-35　"放置"下滑面板

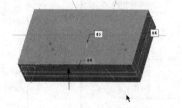

图 9-36　选取装配件的面

10）单击模具设计环境中的"MOLDBASE_Y_Z"基准面，如图 9-37 所示。

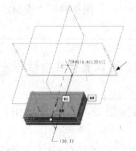

图 9-37　选取模架基准面

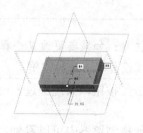

图 9-38　装配模型

Creo Parametric 1.0

11）输入偏移距离值"30"，装配结果如图 9-38 所示。

12）操控板上"状况"后面显示为"完全约束"。单击操控板中的"完成"按钮✓，将装配件放入模架设计环境。

9.3.3 选取模架

1）单击"工具"功能区"TOOLKTT"面板上的"工具"下拉按钮，在弹出的列表中依次选取"EXM 5.0" → "模架" → "组件定义"命令▦，系统弹出"模架定义"对话框，如图 9-39 所示。

2）单击对话框中的"从文件载入组件定义"按钮▦，系统弹出"载入 EMX 组件"对话框。

3）选取对话框中的"futaba_s"选项，然后选取"SA-Type"类型，如图 9-40 所示。

4）单击"载入 EMX 组件"对话框中的"从文件载入组件定义"按钮▦，将模架模型加载，单击✓按钮，关闭"载入 EMX 组件"对话框，返回到"模架定义"对话框，如图 9-41 所示。

图 9-39 "模架定义"对话框

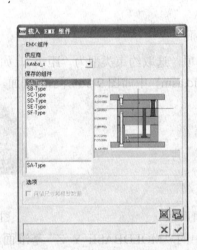

图 9-40 选取模架类型

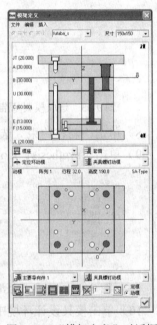

图 9-41 "模架定义"对话框

> 注意：如果要更改某个模板的尺寸及材料等设置，可以直接在对话框左侧指定的模板处双击鼠标左键。

5）单击✓按钮，系统经过一段时间的运算后，将模架模型导入设计环境中，如图 9-42 所示。

6）设计树浏览器中可以看到，除了装配进的装配件外，系统还生成了多个零件，如图 9-43 所示。

图 9-42　导入模架到设计环境中

图 9-43　设计树浏览器

9.3.4　创建顶杆

1）单击"工具"功能区"TOOLKTT"面板上的"工具"下拉按钮，在弹出的列表中依次选取"EXM 5.0 "→"顶杆"→"定义"命令$\boxed{\mathbb{I}}$；

2）系统弹出"顶杆"对话框，如图 9-44 所示。

3）在"供货商/单位"栏中选取其中的"futaba"选项。

4）顶杆名称选为"EJ"，直径选为"3"，保留系统默认的其他设置，如图 9-45 所示。

5）单击"顶杆"对话框中的"选取基准点"按钮$\boxed{\qquad\qquad [1]\ \textbf{8}\qquad}$，然后单击注塑件上的基准点"PNT0"，即图 9-46 红框所示之处。

6）单击$\boxed{\checkmark}$按钮，系统经过计算生成顶杆，但此时并没有在模架上显示出来；单击"工具"功能区"TOOLKTT"面板上的"工具"下拉按钮，在弹出的列表中依次选取"EXM 5.0 "→"模架"→"元件状态"按钮$\boxed{\mathbb{P}}$，系统弹出"元件状态"对话框，如图 9-47 所示。

7）勾选"元件状态"对话框中的"顶杆"选项，然后单击$\boxed{\checkmark}$按钮，经过一段时间计算，设计环境中所有被遮蔽的顶杆都恢复显示，其中上一步生成的顶杆如图 9-48 的黑框中所示。

8）同样的操作，在注塑件的"PNT 1"的位置再生成一个顶杆。

9）单击"工具"功能区"TOOLKTT"面板上的"工具"下拉按钮，在弹出的列表中依次选取"EXM 5.0 "→"模架"→"元件状态"按钮$\boxed{\mathbb{P}}$，系统弹出"元件状态"对话框，单击$\boxed{\mathbb{P}}$按钮，然后单击$\boxed{\checkmark}$按钮，经过一段时间计算，设计环境中所有被遮蔽的元件都恢复显示，如图 9-49 所示。

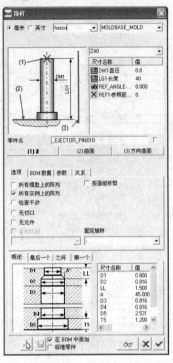

图 9-44   "顶杆"对话框

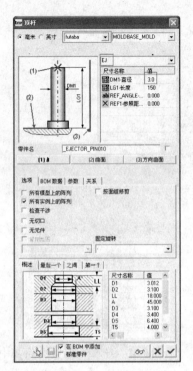

图 9-45   设定顶杆尺寸

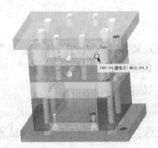

图 9-46   选取基准点

图 9-47   元件状态对话框

图 9-48   显示顶杆

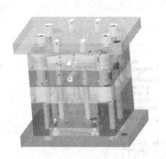

图 9-49　显示所有元件

9.3.5　模架弹出模拟

1）单击"工具"功能区"TOOLKTT"面板上的"工具"下拉按钮，在弹出的列表中依次选取"EXM 5.0"→"模架开模模拟"按钮▤，系统弹出"模架开模模拟"对话框，如图 9-50 所示。

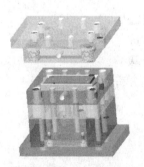

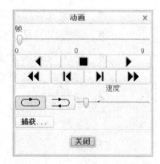

图 9-50　"模架开模模拟"对话框　　图 9-51　模架弹出状态　　图 9-52　"动画"对话框

2）保留系统默认的设置，单击"计算新结果"按钮▤，"结果步距"栏中将显示步距，选取一个步距后在界面中的模型显示如图 9-51 所示，单击"运行开模模拟"按钮▨，系统弹出"动画"对话框，如图 9-52 所示。

3）单击"播放"按钮▭，就可以看到模架弹出的动画，在"动画"对话框中，可以设定播放的速度、播放的方式等。当然，也可单击"捕获"按钮▭，将动画制作为"MPGE"或"JPG"等类型文件，在此不再赘述。关闭"动画"对话框，返回到"模架"设计环境，保存当前的设计对象，使用系统默认的"moldbase_mold.asm"文件名，然后关闭当前设计环境。

第 **10** 章

注塑模设计基础

本章导读

　　塑料制品已在工业、农业、国防和日常生活等领域获得广泛应用。为生产这些塑料制品必须设计出相应的塑料模具。因此，学习塑料模具设计的基础知识，掌握塑料模具设计的基本方法就显得十分重要。本章着重介绍注塑模设计的一些基础知识，为后续章节的学习做铺垫。

重点与难点

- 注塑成型原理与过程
- 注塑模的基本组成
- 注塑模的设计步骤
- 注塑成型模拟与分析
- 塑料顾问

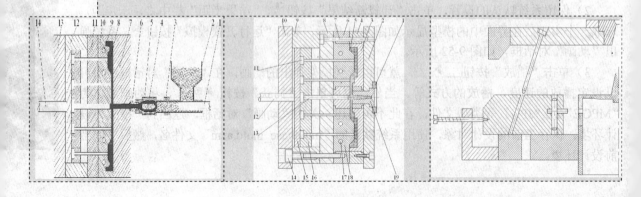

10.1　注塑成型原理与过程

注塑成型又称注射成型或注射模塑。它是热塑性塑料制品成型的一种重要方法，有时也用于某些热固性塑料制品的成型。注塑成型的制品在塑料制品总量中约占 20%～30%，制品的用途已扩展到各个领域。

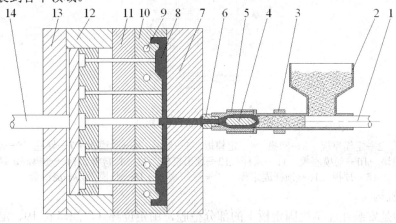

图 10-1　注塑成型工作原理

1—柱塞　2—料斗　3—冷却套　4—分流梭　5—加热器　6—喷嘴　7—定模板　8—制品
9—冷却水道　10—动模板　11—垫板　12—垫块　13—动模座板　14—顶杆

注塑成型的工作原理如图 10-1 所示。其过程分为加料、熔化塑料、注射、制件冷却和制件脱模等五个步骤。粒状或粉状塑料从料斗 2 中送进料筒，经加热器 5 加热熔化成流动状态后，由柱塞 1 以一定的压力与速度推动，通过喷嘴 6 和模具的浇注系统注入温度较低的闭合的模具型腔各处，经一定时间冷却，硬化定型得到所需形状的塑料制品。打开模具，由顶杆 14 顶出制品，完成一个注塑成型周期。注塑成型周期从几秒钟至几分钟不等，它取决于制品的大小、形状与厚度。一次注射力可以从百分之几牛至几百牛。

> 注意：热塑性塑料又称受热可熔性塑料。在常温下，它是硬的固体，加热后会变软，冷却后还会变硬，可反复加工，废品可以回收利用，如聚苯乙烯、聚酰胺、聚甲醛等。热固性塑料又称受热不可熔塑料。在加热时，它的化学结构会发生变化，加热时间越长，这种变化程度越深，最后变为很硬的物体。这种物体不管怎样加热都不会变软，为一次成型，废品不能回收利用，如酚醛树脂、环氧树脂、不饱和聚脂等。

10.2　注塑模的基本组成

注塑模的结构是由塑料制品结构、注塑机种类与规格所决定的。塑料制品结构根据用途不同千变万化，注塑机的种类和规格又有很多，从而导致注塑模的结构形式亦十分繁多。但

不管其结构如何变化，总有规律可循。

热塑性塑料注塑模的基本组成如图 10-2 所示。通常一副注塑模由下列基本部分组成：

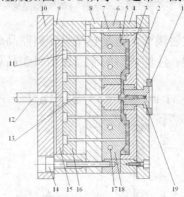

图 10-2　注塑模的基本组成

1—定位环　2—定模座板　3—凹模　4—定模板　5—制品　6—动模板　7—导柱　8—动模垫板
9—垫块　10—动模座板　11—顶杆　12—顶出机构　13—拉料杆　14—动模固定螺钉
15—顶板　16—顶杆固定板　17—冷却水道　18—凸模　19—浇口套

1．定模机构

定模机构是安装在注塑机固定板上的部分型腔，由定位环 1、浇口套 19、定模座板 2、定模板 4 和凹模 3 组成一体，在注塑机上固定不动。浇口套与注塑机喷嘴相连，引入塑料熔体。

2．动模结构

动模机构是安装在注塑机动模板上的部分型腔，由凸模 18、动模板 6、导柱 7、动模垫板 8、垫块 9、动模座板 10 等组成一体，在注塑机锁模装置的驱动下往复运动。当动模板向右运动时，完成凹模和凸模闭合，即闭模。注塑机料筒里的熔融塑料在高压作用下，通过注塑机喷嘴、浇注系统进入模具型腔，获得所需要的制品。当动模板向左运动时，完成开模，借助顶出装置实现制品脱模、落料。

3．浇注系统

浇注系统是塑料熔体经过注塑机喷嘴注入闭合模具型腔的通道，通常由主流道、分流道、浇口、冷料穴等组成。

4．导向装置

导向装置用来保证动模和定模闭合时位置准确，它由导柱和导套组成。对于多腔注塑模，其顶出机构也设置了导向装置，以免顶杆弯曲和折断。

5．支撑与紧固装置

支撑与紧固装置主要起装配、定位和连接的作用，如定模座板、定模固定板、动模座板、动模固定板、垫板、支撑板、定位环、销钉、螺钉等。

6．成型装置

成型装置用于形成注塑件内外表面，如型腔（凹模）、型芯（凸模）、成型杆、镶块等。

7．顶出机构

顶出机构可实现在开模过程中将塑料制品及浇注系统凝料顶出，如顶杆、推管、顶杆固定板、顶件板等。

8．分型抽芯机构

当注塑件上有侧孔或侧凹结构时，在开模顶出塑料制品之前，必须先进行侧向分型，将可作侧向运动的型芯从塑料制品中抽出。该侧向运动是由抽芯机构实现的。抽芯机构通常由斜导柱、滑块、楔紧块等组成，如图10-3所示。其工作原理是：开模时动模向下移动的开模力通过斜导柱作用于滑块上，迫使滑块沿导槽带动侧型芯向左移动，完成抽芯动作，而制品由推管顶出。限位块、弹簧和螺钉是滑块抽芯后的定位装置，用以保证闭模时斜导柱能准确地进入滑块的斜孔内，而楔紧块用于防止注塑成型时由于侧型芯受力而使滑块产生移动。

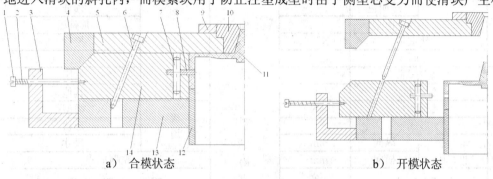

a）合模状态　　　　　　　　　　　　b）开模状态

图10-3　侧抽芯机构

1—螺钉　2—弹簧　3—限位块　4—楔紧块　5—定模板　6—斜导柱　7—销钉　8—侧型芯
9—定位环　10—浇口套　11—浇注系统　12—推管　13—动模板　14—滑块

9．加热和冷却装置

为满足注塑成型工艺对模具温度的要求，模具上需设有加热和冷却装置。加热通过在模具内部或周围安装加热元件实现，冷却通过在模具内部开设冷却水道实现。

10．排气系统

在注塑过程中，为了将型腔内的气体及塑料制品在成型过程中产生的气体排出，需在模具分型面（凸、凹模相配合的接触面又称合模面）开设气流通道（排气槽）。有时也可以利用活动零件间的配合间隙来排气。

10.3　注塑模设计步骤

1）全面了解客户的需求，作为设计的依据。可以模具设计任务书的形式进行详细记录，其内容见表10-1。

2）广泛收集相关资料，了解国内外概况，提高设计思维起点。

3）初步设计。初步设计可分为方案设计、草图设计和模型制造。方案设计是指在短时间内绘制出几种结构原理图，在广泛征求意见的基础上，确定1～3种方案。草图设计是对选出的方案，从工程、材料、制造等方面进行分析研究，将原理图绘制出较详细的结构草图，有时也按一定的轮廓比例，用橡皮泥、木材等制成粗模型。模型制造是在粗模型的基础上用石膏、木材及塑料等按设计草图制成。

4）图样设计。在初步设计的基础上，对主要零件和机构进行强度、稳定性等计算，确定

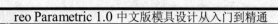

基本尺寸，画出试制用图样，进行试制、试模、修改图样，直至画出正式生产用图样。

表 10-1　注塑模设计任务书

订货单位	单位名称			其他		交货日期	
	单位地址					制品产量	
	交货地点					模具价格	
制品	名称			模具结构要求		结构形式	
	使用塑料					型腔数	
	收缩率					分型面	
	调色	透明色			顶出方式	顶杆	
		色别				顶件板	
	单件重量	N				推管	
	投影面积	mm^2				压缩空气	
	制造厂家					并用	
注塑机	注射量	N/次				其他	
	锁模力	kN			流道	类型	
	形式					形状	
	导杆间距	纵向	mm			尺寸	
		横向	mm		喷嘴形式		
	顶出孔径	ϕ mm			浇口种类、位置、形状、尺寸		
	模具厚度	最大	mm		侧向凸凹处理	种类	
		最小	mm			脱模方式	
	定位孔直径	ϕ mm			冷却、加热方式		
	喷嘴孔径	ϕ mm			有无特种加工		
	喷嘴圆弧	R mm			是否电镀		
提供物品	制品样品，制品图，模型等			主要材料			

10.4　注塑模设计中的注意事项

衡量一副注塑成型模具是否成功的标准，首先是看能否获得合格的制品，其次是制造、装配模具操作是否方便，第三就是成本是否低廉。

10.4.1　模具须符合的条件

一副好的注塑模应符合以下条件：

- 保证产品所要求的形状及尺寸精度。
- 注塑成型容易且成型效率高，即成型条件范围广、塑件易成型、成型后易取出、成型周期短、可连续生成等。
- 注塑件外观良好且成型后不必再加工或加工量少。
- 模具构造坚固、零故障、耐久性好。要使模具能够长时间地工作，则须对其构造、材质及加工等方面加以考虑，这样才能达到全自动大批量生产的目标。

10.4.2　模具设计注意事项

注塑成型模具的设计应充分考虑产品的要求、塑料的特性、塑料熔体的流动性、塑料加工工艺、模具材料以及模具加工工艺等多方面的问题。

具体应考虑以下几方面：

- 成型设备方面：立式、卧式、柱塞式、螺旋杆式等形式设备的选择。
- 制品方面：理解塑件图，较复杂的塑件图可用木材或石膏做成模型，帮助设计者理解及设计模具；决定检验方法和装配方法，充分理解其断面形状，理解其必要的性能，确定容许公差及可以选择的加工方法，确定有无再加工，确定成型后是否会变形，并了解如何矫正，确定制品的拔模斜度是否合理。
- 模具方面：从产品的批量及总产量来确定最经济的型腔个数及其配置法，明确模具的分型面及滑块方向等基本形式，进行模具的相关计算以决定模具的材质，明确塑件推出方式，明确加热、冷却方法，确定浇注系统及排气系统等。
- 模具加工方面：按照模具的加工方法选择加工机床，尽可能考虑车削加工，检查是否有一体成型制件的要求，考虑滑块配合加工是否容易，确定模具工作零件的可研磨程度，考虑配合面及滑块面的磨耗部分的硬度与强度，确定凸、凹模的分件法。

Creo Parametric 1.0

第11章

注塑模设计实例——塑料盒盖

本章导读

　　本章以塑料盒盖为例，介绍热塑性塑料注塑模的结构特点、侧向分型面的设计技巧以及在 Cre/MOLDESIGN 模块中进行模具设计的基本流程与相关基础知识。

重点与难点

- 参考模型的布局方法
- 模型的检测与分析（拔模检测、厚度分析、模流分析）
- 收缩率的设置
- 分型面的设计
- 模具体积块的分割
- 模具元件的抽取
- 浇注系统的设计
- 铸模过程
- 模具打开

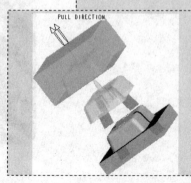

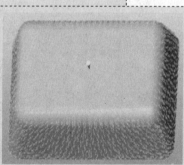

11.1 设计要点分析

塑料盒盖的外形如图 11-1 所示。此塑料件中含有与开模方向不一致的卡勾和侧凹，注塑成型后，制品不能直接脱模。为了能将制品顺利取出，必须将成型卡勾和侧凹的模具零件做成可活动的型芯，在制品脱模前先将活动型芯抽出。

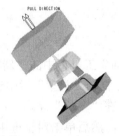

PULL DIRECTION

图 11-1 塑料盒盖

11.2 建立模具工程目录

使用 Creo Parametric 进行模具设计时应养成一个良好的习惯，即将产品的模具设计视为一个项目或是一个工程，先为这个项目建立一个专用的文件夹，接着将与此项目有关的资料都复制到该文件夹中，然后将该文件夹设置为当前目录。这样在模具设计过程中产生的各种文件将会一并保存到该文件夹中。具体操作过程如下：

1. 新建目录文件夹

在计算机 D 盘的 "Moldesign" 文件夹中，为模具工程建立一个名为 "Plasticcase" 的文件夹，然后将光盘文件 "源文件\ch11\ex_1\Plasticcase.prt" 复制到 "Plasticcase" 文件夹中，如图 11-2 所示。

2. 设置工作目录

启动 Creo Parametric 1.0，然后单击 "主页" 功能区 "数据" 面板中的 "选择工作目录" 按钮，将工作目录设置为 "D：\Moldesign\ Plasticcase \"。

图 11-2 建立 "Plasticcase" 文件夹并复制相关文件

注意：在 Creo Parametric 系统中，用户也可以依次单击 "文件夹浏览器"

Creo Parametric
1.0

按钮 和 按钮，接着浏览至 "D: \Plasticase" 文件夹，然后单击鼠标右键，在弹出的快捷菜单中选取 "设置工作目录" 选项，将 "Plasticcase" 文件夹设置为当前工作目录。

11.3 加载参考模型

11.3.1 创建新文件

1）单击 "快速访问" 工具栏中的 "新建" 按钮 □，弹出 "新建" 对话框。

2）在 "新建" 对话框的 "类型" 栏中选取 "制造" 单选项，在 "子类型" 栏中选取 "模具型腔" 单选项，接着在 "名称" 文本框中输入文件名 "Moldesign"，同时取消对 "使用默认模板" 复选框的勾选，然后单击对话框中的 确定 按钮，如图 11-3 所示。

图 11-3　"新建" 对话框

图 11-4　"新文件选项" 对话框

3）系统弹出 "新文件选项" 对话框，在对话框的 "模板" 选项框中选取 "mmns_mfg_mold" 选项，如图 11-4 所示，然后单击对话框中的 确定 按钮，即可进入 Creo/MOLDESIGN 界面。

11.3.2 模具型腔布置

1）在 "模具" 功能区 "参考模型和工件" 面板上单击 "参考模型" 下拉列表中的 "定位参考模型" 按钮 🔧，系统弹出如图 11-5 所示的 "打开" 对话框和如图 11-6 所示的 "布局" 对话框及 "型腔布置" 菜单。

2）在 "打开" 对话框中选取文件 "plasticcase.prt"，然后单击对话框中的 打开 ▾ 按钮，系统弹出 "创建参考模型" 对话框。

> 🦝 注意：在 "打开" 对话框中，系统会自动定位在前面设置的当前工作目录 "D: \Plasticcase" 下。

图 11-5 "打开"对话框

图 11-6 "布局"对话框及"型腔布置"菜单

3）在"创建参考模型"对话框的"参考模型类型"选项组中选取"按参考合并"单选项，在"参考模型"选项组的名称文本框中输入参考模型的名称为 PLASTICCASE_REF，如图 11-7 所示，然后单击对话框中的 确定 按钮。

4）在"布局"对话框中，单击"参考模型起点与定向"选项组中的 按钮，系统弹出另一个图形窗口并显示如图 11-8 所示的浮动参考模型。

图 11-7 "创建参考模型"对话框   图 11-8 浮动参考模型

5）如图 11-9 所示，在菜单中选取"动态"选项，此时在浮动的参考模型中出现如图 11-10 所示的坐标系，同时弹出如图 11-11 所示的"参考模型方向"对话框。

6）参考模型的方位不正确，要求参考模型的 Z 轴与开模方向一致，因此需要重新定位。如图 11-12 所示，在"参考模型方向"对话框中的"坐标系移动/定向"选项组内依次单击 旋转 和 X 按钮，接着输入旋转角度为 "-90°"。此时可以看到参考模型的坐标系方向发生了变化，如图 11-13 所示。

7）在"参考模型方向"对话框中的"坐标系移动/定向"选项组内依次单击 平移 和 Z

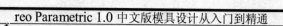

按钮，接着输入平移距离为"-50"，如图 11-14 所示。此时可以看到参考模型的坐标系沿 Z 轴负方向平移了 50 个单位，如图 11-15 所示。

图 11-9　选取"动态"选项

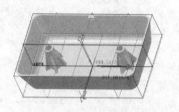

图 11-10　坐标系调整前的浮动参考模型

图 11-11　"参考模型方向"对话框

图 11-12　旋转坐标系

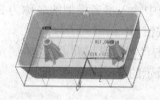

图 11-13　坐标系调整后的浮动参考模型

图 11-14　平移坐标系

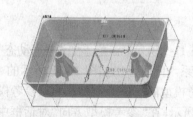

图 11-15　坐标系调整后的浮动参考模型

8）单击"参考模型方向"对话框中的　确定　按钮，系统返回"布局"对话框，如图 11-16

所示。在"布局"对话框的"布局"选项组中选取"单一"单选项，接着单击"布局"对话框中的 [预览] 按钮。图形显示区中将显示加载进来的参考模型，如图 11-17 所示。预览无误后，依次单击"布局"对话框中的 [确定] 按钮和菜单中的"完成/返回"选项。至此完成了参考模型的加载。

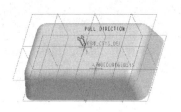

图 11-16 "布局"对话框　　　　　　　图 11-17 加载后的参考模型

11.3.3 修改图层

隐藏参考模型上的基准点和基准轴。仔细观察已加载的参考模型，可发现图形显示区中的基准面有重叠现象，这是参考模型自身的三个基准面与 Creo/MOLDESIGN 模块自身的三个基准面相重合的结果。为了使图形显示区中的画面更简洁些，需要将参考模型自身的基准面和基准轴隐藏起来。如图 11-18 所示，在导航区中依次单击"显示"→"层树"命令，接着展开"活动层对象选取"列表框，在其中选取参考模型"PLASTICCASE_REF.PRT"，此时参考模型所有图层均在下方的导航区显示出来，按住 Ctrl 键，选取"01_PRT_ALL_DTM_PLN"图层和"02_PRT_ALL_AXES"图层，然后单击鼠标右键，在弹出的快捷菜单中选取"隐藏"选项。

图 11-18 隐藏参考模型上的基准面和基准轴

将参考模型自身的基准面和基准轴隐藏完后，在导航区中依次单击"显示"→"模型树"命令，如图 11-19 所示，返回到模型树列表状态。

11.3.4 保存文件

单击"快速访问"工具栏中的"保存"按钮 🖫，系统弹出如图 11-20 所示的"保存对象"

对话框。在对话框中接受系统默认的文件名"MOLDESIGN.ASM",然后单击对话框中的 确定 按钮。文件保存后,在工作目录 D:\Moldesign\Plasticcase 下增加了文件,如图 11-21 所示。

图 11-19 返回模型树

图 11-20 "保存对象"对话框

图 11-21 新增加的文件

11.4 模型分析

11.4.1 模型拔模检测

塑件冷却时的收缩会使它包紧模具型芯或型腔的凸起部分。为了便于从型芯上取下塑件或从型腔中脱出塑件，防止脱模时擦伤塑件，通常要在设计时让塑件内外表面沿脱模方向留有足够的斜度。在 Creo Parametric 1.0 中，使用拔模检测可判断设计模型的拔模曲面是否正确，并可确定合适的拔模角度。

1）单击"模具"功能区"分析"面板上的"模具分析"按钮 █，系统弹出如图 11-22 所示的"模具分析"对话框。

图 11-22　"模具分析"对话框

2）在"模具分析"对话框的"类型"下拉列表框中选取"拔模检测"选项，如图 11-23 所示。接着在"曲面"选项组下拉列表框中选取"零件"选项，并单击"选取图元"按钮 ，系统弹出如图 11-24 所示的"选择"对话框，同时在信息栏中提示 ➡ 选择零件 。

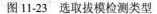

图 11-23　选取拔模检测类型

图 11-24　"选择"对话框

3）在图形显示区中，选取参考模型作为要进行拔模检测的零件，然后单击"选择"对话框中的 确定 按钮，完成拔模零件的选取。

4）在"模具分析"对话框的"角度选项"选项组中，选取"单向"单选项，并在"拔模角度"文本框中输入 10，如图 11-25 所示。

5）单击"模具分析"对话框中的 显示… 按钮，系统弹出"拔模检测—显示设置"对话框，如图 11-26 所示。在对话框的"色彩数目"框中输入"6"，然后单击 确定 按钮，返回"模具分析"对话框。

6）单击"模具分析"对话框中的 计算 按钮，系统开始进行拔模检测，结果如图 11-27 所示。从图中可以看到参考模型外表面的颜色为紫红色，即参考模型外表面的拔模角度达到了设计的要求。所以当型腔往上方开模时，制品没有干涉现象，也不会产生擦伤现象。

图 11-25 "模具分析"对话框　　　图 11-26 "拔模检测—显示设置"对话框

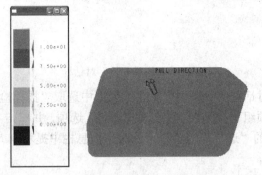

图 11-27 参考模型外表面拔模检测结果

> 注意：拔模面的颜色介于拖动方向颜色（洋红色）与拖动反方向颜色（蓝色）之间。在本例中拔模面的颜色用红、黄、绿、青四种颜色反映出来，这四种颜色分别表示不同的拔模角度。通过与着色条窗口的色彩对比，即能大致了解参考模型上各侧面拔模角度的大小。

7）分析参考模型内表面的拔模角度。在"模具分析"对话框的"拖动方向"选项组中单击[　　　　　　　　反向方向　　　　　　　　]按钮（即分析与默认拖动方向"PULL DIRECTION"相反的拔模角度，也即型芯往下方开模时的拔模角度），接着单击对话框中的[计算]按钮，系统开始进行拔模检测，结果如图 11-28 所示。从图中可以看到参考模型内表面的颜色为紫红色，即参考模型内表面的拔模角度达到了设计的要求，所以当型芯往下方开模时，制品没有干涉现象，也不会产生擦伤现象。

图 11-28 参考模型内表面拔模检测结果

8）如图 11-29 所示，在"模具分析"对话框的"角度选项"选项组中，选取"双向"单选按钮（同时对内、外两个方向的拔模角度进行检测），并在"拔模角度"文本框中输入拔模角度"15"。然后单击对话框中的 计算 按钮，结果如图 11-30 所示。从图中可以看到只有参考模型内表面底部及四个圆角部颜色为紫红色，即达到了要求的拔模角度"15°"，而内表面的四个侧面颜色为红色，即超过了要求的拔模角度"15°"，所以制品在开模时如果一定要有 15°的拔模角度才能脱模的话，那么制品内表面的四个侧面就会被擦伤。

图 11-29　"模具分析"对话框

图 11-30　内表面拔模检测结果

9）分析参考模型外表面的拔模角度。在"模具分析"对话框的"拖动方向"选项组中单击  反向方向 按钮，接着单击对话框中的 计算 按钮，系统开始进行拔模检测，结果如图 11-31 所示。从图中可以看到参考模型外表面顶部及四个圆角部的颜色为紫红色，即达到了要求的拔模角度"15°"，而外表面的四个侧面的颜色为红色，即超过了要求的拔模角度"15°"，所以制品在开模时如果一定要有 15°的拔模角度才能脱模的话，那么制品外表面的四个侧面就会擦伤。最后单击"模具分析"对话框中的 关闭 按钮，退出拔模检测功能。

图 11-31　外表面拔模检测结果

10）如果认为参考模型的侧面拔模角度太小，需要修改，那么只需修改设计模型的拔模特征值，然后在 Creo/MOLDESIGN 模块中进行再生操作即可。单击"快速访问"工具栏中的"打开"按钮，系统弹出"打开"对话框，在对话框中选取工作目录中的设计模型：Plasticcase.prt，然后单击对话框中的 打开 按钮，打开设计模型。在模型树中选取"拔模斜度 1"特征，接着单击鼠标右键，在弹出的快捷菜单中选取"编辑定义"选项，如图 11-32 所示。在"拔模"操控面板中将拔模角度由原来的 12 改为 15，然后单击操控面板上的 ✓ 按钮完成拔模特征的修改，如图 11-33 所示。最后单击"快速访问"工具栏中的"保存"按钮，将设计模型的修改保存下来。

Creo Parametric

1.0

239

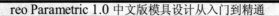

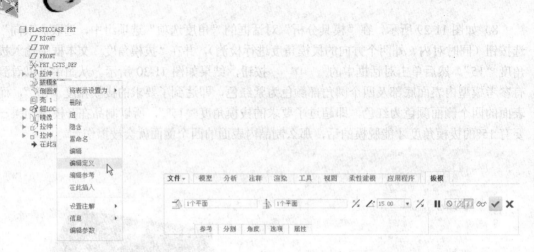

图 11-32　编辑定义设计模型的拔模特征　　　　　图 11-33　修改拔模角度

11）如图 11-34 所示，单击"视图"功能区"窗口"面板上的"窗口"下拉按钮，在列表中勾选"MOLDESIGN.ASM"选项，将 MOLDESIGN.ASM 模块激活。然后单击"模型"功能区"操作"面板上的"重新生成"按钮，此时用户可发现参考模型的拔模角度已发生了变化。如果再对参考模型进行拔模检测，则其上的拔模面颜色将会发生变化。

图 11-34　激活 MOLDESIGN.ASM 模块

11.4.2　模型厚度分析

1）单击"分析"功能区"模具分析"面板上的"厚度检查"按钮，系统弹出如图 11-35 所示的"模型分析"对话框，同时在信息栏中提示 ⇨ 选择一零件。

2）在图形显示区中选取参考模型作为厚度检查对象，之后系统弹出如图 11-36 所示的"设置平面"菜单，同时在信息栏中提示 ⇨ 选择平面进行厚度检测。在"设置平面"菜单中，选取"平面"选项，接着在图形显示区中选取 MOLD_FRONT 基准平面作为检查面，如图 11-37 所示。然后选取"设置平面"菜单中的"确认"选项，模型如图 11-38 所示。

3）如图 11-39 所示，在"模型分析"对话框的"厚度"选项组中选取"最大"和"最小"复选框，并在"最大"文本框中输入 8，在"最小"文本框中输入 2，然后单击对话框中的 计算 按钮，选取厚度检查。系统在结果栏中显示厚度检查面的最大厚度和最小厚度分别为"是"和"否"（即厚度检查面的最大厚度大于 8mm，最小厚度大于 2mm），并在参考模型上显示出厚度检查的切面图，如图 11-40 所示。

4）若用户想知道参考模型不同位置处的厚度变化情况，可选取"模型分析"对话框中的"层切面"选项，如图 11-41 所示，并在系统提示下依次选取参考模型最左端任一点作为层切的起点，选取参考模型最右端任一点作为层切的终点，如图 11-42 所示。

图 11-35　"模型分析"对话框　　　图 11-36　"设置平面"菜单

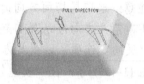

图 11-37　选取 MOLD_FRONT 基准平面作为检查面　　　图 11-38　确认厚度检查平面

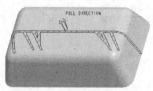

图 11-39　设置厚度检查的最大值与最小值　图 11-40　厚度检查切面图　　图 11-41　选取层切面

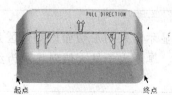

图 11-42　层切起点、终点及法向平面

241

5）在"模型分析"对话框的"层切面方向"选项组中，选取"平面"选项，接着在图形显示区中选取 MOLD_RIGHT 基准平面作为层切方向的法平面，如图 11-43 所示。然后在系统弹出的菜单中选取"确定"选项，如图 11-44 所示。

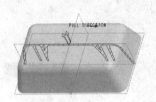

图 11-43　选取 MOLD_RIGHT 基准平面作为层切方向的法平面　　图 11-44　确定层切方向

> 注意：选取层切面方向时，图形显示区中会出现一个代表层切面方向的红色箭头，箭头方向应从层切起点指向层切终点。若箭头方向不对，可在菜单中单击"反向"选项，改变其方向。

6）如图 11-45 所示，在"模型分析"对话框中的"层切面偏距"文本框中输入偏距值为 15。在"厚度"选项组中选取"最大"和"最小"复选框，并在"最大"文本框中输入 6，在"最小"文本框中输入 4。最后依次单击对话框中的 计算 按钮和 全部显示 按钮，则在参考模型上会显示出多层切面厚度检查效果图，如图 11-46 所示。

图 11-45　设置层切面偏距值和厚度检查的最大、最小值　　图 11-46　层切面厚度检查效果图

> 注意：在参考模型上显示出来的层切面以颜色区分其厚度状况，在厚度范围内的层切面显示为黑色，厚度大于最大值则显示为红色，小于最小值则显示为蓝色。

7）单击"模型分析"对话框中的 信息 按钮，系统弹出如图 11-47 所示的"信息窗口"对话框。在该对话框中，用户可查看各层切面的厚度检查结果。

8）单击"信息窗口"对话框中的 **关闭** 按钮，返回"模型分析"对话框。然后单击"模型分析"对话框中的 **关闭** 按钮，退出厚度检查功能。

图 11-47　"信息窗口"对话框

11.4.3　模流分析

1. 打开参考模型

因为模流分析模块——塑料顾问（Plastic Advisor）是在 Creo Parametric 系统的零件模块下运行的，所以应在 Creo/MOLDESIGN 模块中将加载进来的参考模型打开进入零件模块。如图 11-48 所示，在模型树中用鼠标右键单击"PLASTICCASE_REF.PRT"零件，在弹出的快捷菜单中选取"打开"选项，系统进入零件模块，如图 11-49 所示。

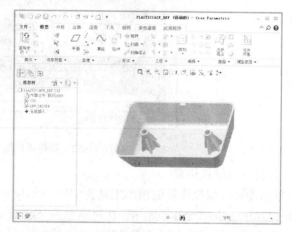

图 11-48　打开参考模型　　　　　　图 11-49　零件模块下的参考模型

2. 进入模流分析模块

在零件模块中依次选取"文件"→"另存为"→"Plastic Advisor"命令，如图 11-50 所示。系统弹出如图 11-51 所示的"选择"对话框，同时在信息栏中提示用户 ⟐Pick datum points for injection locations or press middle mouse button to bypass selection （选取一个基准点作为浇口位置或单击鼠标中键进行查询选取）。若用户不清楚浇口的最佳位置，可以不进行基准点的选取，而直接单击"选择"对话框中的 **取消** 按钮。之后，系统将打开模流分析模块——塑料顾问（Plastic Advisor 7.0），如图 11-52 所示。

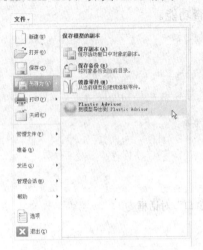

图 11-50　依次选取的菜单命令

图 11-51　"选择"对话框

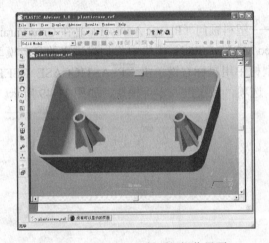

图 11-52　塑料顾问操作界面

3．分析浇口最佳位置

1）单击塑料顾问操作界面顶部工具栏中的"Analysis Wizard"按钮 ，系统弹出"Analysis Wizard—Analysis Selection"对话框。在对话框的"Select analysis sequence"选项组中选取"Gate Location"选项，然后单击对话框中的 下一步(N) > 按钮，如图 11-53 所示。

2）系统弹出"Analysis Wizard—Select Material"对话框。在对话框中选取"Special Material"单选项，接着单击"Manufacturer"下拉列表，在打开的列表中选取生产商"Hitachi"，然后单击"Trade name"下拉列表，在打开的列表中选取材料牌号"V6702A"，最后单击对话框中的 下一步(N) > 按钮，如图 11-54 所示。

3）系统弹出如图 11-55 所示的"Analysis Wizard—Processing Conditions"对话框。在对话框中接受系统默认的材料性能和注射压力参数，然后单击对话框中的 完成 按钮，系统将开始进行浇口位置分析，并在塑料顾问操作界面下方显示分析进度。

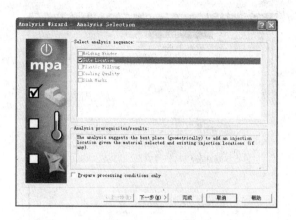

图 11-53 "Analysis Wizard—Analysis Selection" 对话框

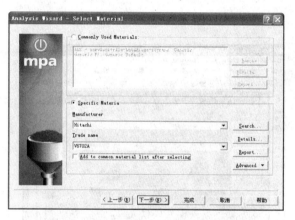

图 11-54 "Analysis Wizard—Select Material" 对话框

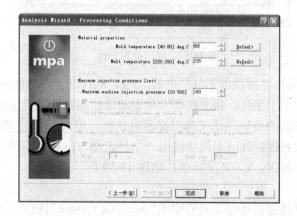

图 11-55 "Analysis Wizard—Processing Conditions" 对话框

Creo Parametric

1.0

4) 分析结束后，系统弹出 "Results Summary" 对话框，如图 11-56 所示。单击对话框中的 Close 按钮，系统返回塑料顾问操作界面，并在参考模型上以蓝色标示出最佳的浇口区域，而红色为最差的浇口区域，如图 11-57 所示。

图 11-56　"Results Summary"对话框

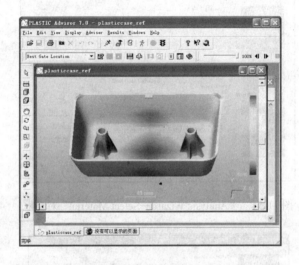

图 11-57　浇口位置分析

5）单击塑料顾问操作界面顶部工具栏中的"Pick Injection Locations"按钮 ，在图形显示区，光标显示为一个十字叉，接着在参考模型的最佳浇口区域中选取如图 11-58 所示的点作为浇口位置。在选取的点处，系统弹出提示对话框，单击 是(Y) 按钮，将模型保存到指定路径下，接受默认名称。此时系统将给出一个代表浇口位置的小圆锥，并在图形显示区下方给出了浇口标示处的 X、Y、Z 坐标值，如图 11-59 所示。

4. 成型条件分析

1）单击塑料顾问操作界面顶部工具栏中的"Analysis Wizard"按钮 ，系统弹出"Analysis Wizard—Analysis Selection"对话框，在对话框的"Select analysis sequence"选项组中选取"Molding Window"复选框，然后单击对话框中的 下一步(N) > 按钮，如图 11-60 所示。

2）系统弹出如图 11-61 所示的"Analysis Wizard—Molding Window Properties"对话框，在对话框中的"Required surface finish"选项组中选取"Gloss"单选项，然后单击对话框中

的 完成 按钮，系统开始对成型条件进行分析。

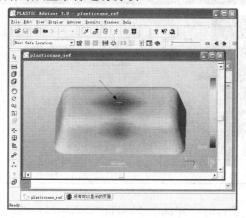

图 11-58　选取浇口位置

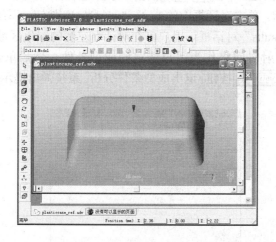

图 11-59　浇口标示及浇口位置坐标值

图 11-60　"Analysis Wizard—Analysis Selection" 对话框

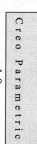

Creo Parametric

1.0

图 11-61 "Analysis Wizard—Molding Window Properties" 对话框

3）系统弹出提示对话框，单击 `是(Y)` 按钮。分析完成后，系统弹出 "Results Summary" 对话框，如图 11-62 所示。单击对话框中的 `Display Molding Window` 按钮，系统弹出如图 11-63 所示的 "Molding Window Results" 对话框。用户可在对话框左侧的绿色区域中单击一点，此时单击点处对应的温度和注射时间将作为用户选定的成型条件。然后单击 "Molding Window Results" 对话框中的 `Use Conditions` 按钮，退出成型条件分析。系统弹出提示对话框，单击 `是(Y)` 按钮，将模型保存。

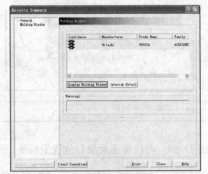

图 11-62 "Results Summary" 对话框

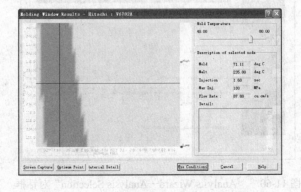

图 11-63 "Molding Window Results" 对话框

5．塑料熔体填充分析

1）单击塑料顾问操作界面顶部工具栏中的"Analysis Wizard"按钮 ✗，系统弹出"Analysis Wizard—Analysis Selection"对话框，如图 11-64 所示，在对话框的"Select analysis sequence"选项组中选取"Plastic Filling"复选框，然后单击对话框中的 [完成] 按钮，系统将开始进行填充分析。

图 11-64 "Analysis Wizard—Analysis Selection"对话框

2）分析完成后，系统弹出如图 11-65 所示的"Results Summary"对话框，单击对话框中的 [Close] 按钮，返回塑料顾问操作界面。

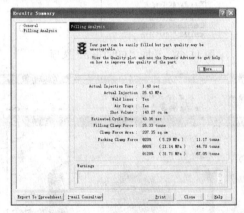

图 11-65 "Results Summary"对话框

3）如图 11-66 所示，在塑料顾问操作界面上的结果类型列表框中选取"Plastic Flow"选项，接着单击工具栏中的"Play Result"按钮 ▶，系统将开始演示塑料熔体的充填，如图 11-67 所示。

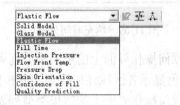

图 11-66 选取"Plastic Flow"选项

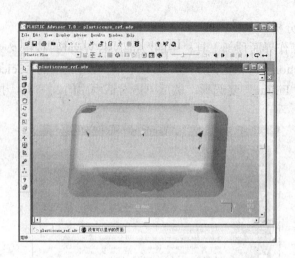

图 11-67　充填过程动画

4）如图 11-68 所示，在塑料顾问操作界面上的结果类型列表框中选取"Fill Time"选项，系统在零件上以不同的颜色表示各部分的填充顺序，如图 11-69 所示。

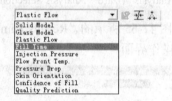

图 11-68　选取"Fill Time"选项

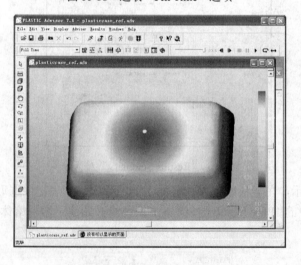

图 11-69　填充时间分析

5）如图 11-70 所示，在塑料顾问操作界面上的结果类型列表框中选取"Injection Pressure"选项，系统在零件上以不同的颜色显示各区域注射压力的分布情况，如图 11-71 所示。

6）如图 11-72 所示，在塑料顾问操作界面上的结果类型列表框中选取"Flow Front Temp."

选项，系统在零件上以不同的颜色显示各区域料流前段温度的分布情况，如图 11-73 所示。

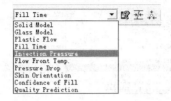

图 11-70　选取"Injection Pressure"选项

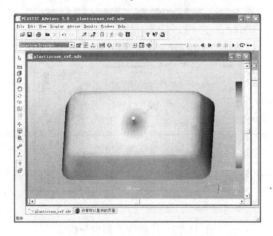

图 11-71　注射压力分析

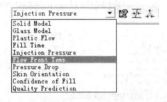

图 11-72　选取"Flow Front Temp."选项

图 11-73　料流前段温度分析

7）如图 11-74 所示，在塑料顾问操作界面上的结果类型列表框中选取"Pressure Drop"

选项，系统在零件上以不同的颜色显示各区域注射压力的损失情况，如图 11-75 所示。

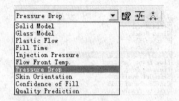

图 11-74　选取"Pressure Drop"选项

图 11-75　注射压力损失分析

8）如图 11-76 所示，在塑料顾问操作界面上的结果类型列表框中选取"Skin Orientation"选项，系统用料流前段的速度矢量来表示塑料制品表面纤维的排列位向，如图 11-77 所示。

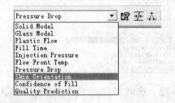

图 11-76　选取"Skin Orientation"选项

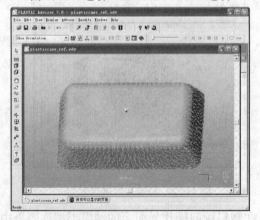

图 11-77　表面纤维的排列位向分析

9）如图11-78所示，在塑料顾问操作界面上的结果类型列表框中选取"Confidence of Fill"选项，系统在零件上以不同的颜色表示塑料熔体的填充情况，如图11-79所示。

图11-78　选取"Confidence of Fill"选项

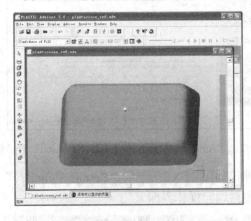

图11-79　填充可行性分析

10）如图11-80所示，在塑料顾问操作界面上的结果类型列表框中选取"Quality Prediction"选项，系统在零件上以不同的颜色标示各区域填充质量的分布情况，如图11-81所示。

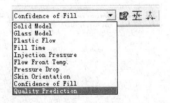

图11-80　选取"Quality Prediction"选项

图11-81　填充质量预测分析

6. 冷却质量分析

1）单击塑料顾问操作界面顶部工具栏中的"Analysis Wizard"按钮 ，系统弹出"Analysis Wizard—Analysis Selection"对话框，如图 11-82 所示。在对话框的"Select analysis sequence"选项组中选取"Cooling Quality"复选框，然后单击对话框中的 完成 按钮，系统开始进行冷却质量分析。

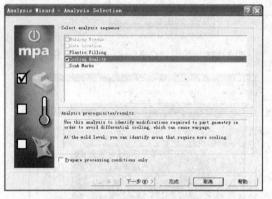

图 11-82 "Analysis Wizard—Analysis Selection"对话框

2）分析完成后，系统弹出如图 11-83 所示的"Results Summary"对话框，单击对话框中的 Close 按钮，返回到塑料顾问操作界面。

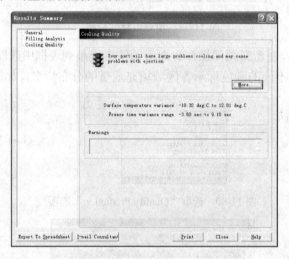

图 11-83 "Results Summary"对话框

3）如图 11-84 所示，在塑料顾问操作界面上的结果类型列表框中选取"Surface Temp. Variance"选项，系统在零件上以不同的颜色表示各部分表面温度的变化情况，如图 11-85 所示。

4）如图 11-86 所示，在塑料顾问操作界面上的结果类型列表框中选取"Freeze Time Variance"选项，系统在零件上以不同的颜色表示各部分的冷却情况，如图 11-87 所示。

图 11-84　选取"Surface Temp. Variance"选项

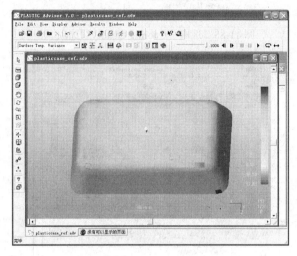

图 11-85　表面温度变化分析

图 11-86　选取"Freeze Time Variance"选项

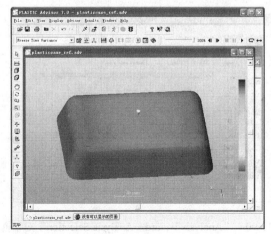

图 11-87　冷却时间变化分析

Creo Parametric

1.0

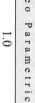

5）如图 11-88 所示，在塑料顾问操作界面上的结果类型列表框中选取"Cooling Quality"选项，系统在零件上以不同的颜色表示各部分的冷却质量，如图 11-89 所示。

图 11-88　选取"Cooling Quality"选项

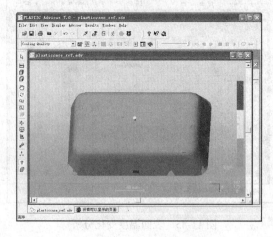

图 11-89　冷却质量分析

7. 缩痕分析

1）单击塑料顾问操作界面顶部工具栏中的"Analysis Wizard"按钮 ，系统弹出"Analysis Wizard—Analysis Selection"对话框，如图 11-90 所示。在对话框的"Select analysis sequence"选项组中选取"Sink Marks"复选框，然后单击对话框中的　完成　按钮，系统将开始进行缩痕分析。

图 11-90　"Analysis Wizard—Analysis Selection"对话框

2）分析完成后，系统弹出如图 11-91 所示的"Results Summary"对话框，单击对话框中的 Close 按钮，返回到塑料顾问操作界面。

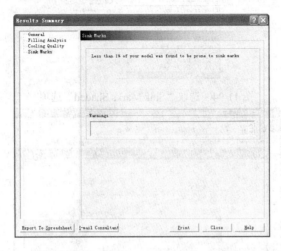

图 11-91　"Results Summary"对话框

3）如图 11-92 所示，在塑料顾问操作界面上的结果类型列表框中选取"Sink Marks Estimate"选项，系统在零件上以不同的颜色表示各部分缩痕的大小，如图 11-93 所示。单击操作界面工具栏中的"Play Result"按钮 ▶，可动态演示零件上的缩痕。

图 11-92　选取"Sink Marks Estimate"选项

图 11-93　缩痕预估分析

4）如图 11-94 所示，在塑料顾问操作界面上的结果类型列表框中选取"Sink Marks Shaded"选项，系统在零件上以着色显示各部分的缩痕，如图 11-95 所示。

图 11-94　选取"Sink Marks Shaded"选项

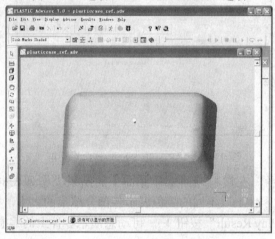

图 11-95　缩痕着色

8. 熔接痕分析

如图 11-96 所示,在塑料顾问操作界面上的结果类型列表框中选取"Glass Model"选项,然后单击工具栏中的"Weld Line Locations"按钮亚,可在零件上查看系统分析出来的熔接痕位置,如图 11-97 所示。

图 11-96　选取"Glass Model"选项

图 11-97　熔接痕位置

9. 气泡分析

单击塑料顾问操作界面顶部工具栏中的"Air Trap Locations"按钮，可在零件上查看系统分析出来的气泡位置，如图 11-98 所示。

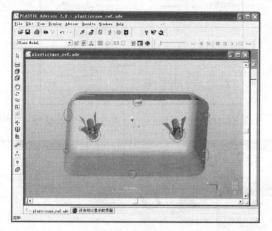

Creo Parametric 1.0

图 11-98 气泡位置

10. 输出分析结果

1）在塑料顾问操作界面上依次选取菜单栏中的"Results"→"Generate Report"选项，或在顶部工具栏中单击"Generate Report"按钮，系统弹出"Report Wizard"对话框，如图 11-99 所示.在对话框的"Generate Report"选项组中选取"Create new report"单选项，接着连续单击三次 下一步(N) > 按钮，然后单击 Generate 按钮。

图 11-99 "Report Wizard"对话框

2）系统弹出"Select target directory"对话框，在该对话框中接受系统默认的输出路径，接着单击对话框中的 Select 按钮，如图 11-100 所示。随后系统弹出"Plastic Advisor 7.0"对话框，然后单击对话框中的 是(Y) 按钮。

3）系统将所有的分析结果输出到指定的目录中，如图 11-101 所示。输出结果是一个网页形式的文件，用户可以用 IE 浏览器打开。在结果输出的文件夹中打开 start.htm 文件可浏览到各种分析结果，如图 11-102 所示。

4）在塑料顾问操作界面菜单栏中依次选取"File"→"Exit"命令，退出塑料顾问模块。

系统进入 Creo Parametric 零件模块，退出 Creo Parametric 零件模块，激活 Creo/MOLDESIGN
模块。

图 11-100　"Select target directory"对话框

图 11-101　分析结果

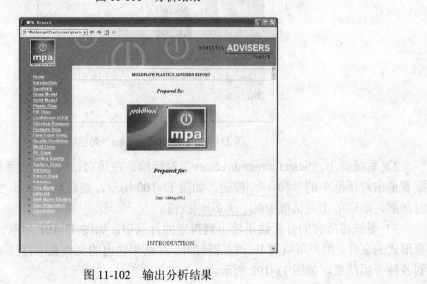

图 11-102　输出分析结果

11.5 设置收缩率

1）在"模具"功能区"修饰符"面板上单击"收缩"下拉列表中的"按尺寸收缩"按钮，系统将弹出如图 11-103 所示的"按尺寸收缩"对话框。

2）在"按尺寸收缩"对话框的"公式"选项组中选取 [1+S]，接着在"收缩选项"选项组中取消"更改设计零件尺寸"复选框的勾选，然后在列表框中输入 0.005 作为所有尺寸的收缩率，如图 11-104 所示，最后单击对话框中的 ✔ 按钮，退出"按尺寸收缩"对话框。

图 11-103 "按尺寸收缩"对话框

图 11-104 收缩设置

3）单击"模具"功能区"分析"面板上的"收缩信息"按钮，系统将弹出如图 11-105 所示的"信息窗口"对话框，在此可以查看参考模型的收缩情况。最后依次单击"信息窗口"窗口中的 关闭 按钮退出。

图 11-105 "信息窗口"对话框

11.6 创建毛坯工件

1）在"模具"功能区"参考模型和工件"面板上单击"工件"下拉列表中的"创建工件"按钮，系统弹出"工件创建"对话框。

2）在"工件创建"对话框的"类型"栏中选取"零件"单选按钮，在"子类型"栏中选取"实体"单项按钮，在"名称"文本框中输入毛坯工件的名称 WORKPIECE，如图 11-106

Creo Parametric 1.0

所示，然后单击对话框中的 确定 按钮。

3）系统弹出"创建选项"对话框。在对话框的"创建方法"选项组中选取"创建特征"单选项，如图 11-107 所示，然后单击对话框中的 确定 按钮。

图 11-106　输入毛坯工件名称　　　　图 11-107　"创建选项"对话框

4）单击"模具"功能区"形状"面板上的"拉伸"按钮，系统打开如图 11-108 所示的"拉伸"操控面板。单击操控面板上的"放置"下滑按钮，在弹出的下滑面板上单击 定义... 按钮，系统弹出如图 11-109 所示的"草绘"对话框，同时在信息栏中提示用户 选择一个平面或曲面以定义草绘平面。。

图 11-108　"拉伸"操控面板

5）在图形显示区中选取 MOLD_FRONT 基准面作为草绘平面，在信息栏中系统提示用户 选择一个参考（例如曲面、平面或边）以定义视图方向。，在图形显示区中选取 MOLD_RIGHT 基准面作为参考平面，对话框如图 11-110 所示，然后单击"草绘"对话框中 草绘 按钮。

图 11-109　"草绘"对话框　　　　图 11-110　选取草绘平面

6）系统弹出 "参考"对话框，同时在信息栏中提示用户 选择垂直曲面、边或顶点，截面将相对于它们进行尺寸标注和约束。。在图形显示区中选取 MOLD_RIGHT 和 MAIN_PARTING_PLN 基准面作为草绘截面的尺寸标注参考，如图 11-111 所示，然后单击对话框中的 关闭(C) 按钮，进入草绘界面。

7）为使草绘界面显示简洁些，单击视图快速访问工具栏中的"平面显示"按钮，将基准平面关闭。

8）单击"草绘"功能区"草绘"面板上的"中心线"按钮 ⁝，在草绘平面上绘制一条竖直中心线，然后单击"草绘"功能区"草绘"面板上的"拐角矩形"按钮 □，在草绘平面上绘制如图 11-112 所示的包容参考模型的矩形。绘制完成后，单击 ✓ 按钮，退出草绘界面。

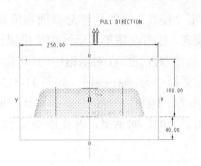

图 11-111 "参考"对话框 　　　　　图 11-112 草绘截面

9）在"拉伸"操控面板上选择"两侧对称"选项 ⊟（往两侧拉伸），然后输入拉伸高度为 200，接着单击操控面板上的 ∞ 按钮，对创建的毛坯工件进行预览。当预览无误后，依次单击操控面板上的 ✓ 按钮，结束毛坯工件的创建。

10）在模型树中选取"MOLDESIGN.ASM"模型，单击鼠标右键后在快捷菜单中选取"激活"选项，结果如图 11-113 所示。

图 11-113 创建的毛坯工件

11.7 设计分型面

为了能将制品顺利取出，本例共设计了三个分型面，如图 11-114 所示。它们分别是：
- 用于切割型腔的主分型面。
- 用于切割侧凹的侧凹分型面。
- 用于切割卡勾的卡勾分型面。

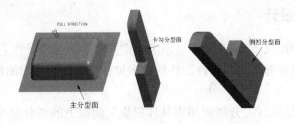

图 11-114 模具分型面

11.7.1　主分型面设计

1）单击"模具"功能区"分型面和模具体积块"面板上的"分型面"按钮 ，进入分型面创建模式。接着在图形显示区中单击鼠标右键，在弹出的快捷菜单中选取"属性"选项，系统弹出"属性"对话框，在对话框中的"名称"文本框中输入分型面的名称为：MAIN_PLANE，然后单击对话框中的 确定 按钮，如图11-115所示。

2）单击"分型面"功能区"曲面设计"面板上的"阴影曲面"命令，系统弹出如图11-116所示的"阴影曲面"对话框，并在图形显示区中，出现一个指示光线投射方向的箭头。

图11-115　定义分型面名称　　　　　　　　　　图11-116　"阴影曲面"对话框

3）接受系统默认的投影方向，然后单击"阴影曲面"对话框中的 预览 按钮，对创建的分型面进行预览。预览无误后，依次单击"阴影曲面"对话框中的 确定 按钮和分型面创建模式界面上的 ✔ 按钮。

4）为了在图形显示区中显示创建的分型面，需要将参考模型和毛坯工件遮蔽。如图11-117所示，在模型树窗口中选取参考模型和工件，然后单击鼠标右键，在弹出的快捷菜单中选取"遮蔽"选项，结果如图11-118所示。

图11-117　遮蔽参考模型和毛坯工件　　　　　　图11-118　创建的主分型面

11.7.2　卡勾分型面设计

1）在设计卡勾分型面以前，应在图形显示区中重新显示参考模型和毛坯工件。如图11-119所示，在模型树中选取参考模型和工件，然后单击鼠标右键，在弹出的快捷菜单中选取"取消遮蔽"选项。

2）单击"模具"功能区"分型面和模具体积块"面板上的"分型面"按钮 ，进入分型面创建模式。接着在图形显示区中单击鼠标右键，在弹出的快捷菜单中选取"属性"选项，系统弹出"属性"对话框，在对话框中的"名称"文本框中输入分型面的名称为 TRIP_PLANE，然后单击对话框中的 确定 按钮，如图 11-120 所示。

图 11-119　取消遮蔽参考模型和毛坯工件　　　　图 11-120　定义分型面名称

3）单击"分型面"功能区"形状"面板上的"拉伸"按钮 ⌐，系统打开如图 11-121 所示的"拉伸"操控面板。

图 11-121　"拉伸"操控面板

4）单击"拉伸"操控面板上的"放置"下滑按钮，在弹出的下滑面板上单击 定义... 按钮，接着系统弹出 "草绘"对话框，同时在信息栏中提示用户 ➡选择一个平面或曲面以定义草绘平面。。

5）在图形显示区中选取如图 11-122 所示的平面作为草绘平面，并接受系统默认的方向。在信息栏中系统提示用户 ➡选择一个参考（例如曲面、平面或边）以定义视图方向。，在图形显示区中选取如图 11-123 所示的平面作为参考平面，然后单击"草绘"对话框中的 草绘 按钮。

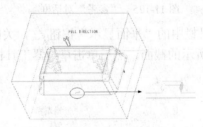

图 11-122　选取草绘平面

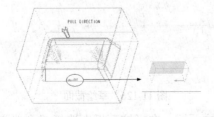

图 11-123　选取参考平面

注意：为了准确地选取所需的平面，用户可在目标平面位置处单击鼠标右键，在弹出的快捷菜单中选取"从列表中拾取"选项。在弹出的"从列表中拾取"对话框中从上到下逐个拾取，直到选取所需的平面为止，然后单击对话框中的 确定(0) 按钮，如图 11-124 所示。拾取的平面会在图形显示区中着色显示。

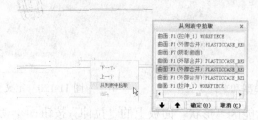

图 11-124 选取所需的平面

6）单击"草绘"功能区"设置"面板上的"参考"按钮 □，系统弹出"参考"对话框，同时在信息栏中提示用户 ⇨ 选择垂直曲面、边或顶点，截面将相对于它们进行尺寸标注和约束。在图形显示区中选取 MAIN_PARTING_PLN 基准面作为草绘截面的尺寸标注参考，然后单击对话框中的 关闭(C) 按钮，如图 11-125 所示。

图 11-125 "参考"对话框

7）单击视图快速访问工具栏中的"平面显示"按钮 ⌂，关闭基准平面的显示，接着在草绘界面中绘制如图 11-126 所示的截面，然后单击草绘器工具栏中的 ✔ 按钮，退出草绘界面。

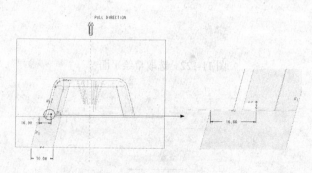

图 11-126 草绘截面

8）系统返回"拉伸"操控面板，在操控面板上选择"到选定项"选项 ⊥（拉伸至选定的点、曲线、平面或曲面），接着在图形显示区中选取如图 11-127 所示的平面作为拉伸深度的参考平面。然后单击操控面板上的"选项"下滑按钮，在打开的下滑面板中勾选"封闭端"复选框，如图 11-128 所示。最后单击操控面板上的  按钮，对创建的分型面进行预览。当预览无误后，依次单击操控面板上的 ✓ 按钮和分型面创建模式界面上的 ✓ 按钮，退出分型面创建模式。

图 11-127　选取拉伸深度参考平面　　　　　图 11-128　勾选"封闭端"复选框

9）为了在图形显示区中显示创建的分型面，需将参考模型、毛坯工件和主分型面遮蔽。如图 11-129 所示，在模型树窗口中选取参考模型、毛坯工件和主分型面，然后单击鼠标右键，在弹出的快捷菜单中选取"遮蔽"选项，结果如图 11-130 所示。

图 11-129　遮蔽参考模型、毛坯工件和主分型面　　　　图 11-130　创建的卡勾分型面

11.7.3　侧凹分型面设计

1）在设计侧凹分型面前，应在图形显示区中重新显示参考模型和毛坯工件。如图 11-131 所示，在模型树中选取参考模型、毛坯工件，然后单击鼠标右键，在弹出的快捷菜单中选取"取消遮蔽"选项。

图 11-131　取消遮蔽

267

2）单击"模具"功能区"分型面和模具体积块"面板上的"分型面"按钮，进入分型面创建模式。在图形显示区中单击鼠标右键，在弹出的快捷菜单中选取"属性"选项，系统弹出"属性"对话框，在对话框中的"名称"文本框中输入分型面的名称为 REENTRANT_PLANE，然后单击对话框中的 确定 按钮，如图 11-132 所示。

图 11-132　定义分型面名称

3）单击"分型面"功能区"形状"面板上的"拉伸"按钮，系统打开"拉伸"操控面板。

4）在图形显示区中单击鼠标右键，在弹出的快捷菜单中选取"定义内部草绘"选项，如图 11-133 所示。系统弹出如图 11-134 所示的"草绘"对话框，同时在信息栏中提示用户 选择一个平面或曲面以定义草绘平面。

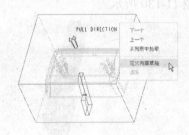

图 11-133　选取"定义内部草绘"选项　　　　图 11-134　"草绘"对话框

5）在图形显示区中选取如图 11-135 所示的平面作为草绘平面，选取如图 11-136 所示的平面作为参考平面，然后单击"草绘"对话框中 草绘 按钮。

图 11-135　选取草绘平面

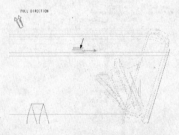

图 11-136　选取草绘参考平面

6）单击"草绘"功能区"设置"面板上的"参考"按钮 ，系统弹出"参考"对话框，同时在信息栏中提示用户 选择垂直曲面、边或顶点，截面将相对于它们进行尺寸标注和约束。在图形显示区中选取 MAIN_PARTING_PLN 基准面作为草绘截面的尺寸标注参考，然后单击对话框中的 关闭(C) 按钮，如图 11-137 所示。

图 11-137　"参考"对话框

7）单击视图快速访问工具栏中的"平面显示"按钮 ，关闭基准平面的显示。在草绘界面中绘制如图 11-138 所示的截面，然后单击草绘工具栏中的 ✔ 按钮，退出草绘界面。

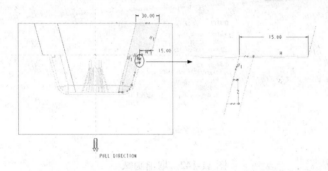

图 11-138　草绘截面

8）系统返回"拉伸"操控面板，在操控面板上选择"到选定项"选项 （拉伸至选定的点、曲线、平面或曲面），接着在图形显示区中选取如图 11-139 所示的平面作为拉伸深度的参考平面。然后单击操控面板上的"选项"下滑按钮，在打开的下滑面板中选取"封闭端"复选框。最后单击操控面板上的 ◌◌ 按钮，对创建的分型面进行预览。当预览无误后，依次单击操控面板上的 ✔ 按钮和分型面创建模式界面上的 ✔ 按钮，退出分型面创建模式。

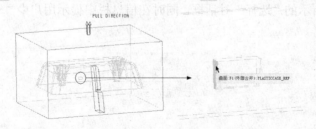

图 11-139　拉伸深度参考平面

9）为了在图形显示区中显示创建的分型面，需将参考模型、毛坯工件、主分型面和卡勾分型面隐藏。如图 11-140 所示，在模型树窗口中选取参考模型、毛坯工件、主分型面和卡勾分型面，然后单击鼠标右键，在弹出的快捷菜单中选取"隐藏"选项，结果如图 11-141 所示。

图 11-140　遮蔽参考模型、工毛坯工件、主分型面和卡勾分型面

图 11-141　创建的侧凹分型面

11.8　分割模具体积块

在分割模具体积块前，应在图形显示区中重新显示参考模型、毛坯工件、主分型面和卡勾分型面。如图 11-142 所示，在模型树中选取参考模型、毛坯工件、主分型面和卡勾分型面，然后单击鼠标右键，在弹出的快捷菜单中选取"取消隐藏"选项。

图 11-142　取消隐藏

11.8.1　以主分型面分割模具体积块

1）在"模具"功能区"分型面和模具体积块"面板上单击"模具体积块"下拉列表中的"体积块分割"按钮，系统打开如图 11-143 所示的"分割体积块"菜单，在菜单中依次选取"两个体积块"→"所有工件"→"完成"选项。系统弹出如图 11-144 所示的"分割"对话框和如图 11-145 所示的"选择"对话框，同时在信息栏中提示用户 为分割工件选择分型面。

图 11-143　"分割体积块"菜单

图 11-144　"分割"对话框

图 11-145　"选择"对话框

2）如图 11-146 所示，在图形显示区中选取主分型面（MAIN_PLANE）作为分割毛坯工件的分型面，然后单击"选择"对话框中的 确定 按钮，结束分型面的选取。

图 11-146　选取主分型面

3）单击"分割"对话框中的 确定 按钮，系统弹出"属性"对话框。在对话框的"名称"文本框中输入"Female_mold"作为模具体积块的名称，如图 11-147 所示，接着单击"属性"对话框中的 着色 按钮，在图形显示区中将显示如图 11-148 所示的型腔体积块，然后单击"属性"对话框中的 确定 按钮。

图 11-147　"属性"对话框　　　　　　　　　图 11-148　型腔体积块

4）系统再次弹出"属性"对话框。在对话框的"名称"文本框中输入"Male_mold"作为第二个模具体积块的名称，如图 11-149 所示，接着单击对话框中的 着色 按钮，在图形显示区中将显示出如图 11-150 所示的型芯体积块，然后单击"属性"对话框中的 确定 按钮。

图 11-149　"属性"对话框　　　　　　　　　图 11-150　型芯体积块

11.8.2　以卡勾分型面分割型芯体积块

1）在"模具"功能区"分型面和模具体积块"面板上单击"模具体积块"下拉列表中的"体积块分割"按钮，系统打开"分割体积块"菜单，在菜单中依次选取"一个体积块"→"模具体积块"→"完成"选项，如图 11-151 所示。系统弹出"分割"对话框和"搜索工具：1"对话框，同时在信息栏提示用户 选择模具元件体积块。。

2）在"搜索工具：1"对话框的"找到 2 项"列表框中选取"面组：F12（MALE_MOLD）"

作为要分割的体积块，接着单击对话框中的 >> 按钮，将选取的体积块添加到所选项目列表中，如图 11-152 所示，然后单击对话框中的 关闭 按钮，结束体积块的选取。

图 11-151 "分割体积块"菜单　　　　　　图 11-152 "搜索工具：1"对话框

3）系统弹出"选择"对话框，同时在信息栏中提示用户➡为分割选定的模具体积块选择分型面。。如图 11-153 所示，在图形显示区中选取卡勾分型面（TRIP_PLANE）作为分割 MALE_MOLD 体积块的分型面。然后单击"选择"对话框中的 确定 按钮，结束分型面的选取。

4）系统打开"岛列表"菜单，在菜单中选取"岛 2"选项，如图 11-154 所示。然后单击菜单中的"完成选取"选项。

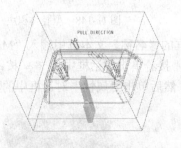

图 11-153 选取卡勾分型面　　　　　　图 11-154 "岛列表"菜单

5）单击"分割"对话框中的 确定 按钮，系统弹出"属性"对话框。在对话框的"名称"文本框中输入"Trip"作为体积块的名称，如图 11-155 所示，接着单击对话框中的 着色 按钮，在图形显示区中将显示出如图 11-156 所示的卡勾体积块，然后单击"属性"对话框中的 确定 按钮。

图 11-155 "属性"对话框　　　　　　图 11-156 卡勾体积块

11.8.3 以侧凹分型面分割型芯体积块

1）在"模具"功能区"分型面和模具体积块"面板上单击"模具体积块"下拉列表中的"体积块分割"按钮 ，系统打开"分割体积块"菜单，在菜单中依次选取"一个体积块"→"模具体积块"→"完成"选项。

2）系统弹出"分割"对话框和"搜索工具：1"对话框，同时在信息栏提示用户 ➡ 选择模具元件体积块。。如图 11-157 所示，在"搜索工具：1"对话框的"找到 3 项"列表框中选取"面组 F12（MALE_MOLD）"作为要分割的体积块，接着单击对话框中的 >> 按钮，将选取的体积块添加到所选项目列表中，然后单击对话框中的 关闭 按钮，结束体积块的选取。

3）系统弹出"选择"对话框，同时在信息栏中提示用户 ➡ 为分割选定的模具体积块选择分型面。。如图 11-158 所示，在图形显示区中选取侧凹分型面（REENTRANT_PLANE）作为分割 MALE_MOLD 体积块的分型面，然后单击"选择"对话框中的 确定 按钮，结束分型面的选取。

图 11-157 "搜索工具：1"对话框

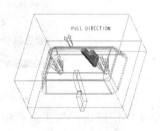

图 11-158 选取侧凹分型面

4）系统打开"岛列表"菜单，在菜单中选取"岛 2"选项，然后单击菜单中的"完成选取"选项。

5）单击"分割"对话框中的 确定 按钮，系统弹出"属性"对话框。在对话框的"名称"文本框中输入"Reentrant"作为体积块的名称，如图 11-159 所示，接着单击对话框中的 着色 按钮，在图形显示区中将显示出如图 11-160 所示的侧凹体积块，然后单击"属性"对话框中的 确定 按钮。

图 11-159 "属性"对话框

图 11-160 侧凹体积块

273

11.9 抽取模具元件

1）在"模具"功能区"元件"面板上单击"模具元件"下拉列表中的"型腔镶块"按钮
，系统弹出如图 11-161 所示的"创建模具元件"对话框。

图 11-161 "创建模具元件"对话框

2）在"创建模具元件"对话框中，依次单击 按钮和 确定 按钮，完成抽取模
具元件。在模型树窗口中，系统自动产生如图 11-162 所示的模具元件特征。

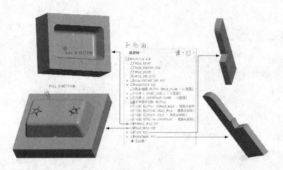

图 11-162 抽取产生的模具元件

3）单击"快速访问"工具栏中的"保存"按钮，系统弹出"保存对象"对话框。在
对话框中接受系统默认的文件名"MOLDESIGN.ASM"，然后单击对话框中的 确定 按钮。

11.10 浇注系统设计

1）在设计浇注系统前，应在图形显示区中将参考模型、毛坯工件和分型面遮蔽起来。如
图 11-163 所示，在模型树中选取参考模型、毛坯工件和所有分型面，然后单击鼠标右键，在
弹出的快捷菜单中选取"遮蔽"选项。

2）单击"模型"功能区"切口和曲面"面板上的"旋转"按钮，系统弹出如图 11-164
所示的"旋转"操控面板。单击操控面板上的"位置"下滑按钮，在弹出的下滑面板上单击
定义... 按钮。系统弹出"草绘"对话框，同时在信息栏中提示用户 选择一个平面或曲面以定义草绘平面。。

3）在图形显示区中选取 MOLD_FRONT 基准平面作为草绘平面，选取 MOLD_RIGHT
基准平面作为参考平面，然后单击"草绘"对话框中 草绘 按钮，如图 11-165 所示，系统进
入草绘界面。

4）在草绘界面中绘制如图 11-166 所示的截面，然后单击草绘器工具栏中的 按钮，退

出草绘界面。

图 11-163　遮蔽参考模型、毛坯工件和所有分型面

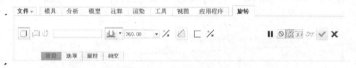

图 11-164　"旋转"操控面板

图 11-165　"草绘"对话框

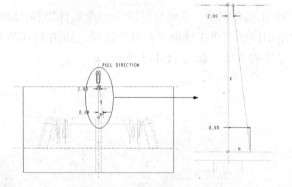

图 11-166　草绘截面

5）系统返回"旋转"操控面板，在操控面板上输入旋转角度为 360°，然后依次单击操控面板上的 ✔ 按钮。结果如图 11-167 所示。

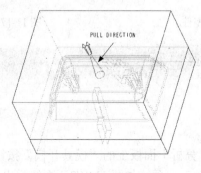

图 11-167　浇注系统

Creo Parametric 1.0

11.11 填充模具型腔

1）单击"模具"功能区"元件"面板上的"创建铸模"按钮 🔧，系统弹出如图 11-168 所示的文本输入框。此时要求用户输入铸模零件名称，在文本框中输入"MOLDING"作为铸模零件的名称，然后单击文本框后的 ✓ 按钮。

图 11-168   输入铸模零件名称

2）在信息栏中，系统又弹出如图 11-169 所示的文本框，要求用户输入铸模零件的公用名称，在文本框中输入"MOLDING"作为铸模零件的公用名称，然后单击文本框后的 ✓ 按钮。

图 11-169   输入铸模零件的公用名称

3）在模型树中，系统自动产生一个实体零件：MOLDING.PRT。用鼠标右键单击该零件，在弹出的快捷菜单中选取"打开"选项，如图 11-170 所示。系统弹出另一个图形窗口以显示铸模零件的效果，如图 11-171 所示。

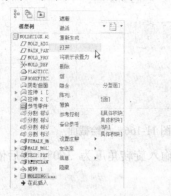

图 11-170   打开铸模零件

图 11-171   铸模零件

11.12   模拟模具开模过程

11.12.1   移动型腔零件

1）单击"模具"功能区"分析"面板上的"模具开模"按钮 🔧，在弹出的菜单中依次选取"定义间距"→"定义移动"选项，如图 11-172，系统弹出"选择"对话框，同时在信息栏中提示用户 ➡为迁移号码1 选择构件。。

图 11-172　菜单选取

2）在图形显示区中选取型腔零件（FEMALE_MOLD.PRT）作为移动零件。然后单击"选择"对话框中的 <u>确定</u> 按钮，完成移动零件的选取。

 注意：用户也可在模型树中直接选取相应的零件作为移动对象。

系统在信息栏中提示用户 ⇨ 通过选择边、轴或面选择分解方向。。在图形显示区中选取如图 11-173 所示的边作为移动方向，在弹出的文本框中输入 200 作为平移值并单击 √ 按钮，如图 11-174 所示。然后单击"定义间距"菜单中的"完成"选项，完成型腔零件的移动，结果如图 11-175 所示。

输入沿指定方向的位移

200

图 11-173　选取移动方向　　　　　　图 11-174　输入移动距离

11.12.2　移动铸模零件

1. 移动铸模零件

1）在菜单中依次选取"定义间距"→"定义移动"选项，系统弹出"选择"对话框，同时在信息栏中提示用户 ⇨ 为迁移号码1 选择构件。。

2）在模具模型中选取铸模零件（MOLDING.PRT）作为移动零件，然后单击"选择"对话框中的 <u>确定</u> 按钮，完成零件的选取。

系统在信息栏中提示用户 ⇨ 通过选择边、轴或面选择分解方向。。在图形显示区中选取如图 11-176 所示的边作为移动方向，接着在信息栏文本框中输入 100 作为平移值并单击 √ 按钮，如图 11-177。然后单击"定义间距"菜单中的"完成"选项，完成凹模零件的移动，结果如图 11-178 所示。

图 11-175　移动型腔零件　　　　　　图 11-176　选取移动方向

Creo Parametric

1.0

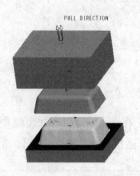

图 11-177　输入移动距离　　　　　　　　　　　图 11-178　移动铸模零件

2．移动卡勾零件

1）在菜单中依次选取"定义间距"→"定义移动"选项，系统弹出"选择"对话框，同时在信息栏中提示用户 ➡ 为迁移号码1 选择构件。。

2）在模具模型中选取卡勾零件（TRIP.PRT）作为移动零件，然后单击"选择"对话框中的 确定 按钮，完成零件的选取。

系统在信息栏中提示用户 ➡ 通过选择边、轴或面选择分解方向。。在图形显示区中选取如图11-179所示的斜边作为移动方向，接着在信息栏文本框中输入-100作为平移值并单击 ✓ 按钮。然后单击"定义间距"菜单中的"完成"选项，完成卡勾零件的移动，结果如图 11-180 所示。

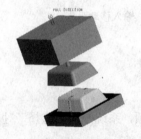

图 11-179　选取移动方向　　　　　　　　　　　图 11-180　移动卡勾零件

3．移动侧凹零件

1）在菜单中依次选取"定义间距"→"定义移动"选项，系统弹出"选取"对话框，同时在信息栏中提示用户 ➡ 为迁移号码1 选择构件。。

2）在模具模型中选取侧凹零件（REENTRANT.PRT）作为移动零件，然后单击"选取"对话框中的 确定 按钮，完成零件的选取。

3）系统弹出"选取"对话框，同时在信息栏中提示用户 ➡ 通过选择边、轴或面选择分解方向。。在图形显示区中选取如图 11-181 所示的斜边作为移动方向，接着在信息栏文本框中输入-100作为平移值并单击 ✓ 按钮。然后单击"定义间距"菜单中的"完成"选项，完成侧凹零件的移动，结果如图 11-182 所示。

4）单击视图快速访问工具栏中的"已命名视图"按钮 ⌨，接着在打开的列表中选取"RIGHT"选项，使模具模型呈现右视图，如图 11-183 所示。从图中可以看到，卡勾和侧凹已脱离铸模零件。

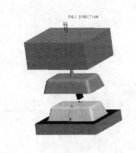

图 11-181　选取移动方向

图 11-182　移动侧凹零件

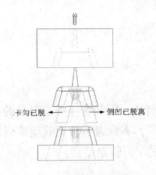

图 11-183　卡勾和侧凹已脱离浇注件

5）选取菜单中的"完成/返回"选项，结束开模操作。接着单击"快速访问"工具栏中的"保存"按钮 🖫，系统弹出"保存对象"对话框。在对话框中接受系统默认的文件名"MOLDESIGN.ASM"，然后单击对话框中的 确定 按钮。

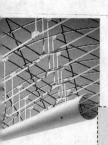

第 **12** 章

吹塑成型模设计基础

本章导读

　　吹塑成型技术常用于塑料瓶、罐和管等中空制品的制造，其成型过程包括塑料型坯的制造和吹塑成型。本章着重介绍吹塑成型技术及其模具设计的一些基础知识，为后续章节的学习打下基础。

重点与难点

- 吹塑成型原理与过程
- 吹塑成型方法的分类
- 吹塑成型模的基本组成
- 吹塑模设计要点

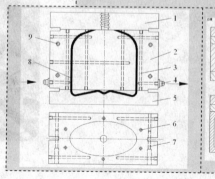

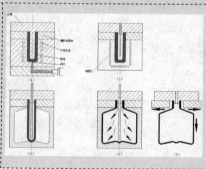

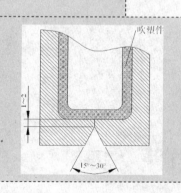

12.1 吹塑成型原理与过程

吹塑成型又称中空成型，仅限于聚乙烯、聚氯乙烯、聚丙烯、聚苯乙烯等热塑性塑料的成型加工，常用于塑料瓶、罐、管等中空制品的生产。

吹塑成型原理如图 12-1 所示。其过程分为塑料型坯的制造和吹塑成型。缩颈模 3 与型坯模 1 闭合，由注射机将熔融塑料经注射口 6 注入模内，形成型坯 5。开启型坯模，闭合吹塑模 2，从芯模 4 引入压缩空气，使型坯吹胀到模腔的形状，并在压缩空气的压力作用下冷却。最后开启缩颈模、吹塑模，在吹气压力作用下卸料。

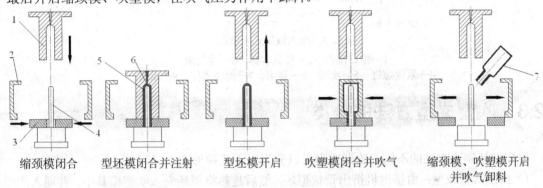

缩颈模闭合　　　型坯模闭合并注射　　　型坯模开启　　　吹塑模闭合并吹气　　　缩颈模、吹塑模开启
　　　　　　　　　　　　　　　　　　　　　　　　　　　　　　　　　　　　　　　并吹气卸料

图12-1　吹塑成型原理

1—型坯模　2—吹塑模　3—缩颈模　4—芯模　5—型坯　6—注射口　7—制品

12.2 吹塑成型模的基本组成

吹塑模具的典型结构有组合式和镶拼式两种类型。

1. 组合式结构

模具整体由口板 1、腹板 2 和底板 5 组合而成，如图 12-2 所示。

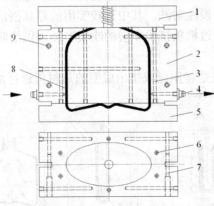

图12-2　组合式吹塑模

1—口板　2—腹板　3—水道　4—水嘴
5—底板　6—紧固螺钉　7—导柱　8—吹塑件　9—安装螺钉

Creo Parametric

1.0

281

2．镶拼式结构

模具整体由一块金属构成，一般采用铝合金铸件或锻锭，而在其口部和底部嵌入钢件，嵌件一般用压入方法，可以用螺钉紧固。图 12-3 所示为压入镶拼式结构。

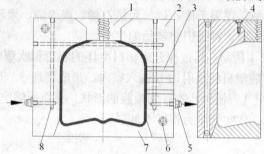

图12-3　压入镶拼式吹塑模

1—模口镶件　2—模具本体　3—排气槽
4—紧固螺钉　5—水嘴　6—导销　7—模底镶件　8—水道

12.3　吹塑成型方法的分类

根据型坯制造方法的不同，吹塑成型可以分为以下几种形式：

1）挤出吹塑成型：由挤出机挤出管状型坯，然后趁热将型坯夹入吹塑模具中，并通入压缩空气吹胀，使之紧贴模具型腔内壁，保压冷却成型。这种成型方法的优点是设备与模具结构简单，缺点是型腔壁厚不易均匀，从而会引起吹塑制品的壁厚有差异。

2）注塑吹塑成型：该方法是用注射机在注射模中制成吹塑型坯，然后把加热的型坯移入吹塑模具中进行中空吹塑成型。这种方法的优点是制品的壁厚均匀，无飞边，无须后加工，制品的螺纹规整，生产效率高，但注射及吹塑设备与模具的价格较贵，因此只适用于生产批量大的小型精致制品。

3）多层吹塑成型：该方法是利用两层或两层以上、两种或多种材料吹塑成型制品，用于改善制品的一些使用性能如降低渗透性、增加遮光性、增加绝热性、降低可燃性等。这种方法又可分为共挤出吹塑法和多段注射法。其中比较实用的是共挤出吹塑法，它是在单层吹塑成型机上附设辅助挤出机，通过机头挤出多层的吹塑型坯，供给吹塑成型模具，再吹塑成型中空层制品。

4）片材吹塑成型：该方法是将压延或挤出成型的片材再进行加热，使之软化后放入成型吹塑模具中进行吹塑。

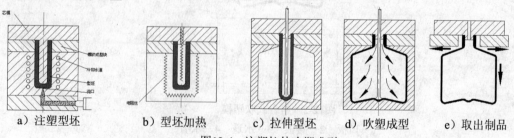

a）注塑型坯　　b）型坯加热　　c）拉伸型坯　　d）吹塑成型　　e）取出制品

图12-4　注塑拉伸吹塑成型

5）注塑拉伸吹塑成型：该方法与注塑吹塑成型方法比较，只是增加了将有底的型坯加以拉伸这一道工序。其过程如下：①先将熔融塑料注入模具，急剧冷却，成型出透明的型坯，如图 12-4a 所示；②型坯的螺纹部分随模具螺纹成型块一起借转盘带动移到加热位置，用电阻丝将型坯内外加热，如图 12-4b 所示；③将加热的型坯移至拉伸吹塑位置，拉伸两倍，如图 12-4c 所示；④将拉伸好的型坯转到下一位置，进行吹塑，如图 12-4d 所示；⑤将拉伸吹塑好的制品转到下一位置，螺纹成型块打开，取出制品，如图 12-4e 所示。图 12-5 所示为注塑拉伸吹塑成型设备结构示意图。

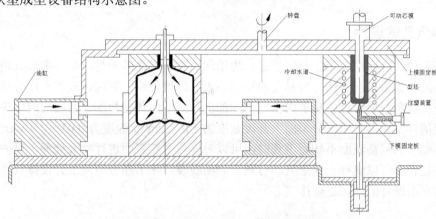

图12-5　注塑拉伸吹塑设备结构示意图

12.4　吹塑成型模设计要点

吹塑成型模设计的好坏直接影响到吹塑产品的质量和生产成本，因此在设计吹塑成型模时，应把握好每一个环节。其设计要点有以下几个。

12.4.1　型坯尺寸的确定

型坯直径与吹塑制品最大直径的比值称为吹胀比。其计算公式为

$$f = \frac{D_1}{d_1}$$

式中　D_1——吹塑制品的最大直径（mm）；
　　　d_1——型坯的直径（mm）。

在实际吹塑成型过程中，吹胀比必须适当选择，一般取 2～4。

12.4.2　夹坯刃口的设计

在吹塑成型模闭合时应将多余的型坯切除。夹坯刃口就是为完成此任务而设置的。夹坯刃口的角度和宽度对吹塑制品的质量有影响。一般夹坯刃口宽度取 1～2mm，刃口角度为

15°～30°，如图 12-6 所示。

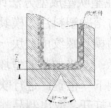

图12-6　夹坯刃口尺寸

12.4.3　排气孔的设计

吹塑成型模闭合后型腔处于封闭状态，为了保证吹塑制品的质量，必须把模具内原有的空气加以排除。如果排气不畅，容易在吹塑制品表面出现斑纹、麻坑、成型不足等缺陷。排气孔应开设在吹塑成型过程中易于聚积空气的部位，如多面体的角部、圆瓶的肩部等处。

吹塑模的排气大多采用在分型面上开设宽度为 10～20mm，深度为 0.03～0.05mm 的排气槽。当吹塑制品的粗糙表面不妨碍美观时，可以对模具型腔表面进行喷丸处理，目的是在吹塑成型时型腔表面可以储存一些空气，有利于制品脱模。除了在分型面上开设排气槽进行排气外，还可利用镶件的间隙进行排气。

12.4.4　冷却管道的布置

为了缩短吹塑制品在模具内的冷却时间并保证制品各个部位均匀冷却，冷却管道应根据壁厚进行布置。如塑料瓶口部位一般比较厚，就应加强此处的冷却。

吹塑模的工作温度通常控制在 20～50℃范围内，其冷却方式与注塑模相同。

12.4.5　收缩率

对于有刻度的定量容器瓶类和瓶口有螺纹的制品，要仔细考虑收缩率对制品质量的影响，其他尺寸精度要求不高的吹塑制品，收缩率影响不大。吹塑成型常用塑料的收缩率见表 12-1。

表12-1　吹塑成型常用塑料的收缩率（%）

塑料名称	收缩率（%）	备注
聚缩醛及其共聚物	1.0 ～ 3.0	
尼龙6	0.5 ～ 2.0	
聚乙烯	1.2 ～ 2.0	低密度
聚乙烯	1.5 ～ 3.5	高密度
聚丙烯	1.2 ～ 2.0	
聚碳酸酯	0.5 ～ 0.8	
聚苯乙烯及改性聚苯乙烯	0.5 ～ 0.8	
聚氯乙烯	0.6 ～ 0.8	

12.4.6　型腔表面的加工要求

许多吹塑制品的外表面均有一定的质量要求，应针对不同要求对模具型腔表面拟订不同的加工方法，如用喷丸处理将表面做成绒面（类似于砂磨玻璃）、用镀铬抛光处理将表面做成镜面、用腐蚀处理将表面做成皮革纹面等。对于聚乙烯吹塑制品，型腔表面通常做成绒面，这有利于制品脱模，防止表面划伤和避免空吸现象。

Creo Parametric

1.0

第13章

吹塑成型模设计实例——塑料瓶

本章导读

　　吹塑成型是在型坯中通入压缩空气使其膨胀，紧贴于吹塑模具型腔壁上，经冷却脱模得到制品的一种加工方法。本章以吹塑成型塑料瓶为例，介绍吹塑模的设计方法、分型面的设计技巧以及在 Creo/MOLDESIGN 模块中进行模具设计的基本流程与相关基础知识。

重点与难点

- 参考模型的布局方法
- 收缩率的设置
- 分型面的设计
- 模具体积块的分割
- 模具元件的抽取
- 冷却系统的设计
- 制模过程
- 模具打开

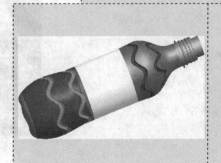

13.1　设计要点分析

塑料可乐瓶外观如图 13-1 所示。由于吹塑成型是由压缩空气将型坯均匀地粘附在型腔内壁上，塑料瓶的薄壁可以看成是模具内腔向内偏移指定的距离，因此模具不需要设计成型塑料瓶内腔的零件。为便于模具的设计，通常要将空心的塑料瓶调整为实心模型。

图 13-1　塑料瓶

13.2　建立模具工程目录

1）在计算机 D 盘的"Moldesign"文件夹中，为模具工程建立一个名为"Plastic Bottle"的文件夹，然后将光盘文件"源文件\第 13 章\ex_1\plastic bottle.prt"复制到"Plastic Bottle"文件夹中。

2）设置工作目录。启动 Creo Parametric 1.0，单击"主页"功能区"数据"面板中的"选择工作目录"按钮 🗐，系统弹出"选取工作目录"对话框，在对话框中选取 D 盘根目录下的"Plastic Bottle"文件夹作为系统当前的工作目录，然后单击对话框中的 [确定] 按钮，将系统工作目录切换到 D：\Moldesign\Plastic Bottle\。

13.3　调整设计模型

1）单击"快速访问"工具栏中的"打开"按钮 🗐，弹出"文件打开"对话框，如图 13-2 所示。在对话框中选取"plasticbottle.prt"，然后单击 [打开 ▾] 按钮，打开"plasticbottle.prt"。

图 13-2　"文件打开"对话框

2）如图 13-3 所示，在模型树中用鼠标右键单击"壳 1"特征，在弹出的菜单中选取"隐含"选项，系统弹出如图 13-4 所示的"隐含"对话框，并在图形显示区中加亮显示抽壳特征。单击"隐含"对话框中的 确定 按钮，结果如图 13-5 所示。

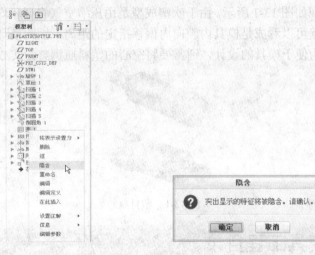

图 13-3　隐含抽壳特征　　　　　　图 13-4　"隐含"对话框

图 13-5　隐含抽壳特征后的设计模型

注意：默认情况下，隐含的特征将不在模型树中显示。若要显示隐含特征，应在导航器中依次单击"设置"→"树过滤器"选项，在弹出的"模型树项"对话框中勾选"隐含的对象"复选框，如图 13-6 所示，然后单击对话框中的 确定 按钮，即可在模型树中显示隐含的特征。隐含特征的前面带有一黑色小方框。

图 13-6　显示隐含特征

3）对塑料瓶开口部分进行拉伸。单击"模型"功能区"形状"面板上的"拉伸"按钮 ⬚，系统弹出"拉伸"操控面板。在"放置"下滑面板上单击 定义... 按钮，系统弹出"草绘"对话框，同时在信息栏中提示 ➡ 选择一个平面或曲面以定义草绘平面。

4）在图形显示区中选取塑料瓶开口端面作为草绘平面，选取 RIGHT 基准面作为参考平面，然后单击"草绘"对话框中 草绘 按钮，如图 13-7 所示。

5）系统弹出"参考"对话框，选取 RIGHT 和 FRONT 基准面作为参考，如图 13-8 所示，单击 关闭(C) 按钮，退出参考设置。

图 13-7 "草绘"对话框　　　　　　图 13-8 "参考"对话框

6）单击视图快速访问工具栏中的"基准显示过滤器"下拉按钮 ⬚，勾选"全选"选项，关闭所有的基准显示，在草绘界面中绘制如图 13-9 所示的截面（阴影区域），然后单击草绘器工具栏中的 ✔ 按钮，退出草绘界面。

图 13-9 草绘拉伸截面

7）系统返回"拉伸"操控面板。在操控面板上选取"指定深度"选项 ⬚（盲孔），输入拉伸高度为 2，然后单击操控面板上的 ∞ 按钮，对创建的毛坯工件进行预览。当预览无误后，单击操控面板上的 ✔ 按钮，结束毛坯工件的创建，结果如图 13-10 所示。

图 13-10 添加拉伸特征后的设计模型

Creo Parametric 1.0

8）保存文件。单击"快速访问"工具栏中的"保存"按钮🖫，弹出"保存对象"对话框，在对话框中接受系统默认的名称，然后单击 确定 按钮。

9）单击"视图"功能区"窗口"面板上的"关闭"按钮🗗，退出零件模块。

13.4 加载参考模型

1）单击"快速访问"工具栏中的"新建"按钮🗋，弹出"新建"对话框。

2）在"新建"对话框的"类型"栏中选取"制造"，在"子类型"栏中选取"模具型腔"，接着在"名称"文本框中输入文件名"Moldesign"，同时取消对"使用默认模板"复选框的勾选，然后单击对话框中的 确定 按钮，如图 13-11 所示。

3）系统弹出"新文件选项"对话框。在对话框的"模板"选项框中选取"mmns_mfg_mold"选项，然后单击对话框中的 确定 按钮，如图 13-12 所示，即可进入 Creo/MOLDESIGN 模块。

图 13-11 "新建"对话框

图 13-12 "新文件选项"对话框

4）在"模具"功能区"参考模型和工件"面板上单击"参考模型"下拉列表中的"定位参考模型"按钮📷，系统弹出如图 13-13 所示的"打开"对话框和如图 13-14 所示的"布局"对话框。

图 13-13 "打开"对话框

5）在"打开"对话框中选取光盘文件"D：\Moldesign\ Plastic Bottle\ plasticbottle.prt"，然后单击对话框中的 打开 ▼ 按钮，系统弹出"创建参考模型"对话框。

6）在"创建参考模型"对话框的"参考模型类型"选项组中选取"按参考合并"单选项，在"参考模型"选项栏的名称文本框中输入参考模型的名称为 PLASTICBOTTLE_REF，如图

13-15 所示，然后单击对话框中的 **确定** 按钮。

7）系统返回"布局"对话框，单击对话框中的"参考模型起点与定向"选项组中的 按钮，系统弹出另一个图形窗口并显示如图 13-16 所示的浮动参考模型界面。

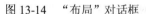

图 13-14　"布局"对话框　　　图 13-15　"创建参考模型"对话框

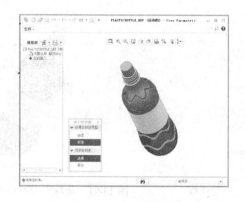

图 13-16　浮动参考模型

8）如图 13-17 所示，在弹出的菜单中依次选取"动态"→"选择"选项，此时在浮动的参考模型中出现如图 13-18 所示的坐标系，同时弹出如图 13-19 所示的"参考模型方向"对话框。

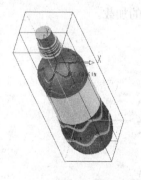

图 13-17　选取"动态"选项　　　　图 13-18　坐标系调整前的浮动参考模型

9）调整坐标系。如图 13-20 所示，在"参考模型方向"对话框中的"坐标系移动/定向"选项组内依次单击 旋转 按钮和 X 按钮，接着输入旋转角度为 90°。此时可以看到参考模

型的坐标系方向发生了变化，如图 13-21 所示。

图 13-19 "参考模型方向"对话框

图 13-20 "参考模型方向"对话框

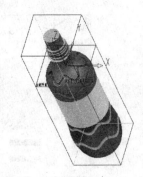

图 13-21 坐标系调整后的浮动参考模型

10）单击"参考模型方向"对话框中的 ▇▇确定▇▇ 按钮，系统返回"布局"对话框。如图 13-22 所示。在"布局"对话框的"布局"选项组中选取"单一"选项，接着单击"布局"对话框中的 ▇▇预览▇▇ 按钮，图形显示区中将显示加载进来的参考模型，如图 13-23 所示。预览无误后，依次单击"布局"对话框中的 ▇▇确定▇▇ 按钮和菜单中的"完成/返回"选项。至此完成了参考模型的加载。

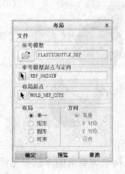

图 13-22 "布局"对话框

图 13-23 加载后的参考模型

11）隐藏参考模型上的基准面和基准轴。仔细观察已加载的参考模型，可发现图形显示区中的基准面有重叠现象，这是参考模型自身的三个基准面与 Creo/MOLDESIGN 模块自身的三个基准面相重合的结果。为了使图形显示区中的画面更简洁些，需要将参考模型自身的基准面和基准轴隐藏起来。如图 13-24 所示，在导航区中依次单击"显示"→"层树"命令，接着展开"活动层对象选取"列表框，在其中选取参考模型"PLASTICBOTTLE_REF.PRT"，此时参考模型所有图层均在下方的导航区显示出来，按住 Ctrl 键，选取"01_PRT_ALL_DTM_PLN"图层和"02_PRT_ALL_AXES"图层，然后单击鼠标右键，在弹出的快捷菜单中选取"隐藏"选项。

图 13-24　隐藏参考模型上的基准面和基准轴

12）将参考模型自身的基准面和基准轴隐藏完后，在导航区中依次单击"显示"→"模型树"命令，返回到模型树列表状态，如图 13-25 所示。

图 13-25　返回模型树

13）保存文件。单击"快速访问"工具栏中的"保存"按钮，系统弹出"保存"对话框。在对话框中接受系统默认的文件名"MOLDESIGN.MFG"，然后单击对话框中的 确定 按钮。文件保存后，将在工作目录 D：\Plastic Bottle 下增加三个文件，如图 13-26 所示。

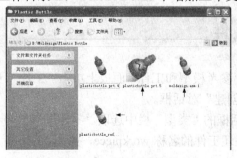

图 13-26　保存后的文件

13.5 设置收缩率

1）在"模具"功能区"修饰符"面板上单击"收缩"下拉列表中的"按比例收缩"按钮，系统弹出"按比例收缩"对话框，同时在信息中提示用户 ● 选择坐标系 。。

2）如图 13-27 所示，在图形显示区中选取参考模型坐标系 PRT_CSYS_DEF 作为收缩中心，接着在"按比例收缩"对话框的"收缩率"文本框中输入收缩率"0.025"，如图 13-28 所示，然后单击对话框中的 ✓ 按钮，退出"按比例收缩"对话框。

图 13-27　选取收缩中心　　　　　　　　　　图 13-28　"按比例收缩"对话框

3）单击"模具"功能区"分析"面板上的"收缩信息"按钮，系统将弹出如图 13-29 所示的"信息窗口"对话框，在此可以查看参考模型的收缩情况。最后依次单击"信息窗口"对话框中的 关闭 按钮，退出收缩功能设置。

图 13-29　"信息窗口"对话框

13.6 创建毛坯工件

1）在"模具"功能区"参考模型和工件"面板上单击"工件"下拉列表中的"创建工件"按钮，系统弹出"元件创建"对话框。

2）在"元件创建"对话框的"类型"栏中选取"零件"，在"子类型"栏中选取"实体"，在"名称"文本框中输入毛坯工件的名称 workpiece，如图 13-30 所示，然后单击对话框中的 确定 按钮。

3）系统弹出如图 13-31 所示的"创建选项"对话框。在对话框中的"创建方法"选项组中选取"创建特征"选项，然后单击对话框中的 确定 按钮。

图 13-30 "元件创建"对话框   图 13-31 "创建选项"对话框

4）单击"模型"功能区"形状"面板上的"拉伸"按钮，系统弹出"拉伸"操控面板。在"放置"下滑面板上单击 定义... 按钮，系统弹出"草绘"对话框，同时在信息栏中提示 选择一个平面或曲面以定义草绘平面 。

5）在图形显示区中选取 MOLD_FRONT 基准面作为草绘平面，选取 MOLD_RIGHT 基准面作为参考平面，然后单击"草绘"对话框中 草绘 按钮，如图 13-32 所示。

图 13-32 "草绘"对话框

6）系统弹出如图 13-33 所示的"参考"对话框，同时在信息栏中提示 选择垂直曲面、边或顶点，截面将相对于它们进行尺寸标注和约束 。在图形显示区中选取 MOLD_RIGHT、MAIN_PARTING_PLN 基准面及瓶口拉伸特征的断面作为草绘截面的尺寸标注参考。然后单击对话框中的 关闭(C) 按钮，进入草绘界面。

7）单击视图快速访问工具栏中的"基准显示过滤器"下拉按钮，勾选"全选"选项，关闭所有的基准显示，接着在草绘界面中绘制如图 13-34 所示的截面（阴影区域）。然后单击草绘器工具栏中的 ✔ 按钮，退出草绘界面。

Creo Parametric 1.0

295

图 13-33　"参考"对话框　　　　　　　图 13-34　草绘拉伸截面

8）系统返回"拉伸"操控面板。选取操控面板上"两侧对称"选项 ，接着输入拉伸高度为 30，然后单击操控面板上的 按钮，对创建的毛坯工件进行预览。当预览无误后，依次单击操控面板上的 按钮，结束毛坯工件的创建。

9）在模型树中选取"MOLDESIGN.ASM"模型，单击鼠标右键后在快捷菜单中选取"激活"选项，结果如图 13-35 所示。

图 13-35　创建的毛坯工件

13.7　设计分型面

为便于吹塑成型后塑料瓶能顺利脱模，本例共设计了两个分型面，如图 13-36 所示。

第一分型面

第二分型面

图 13-36　分型面

13.7.1　创建第一分型面

1）单击"模具"功能区"分型面和模具体积块"面板上的"分型面"按钮，系统进入分型面创建模式。

2）单击"分型面"功能区"曲面设计"面板上的"填充"按钮，系统弹出"填充"操控面板，如图 13-37 所示。单击"填充"操控面板上的"参考"下滑按钮，在弹出的下滑面板上单击　定义...　按钮，接着系统弹出"草绘"对话框，同时在信息栏中提示用户➡选择一个平面或曲面以定义草绘平面。。

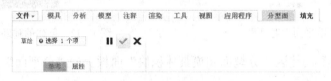

图 13-37　"填充"操控面板

3）在图形显示区中选取 MOLD_FRONT 基准平面作为草绘平面，选取 MOLD_RIGHT 基准面作为参考平面，然后单击"草绘"对话框中 草绘 按钮，如图 13-38 所示。

4）系统进入草绘界面。单击视图快速访问工具栏中的"基准显示过滤器"下拉按钮，勾选"全选"选项，关闭所有的基准显示。接着单击"草绘"功能区"草绘"面板上的"投影"按钮，通过捕捉毛坯工件的外轮廓线绘制如图 13-39 所示的截面（阴影区域）。然后单击草绘器工具栏中的✔按钮，退出草绘界面。

5）系统返回"填充"操控面板，单击操控面板上的✔按钮，完成平整分型面的创建，结果如图 13-40 所示。然后单击分型面创建模式界面上的✔按钮，退出分型面创建模式。

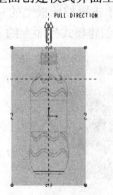

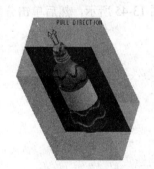

图 13-38　"草绘"对话框　　　图 13-39　草绘填充截面　　　图 13-40　创建的分型面

13.7.2　创建第二分型面

1）创建辅助基准平面。单击"模具"功能区"基准"面板上的"平面"按钮，系统弹出"基准平面"对话框，同时在信息栏中提示用户➡选择3个参考(例如平面、曲面、边或点)以放置平面。。

2）在图形显示区中，选取 MAIN_PARTING_PLN 基准面作为平移面，接着在"基准平

面"对话框中的"平移"文本框中输入平移距离为 5.5, 如图 13-41 所示, 然后单击对话框中的 确定 按钮, 完成辅助基准面的创建, 结果如图 13-42 所示。

图 13-41 "基准平面"对话框

图 13-42 创建的辅助基准面

3)单击"模具"功能区"分型面和模具体积块"面板上的"分型面"按钮 ▣, 系统进入分型面创建模式。

4)单击"分型面"功能区"曲面设计"面板上的"填充"按钮 ▣, 系统弹出"填充"操控面板。单击操控面板上的"参考"下滑按钮, 在弹出的滑面板上单击 定义... 按钮, 系统弹出"草绘"对话框, 同时在信息栏中提示用户 ➡选择3个参考(例如平面、曲面、边或点)以放置平面。。

5)在图形显示区中选取辅助基准面 ADTM1 作为草绘平面, 选取 MOLD_RIGHT 基准面作为参考平面, 然后单击"草绘"对话框中 草绘 按钮, 如图 13-43 所示。

6)系统进入草绘界面。单击视图快速访问工具栏中的"基准显示过滤器"下拉按钮 ⅩⅩ, 勾选"全选"选项, 关闭所有的基准显示, 接着单击"草绘"功能区"草绘"面板上的"投影"按钮 ▣, 通过捕捉毛坯工件的外轮廓线绘制如图 13-44 所示的截面(阴影区域)。然后单击草绘器工具栏中的 ✔ 按钮, 退出草绘界面。

7)系统返回"填充"操控面板。单击操控面板上的 ✔ 按钮, 完成平整分型面的创建, 结果如图 13-45 所示, 然后单击分型面创建模式界面上的 ✔ 按钮, 退出分型面创建模式。

图 13-43 "草绘"对话框

图 13-44 草绘填充截面

图 13-45 创建的分型面

13.8 分割模具体积块

1)以第一分型面分割毛坯工件。如图 13-46 所示, 在"模具"功能区"分型面和模具体积块"面板上单击"模具体积块"下拉列表中的"体积块分割"按钮 ▣, 系统弹出"分割体积块"菜单，在菜单中依次选取"两个体积块"→"所有工件"→"完成"选项。

2）系统弹出如图 13-47 所示的"分割"对话框和如图 13-48 所示的"选择"对话框，同时在信息栏中提示用户 ⇨ 为分割工件选择分型面。

图 13-46 "分割体积块"菜单　　图 13-47 "分割"对话框　　图 13-48 "选择"对话框

3）在图形显示区中选取第一分型面作为分割毛坯工件的分型面，如图 13-49 所示，然后单击"选择"对话框中的 确定 按钮，结束分型面的选取。

4）系统返回"分割"对话框。单击对话框中的 确定 按钮，弹出"属性"对话框，在对话框的"名称"文本框中接受系统默认的名称，如图 13-50 所示，接着单击"属性"对话框中的 着色 按钮，在图形显示区中将显示如图 13-51 所示的模具体积块，然后单击"属性"对话框中的 确定 按钮。

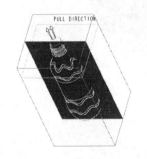

图 13-49 选取第一分型面　　图 13-50 "属性"对话框　　图 13-51 MOLD_VOL_1 体积块

5）系统再次弹出"属性"对话框。在对话框的"名称"文本框中接受系统默认的名称，如图 13-52 所示，接着单击对话框中的 着色 按钮，在图形显示区中将显示出如图 13-53 所示的模具体积块，然后单击"属性"对话框中的 确定 按钮。

6）以第二分型面分割 MOLD_VOL_1 模具体积块。在"模具"功能区"分型面和模具体积块"面板上单击"模具体积块"下拉列表中的"体积块分割"按钮，系统弹出"分割体积块"菜单，如图 13-54 所示，在菜单中依次选取"两个体积块"→"模具体积块"→"完成"选项。

7）系统弹出"分割"对话框和"搜索工具：1"对话框，同时在信息栏中提示用户 ⇨ 选择模具元件体积块。

8）在"搜索工具：1"对话框的"找到 2 个项目"列表框中选取"面组：F11（MOLD_VOL_1）"作为要分割的体积块，接着单击对话框中的 >> 按钮，将选取的体积块添加到所选项目列表中，如图 13-55 所示，然后单击对话框中的 关闭 按钮，结束模具体积块的选取。

299

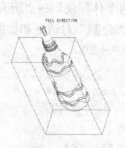

图 13-52　"属性"对话框　　　图 13-53　MOLD_VOL_2 体积块　　　图 13-54　"分割体积块"菜单

9）系统弹出"选择"对话框，同时在信息栏中提示用户 ➡ 为分割选定的模具体积块选择分型面。，如图 13-56 所示，在图形显示区中选取第二分型面作为分割 MOLD_VOL_1 体积块的分型面。然后单击"选择"对话框中的 确定 按钮，结束分型面的选取。

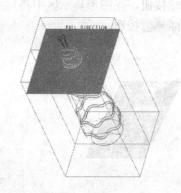

图 13-55　"搜索工具：1"对话框　　　　　　图 13-56　选取分型面

10）系统返回"分割"对话框。单击对话框中的 确定 按钮，弹出"属性"对话框，在对话框的"名称"文本框中接受系统默认的名称，如图 13-57 所示，接着单击"属性"对话框中的 着色 按钮，在图形显示区中将显示如图 13-58 所示的模具体积块，然后单击对话框中的 确定 按钮。

图 13-57　"属性"对话框　　　　　　图 13-58　MOLD_VOL_3 体积块

11）系统再次弹出"属性"对话框。在对话框的"名称"文本框中接受系统默认的名称，如图 13-59 所示，接着单击对话框中的 着色 按钮，在图形显示区中将显示出如图 13-60 所示的模具体积块，然后单击"属性"对话框中的 确定 按钮。

图 13-59　"属性"对话框

图 13-60　MOLD_VOL_4 体积块

12）以第二分型面分割 MOLD_VOL_2 模具体积块。在"模具"功能区"分型面和模具体积块"面板上单击"模具体积块"下拉列表中的"体积块分割"按钮 ，系统弹出"分割体积块"菜单，在菜单中依次选取"两个体积块"→"模具体积块"→"完成"选项。

13）系统弹出"分割"对话框和"搜索工具：1"对话框，同时在信息栏中提示用户 选择模具元件体积块。在"搜索工具：1"对话框的"找到 3 个项目"列表框中选取"面组：F12（MOLD_VOL_2）"作为要分割的体积块，接着单击对话框中的 >> 按钮，将选取的体积块添加到所选项目列表中，如图 13-61 所示，然后单击对话框中的 关闭 按钮，结束模具体积块的选取。

图 13-61　"搜索工具：1"对话框

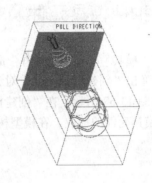

图 13-62　选取分型面

14）系统弹出"选择"对话框，同时在信息栏中提示用户 为分割选定的模具体积块选择分型面。如图 13-62 所示，在图形显示区中选取第二分型面作为分割 MOLD_VOL_2 体积块的分型面。然后单击"选择"对话框中的 确定 按钮，结束分型面的选取。

15）系统返回"分割"对话框。单击对话框中的 确定 按钮，弹出"属性"对话框，在对话框的"名称"文本框中接受系统默认的名称，如图 13-63 所示，接着单击"属性"对话框中的 着色 按钮，在图形显示区中将显示如图 13-64 所示的模具体积块，然后单击"属性"对话框中的 确定 按钮。

16）系统再次弹出"属性"对话框。在对话框的"名称"文本框中接受系统默认的名称，如图 13-65 所示，接着单击对话框中的 着色 按钮，在图形显示区中将显示出如图 13-66 所示

Creo Parametric 1.0

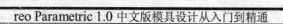

的模具体积块，然后单击"属性"对话框中的 确定 按钮。

图 13-63　"属性"对话框

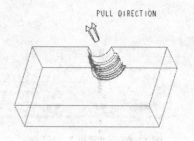

图 13-64　MOLD_VOL_5 体积块

图 13-65　"属性"对话框

图 13-66　MOLD_VOL_6 体积块

13.9　抽取模具元件

1）在"模具"功能区"元件"面板上单击"模具元件"下拉列表中的"型腔镶块"按钮 ，系统弹出"创建模具元件"对话框。

2）如图 13-67 所示，在"创建模具元件"对话框中，依次单击 ≡ 按钮和 确定 按钮，完成模具元件的抽取。在模型树窗口中，系统将自动产生如图 13-68 所示的模具元件特征。

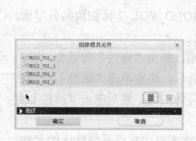

图 13-67　"创建模具元件"对话框

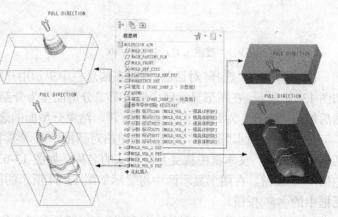

图 13-68　抽取得到的模具元件

13.10 设计冷却系统

1）创建辅助基准平面。单击"模具"功能区"基准"面板上的"平面"按钮 ⌑，系统弹出"基准平面"对话框，同时在信息栏中提示用户 ⇨ 选择3个参考（例如平面、曲面、边或点）以放置平面。。

2）在图形显示区中，选取 MOLD_FRONT 基准面作为平移面，接着在"基准平面"对话框中的"平移"文本框中输入平移距离为 10，如图 13-69 所示，然后单击对话框中的 确定 按钮，完成辅助基准面的创建，结果如图 13-70 所示。

图 13-69 "基准平面"对话框   图 13-70 创建的辅助基准面

3）单击"模具"功能区"生产特征"面板上的"等高线"按钮 ，弹出提示文本框，输入等高线圆环直径值为 1，如图 13-71 所示，单击 按钮。系统弹出如图 13-72 所示的"等高线"对话框及"设置草绘平面"菜单，同时在信息栏中提示用户 ⇨ 选择或创建一个草绘平面。。

图 13-71 输入等高线圆环直径   图 13-72 "等高线"对话框及"设置草绘平面"菜单

4）在图形显示区中选取辅助基准面 ADTM2 作为草绘平面。接着系统弹出"草绘视图"菜单，如图 13-73 所示，同时在信息栏中提示用户 ⇨ 为草绘选择或创建一个水平或竖直的参考。，在"草绘视图"菜单中选取"默认"选项。

5）在草绘界面中绘制如图 13-74 所示的等高线回路，然后单击草绘器工具栏中的 按钮，退出草绘界面。

6）系统弹出"相交元件"对话框。单击对话框中的 按钮，接着在模型树中选取 MOLD_VOL_4 和 MOLD_VOL_6 模具元件作为相交元件，如图 13-75 所示，然后单击对话框中的 确定 按钮。

7）系统返回"等高线"对话框。在对话框中，用鼠标左键双击"末端条件"选项，系统弹出如图 13-76 所示的"尺寸界线末端"菜单，同时在信息栏中提示用户 ⇨ 指定曲线段设置末端条件。。按住 Ctrl 键选取等高线回路的两个端点，如图 13-77 所示。然后单击"选择"菜单中的 确定 按钮，完成端点的选取。

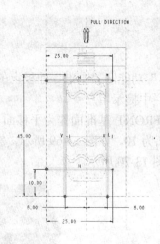

（右侧）相交元件对话框

图 13-73　"草绘视图"菜单　　图 13-74　草绘等高线回路　　图 13-75　"相交元件"对话框

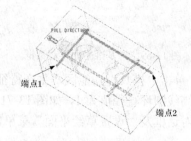

图 13-76　"尺寸界线末端"菜单　　　　　　图 13-77　选取等高线端点

8）系统弹出如图 13-78 所示的"规定端部"菜单。在菜单中依次选取"通过 w/沉孔" →"完成/返回"选项，接着在弹出的文本框中输入第一端点沉孔直径为 2，深度为 2；输入第二端点沉孔直径为 2，深度为 2。

9）系统返回"尺寸界线末端"菜单。单击菜单中的"完成/返回"选项，结束等高线末端条件的设置。

10）系统返回"等高线"对话框。单击对话框中的 确定 按钮，完成等高线回路的创建，生成的等高线如图 13-79 所示。

图 13-78　"规定端部"菜单　　　　　　　图 13-79　创建的等高线

11）按住 Ctrl 键，在模型树中选取刚创建的辅助基准面 ADTM2 和等高线特征 WATERLINE_1，接着单击鼠标右键，在弹出的菜单中选取"组"选项，如图 13-80 所示，然后单击"模型"功能区"修饰符"面板上的"镜像"按钮。

图 13-80 组合特征   图 13-81 "镜像"操控面板

12）系统弹出如图 13-81 所示的"镜像"操控面板，同时在信息栏中提示用户选择要镜像的平面或目的基准平面。。

13）在图形显示区中，选取 MOLD_FRONT 作为镜像平面，然后单击"镜像"操控面板上的 ✓ 按钮，完成等高线特征的镜像操作，结果如图 13-82 所示。

图 13-82 镜像操作结果

13.11 填充模具型腔

1）单击"模具"功能区"元件"面板上的"创建铸模"按钮，弹出如图 13-83 所示的文本输入框，在文本框中输入"MOLDING"作为制模零件的名称，然后单击文本框后的 ✓ 按钮。

图 13-83 输入制模零件名称

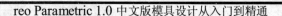

2）在信息栏中，系统继续弹出如图 13-84 所示的文本框，要求用户输入制模零件的公用名称，在文本框中输入"MOLDING"作为制模零件的公用名称，然后单击文本框后的 ✔ 按钮。

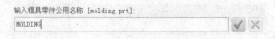

图 13-84　输入制模零件的公用名称

3）在模型树中，系统自动产生一个实体零件：MOLDING.PRT。用鼠标右键单击该零件，在弹出的快捷菜单中选取"打开"选项，如图 13-85 所示。系统将打开零件模块以显示制模零件的效果，如图 13-86 所示。

图 13-85　打开制模零件

图 13-86　制模零件

13.12　模拟模具开模过程

1）遮蔽参考模型、毛坯工件、分型面。如图 13-87 所示，在模型树中依次选取 PLASTICBOTTLE_REF_PRT、WORKPIECE.PRT、填充 1[PART_SURF_1-分型面]和填充 2[PART_SURF_2-分型面]，然后单击鼠标右键，在弹出的快捷菜单中选取"隐藏"选项。

2）移动"MOLD_VOL_3"和"MOLD_VOL_4"模具元件。单击"模具"功能区"分析"面板上的"模具开模"按钮 ⧎，在弹出的菜单中依次选取"定义间距"→"定义移动"选项，系统弹出"选择"对话框，菜单选取如图 13-88 所示。

系统在信息栏中提示用户 ⇨为迁移号码1 选择构件。。按住 Ctrl 键，在模型树中选取 "MOLD_VOL_3"和"MOLD_VOL_4"模具元件，然后单击"选择"对话框中的 确定 按钮，完成零件的选取。

3）系统在信息栏中提示用户。在图形显示区中选取如图 13-89 所示的边作为移动方向，接着在信息栏文本框中输入-10 作为平移值，单击 ✔ 按钮。然后单击"定义间距"菜单中的 "完成"选项，完成"MOLD_VOL_3"和"MOLD_VOL_4"模具元件的移动。结果如图 13-90 所示。

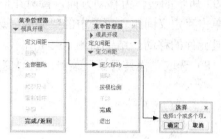

图 13-87　遮蔽参考模型、毛坯工件、分型面　　　　图 13-88　菜单选取

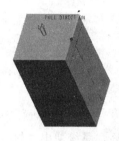

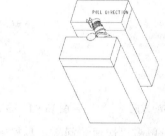

图 13-89　选取移动方向　　　　图 13-90　移动"MOLD_VOL_3"和"MOLD_VOL_4"模具元件

4）移动"MOLD_VOL_5"和"MOLD_VOL_6"模具元件。在弹出的菜单中依次选取"定义间距"→"定义移动"选项，系统弹出"选择"对话框，同时在信息栏中提示用户 ⇨ 为迁移号码 1 选择构件。。在模型树中选取"MOLD_VOL_5"和"MOLD_VOL_6"模具元件，然后单击"选取"对话框中的 确定 按钮，完成零件的选取。

5）系统在信息栏在提示用户 ⇨ 通过选择边、轴或面选择分解方向。。在图形显示区中选取如图 13-91 所示的边作为移动方向，接着在信息栏文本框中输入 10 作为平移值，单击 ✓ 按钮，然后单击"定义间距"菜单中的"完成"选项，完成"MOLD_VOL_5"和"MOLD_VOL_6"模具元件的移动。结果如图 13-92 所示。

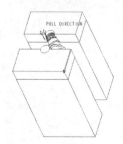

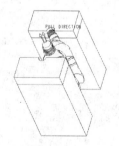

图 13-91　选取移动方向　　　图 13-92　移动"MOLD_VOL_5"和"MOLD_VOL_6"模具元件

6）移动"MOLD_VOL_3"和"MOLD_VOL_5"模具元件。在弹出的菜单中依次选取"定义间距"→"定义移动"选项，系统弹出"选择"对话框，同时在信息栏中提示用户

➪为迁移号码1 选择构件。。在模型树中选取"MOLD_VOL_3"和"MOLD_VOL_5"模具元件，然后单击"选取"对话框中的 确定 按钮，完成零件的选取。

7）系统在信息栏在提示用户 ➪通过选择边、轴或面选择分解方向。。在图形显示区中选取如图 13-93 所示的边作为移动方向，接着在信息栏文本框中输入 5 作为平移值，单击 ✓ 按钮，然后单击"定义间距"菜单中的"完成"选项，完成"MOLD_VOL_3"和"MOLD_VOL_5"模具元件的移动。结果如图 13-94 所示。

8）选取"模具开模"菜单中的"完成/返回"选项，完成开模操作。

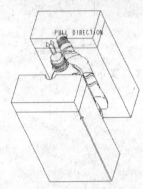
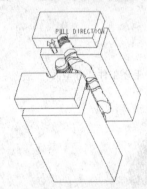

图 13-93　选取移动方向　　　　　图 13-94　移动"MOLD_VOL_3"和"MOLD_VOL_5"模具元件

9）保存文件。单击"快速访问"工具栏中的"保存"按钮 ⬛，系统弹出"保存对象"对话框。在对话框中接受系统默认的文件名"MOLDESIGN.MFG"，然后单击对话框中的 确定 按钮。

第 **14** 章

冲压模设计基础

本章导读

　　冲压加工是利用压力机通过模具对板材加压，使其产生塑性变形或者分离，从而获得一定形状、尺寸和性能的零件。由于冲压主要用于加工板料零件，所以也叫板料冲压。本章着重介绍冲压加工技术及其模具设计的一些基础知识，为后续章节的学习打基础。

重点与难点

- 冲压加工特点
- 冲压加工基本工序
- 冲压常用材料
- 冲压常用设备
- 冲压模具的分类

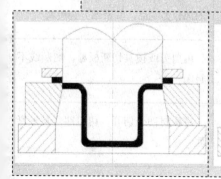

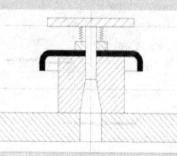

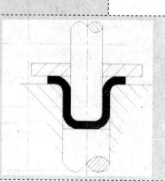

14.1　冲压加工特点

冲压加工与其他加工方法相比，无论在技术方面还是经济方面，都有许多独特的优点：

1）在压力机的简单冲击下，能获得壁薄、重量轻、刚性好、形状复杂的零件，这些零件用其它方法难以加工甚至无法加工；

2）所加工的零件精度高、尺寸稳定，具有良好的互换性；

3）冲压加工是无屑加工，材料利用率高；

4）生产率高，生产过程容易实现机械化、自动化；

5）操作简单，便于组织生产。

冲压加工的主要缺点是模具的设计制造周期长、费用高，因此只适宜大批量的生产，在小批量生产中受到一定的限制。

14.2　冲压加工基本工序

冲压加工的零件，种类繁多，对零件形状、尺寸、精度的要求各有不同，其冲压加工方法也是多种多样的，但概括起来，可以分为分离工序和成形工序两大类。

14.2.1　分离工序

分离工序是将冲压件或废料沿一定轮廓相互分离，其特点是板料在冲压作用下发生剪切而分离。该工序主要包括冲孔、落料、切断等，见表 14-1。

表 14-1　分离工序

工序名称		图　例	工序特点
冲裁	冲孔		用模具沿封闭轮廓冲切板料，冲下的部分是废料
	落料		用模具沿封闭轮廓冲切板料，冲下的部分为制品，其余部分为废料
剪切			用剪刀或模具切断板料，切断线不封闭
切口			将板材部分切开，切口部分发生弯曲

（续）

切边		将拉深或成形后的半成品边缘部分的多余材料切掉
剖切		将半成品切开成两个或多个制品

14.2.2　成形工序

成形工序是在不破坏拌料的条件下使板料产生塑性变形，形成所需形状和尺寸的零件，其特点是板料在冲压作用下，变形区应力满足屈服准则，因而板料只发生塑性变形而不破裂。该工序主要包括弯曲、拉深、翻边、缩口、扩口、校平等，见表 14-2。

表 14-2　成形工序

工序名称		图　例	工序特点
弯曲			用模具使板料弯成一定形状
卷圆			使用模具将板料端部卷圆
拉深			将板材拉深成空心的制品，壁厚基本保持不变
翻边	内孔翻边		使用模具将板料或制品上有孔的边缘翻成竖立边缘
	外缘翻边		使用模具将板料外缘翻起呈圆弧或曲线状的竖立边缘
缩口			将空心件的口部缩小
扩口			将空心件或管状件的口部扩大

Creo Parametric 1.0

311

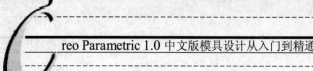
（续）

起伏		在板料或制品上压出筋条、花纹或文字，在起伏的整个厚度上都有变薄
卷边		将空心件的边缘卷成一定的形状
胀形		使空心件或管状件的一部分沿径向扩张呈凸肚形
校平		将板料或制品不平的面予以压平

14.3 冲压常用材料

冲压件所用的材料是多种多样的，绝大多数是板料、带料及块料，有时也对某些型材及管材进行冲压加工。材料类别包括黑色金属、有色金属和非金属三大类。其中主要以各种金属板料为冲压加工的对象。本节主要介绍冲压生产中较常用的各种金属材料的品种与规格。

14.3.1 对冲压所用材料的要求

冲压所用材料，不仅要满足工件的技术要求，同时也必须满足冲压工艺要求。冲压材料要求包括以下几方面：

1）应具有良好的塑性。在成形工序中，塑性好的材料，其允许的变形程度大，弯曲件可获得较小的弯曲半径，拉深件可获得较小的拉深系数，由此可以减少工件成形所需的工序数以及中间退火的次数，甚至可以不要中间退火。在分离工序中，具有良好的塑性才能获得理想的端面质量。

2）应具有光洁平整且无缺陷和损伤的表面状态。表面状态好的材料，加工时不易破裂，也不容易擦伤模具，制成的零件也有良好的表面状态。

3）料的厚度公差应符合国家标准。因为一定的模具间隙适应于一定厚度的材料、材料厚度的公差太大，不仅会影响工件的质量，还可能导致产生废品和损伤模具。

14.3.2 材料的种类和规格

冲压生产中常用的材料是金属材料，有时也用非金属材料。

金属板料分黑色金属和有色金属两种。

1. 黑色金属板料

（1）碳素钢钢板：这类钢板有 Q195、Q215A、Q215B、Q235A 等牌号。

（2）优质碳素结构钢钢板：这类钢板主要用于复杂变形的弯曲件和拉深件，有 08、10、15、20、35、45、50 及 15Mn、20Mn、25 Mn45

Mn 等牌号。作为深拉深用冷轧薄钢板主要有 08F、08、10、15、20 等，按其表面质量分为三组：Ⅰ组—高质量表面；Ⅱ组—较高质量表面；Ⅲ组—一般质量表面。对其他深拉深薄钢板，按冲压性能分为三个级别：Z—最深拉深；S—深拉深；P—普通拉深。

2. 有色金属板料

（1）黄铜板：其特点是有很好的塑性和较高的强度及耐蚀性，焊接性能优良。常用的有 H68、H62，前者用于深拉深，后者用于冲裁、弯曲和浅拉深。

（2）铝板：其特点是塑性很好，密度小，导电、导热性良好，主要用于制造仪表的面板及各种罩壳、支架等零件，常用的有 L2、L3、L5 等。

冲压用材料大部分是各种规格的板料、带料、条料和块料。

板料的尺寸较大，可用于大型零件的冲压，也可通过剪裁制成条料，其规格可查国家标准。

条料是根据冲压件的需要，用板料裁剪而成的，用于中小零件的冲压。

带料又称卷料，有各种不同的宽度和长度，宽度在 300mm 以下，长度可达几十米，适用于大批量生产的自动送料。

块料适用于小批量生产和价值昂贵的有色金属的冲压。

14.4 冲压模具的分类

冲压模是冲压生产中不可或缺的工艺设备。冲压模的结构应满足冲压生产的要求，不仅要冲压出合格的零件和适应生产批量的要求，而且要考虑制造是否容易、使用是否方便、操作是否安全、成本是否低廉等方面的要求。随着冲压技术的发展和新型模具材料的出现，对模具的结构及模具的制造、装配和调整等都产生一定的影响。

冲压模具的结构形式很多，一般可按以下特征进行分类：

1. 根据冲压工艺性质分类

根据冲压工艺性质，冲压模具可以分为以下几种类型：

（1）冲裁模：沿封闭或敞开的轮廓线使材料产生分离的模具，如落料模、冲孔模、切断模、切口模、切边模、剖切模。

（2）弯曲模：使平板坯料沿着直线（弯曲线）产生弯曲变形，从而获得一定角度和形状的制品的模具。

（3）拉深模：把平板坯料制成开口空心制品，或使空心件进一步改变形状和尺寸的模具。

（4）成形模：将坯料或工序件按凸、凹模的形状直接复制成形，而材料本身仅产生局部塑性变形的模具。如胀形模、缩口模、扩口模、起伏成形模、翻边模等。

2. 根据冲压工序组合程度分类

Creo Parametric 1.0

根据冲压模的工序组合程度，冲压模具可以分为以下类型：

（1）简单模：压力机一次行程中，只完成一道冲压工序的模具。根据凸模的多少，简单模又可分为一个凸模的简单模和多个凸模及多孔凹模的复式模。

（2）复合模：在压力机的一次行程中，在模具的同一工位上完成两道或两道以上不同工序的模具。复合模的结构特点主要表现在具有复合式的凸凹模，它既起落料凸模作用，又起冲孔凹模的作用。

（3）级进模：在压力机的一次行程中，在模具的不同工位上逐次完成两道或两道以上工序的模具。级进模所完成的冲压工序依次分布在条料送进方向上，压力机每次行程条料送进一个步距，同时冲出相应的工序。条料送到最后工位时，完成全部冲压工序。使用级进模可以减少模具和设备的数量，提高生产效率。例如，冲制环形垫圈，如用简单模，需要落料、冲孔两套模具，而改用级进模则可把落料冲孔两道工序合并，在一套模具上完成。

14.5 冲压设备的选取

根据零件大小、所需的冲压力（包括压料力、卸料力等）、冲压工序的性质和工序数目、模具的结构形式、模具闭合高度和轮廓尺寸，结合现有设备的情况来决定所需设备的类型、吨位、型号和数量。

选取冲压设备和设计模具的工作是相互联系的，许多工作可交叉进行或同时进行。如先根据计算的冲压力粗选冲压设备，在模具的轮廓尺寸较大时，还需重选与此匹配的设备，使设备的闭合高度、落料孔的尺寸与模具结构尺寸相适应。通常，设计冲压模具和选取冲压设备时应注意以下几点：

1）为保证冲压模准确和平衡地工作，冲压模的压力中心必须通过模柄轴线与压力机滑块中心线重合，以免滑块受偏心载荷，从而减少冲压模具和压力机导轨的不正常磨损。

2）冲压模具的闭合高度 H 应介于压力机的最大装模高度 H_{max} 和最小装模高度 H_{min} 之间，即满足关系式

$$H_{min} +10mm< H <H_{max} —5mm$$

其中，压力机的装模高度是指滑块在下死点时，滑块下表面至工作台垫板上表面之间的距离。

3）对于深拉深的模具，要计算拉深功，校核压力机的电动机功率。

4）拉深、弯曲工序一般需要较大行程。在拉深中，为了便于安装毛坯和取出工件，要校核模具出件时压力机的行程。

第 **15** 章

冲压模设计实例——垫圈

本章导读

    冲压模具是冲压生产中不可或缺的工艺装备。本章以冲压成形垫圈零件为例，介绍复合冲压模的设计技巧与相关基础知识。

重点与难点

- 复合冲压模具的结构组成
- 参考模型的加载
- 模架及其相关零件的装配设计方法

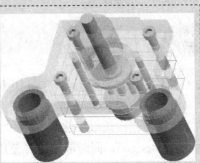

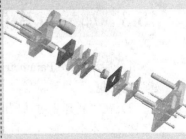

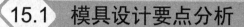

15.1 模具设计要点分析

垫圈零件如图 15-1 所示。根据垫圈的结构特点，本例采用落料冲孔复合模进行该零件的生产。模具整体结构如图 15-2 所示。

图 15-1 垫圈零件

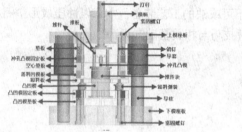

图 15-2 垫圈复合冲压模具结构图

15.2 建立模具工程文件

1）在计算机 D 盘的"Moldesign"文件夹中，为模具工程建立一个名为"Gasket"的文件夹，然后将光盘文件"源文件\第 15 章\ex_1\gasket.prt"复制到"Gasket"文件夹中。

2）设置工作目录。启动 Creo Parametric 1.0，然后单击"主页"功能区的"数据"面板中的"选择工作目录"按钮，系统弹出"选取工作目录"对话框，在对话框中选取 D 盘根目录下的"Gasket"文件夹作为系统当前的工作目录，然后单击对话框中的　确定　按钮，将系统工作目录切换到 D：\Moldesign\Gasket\。

15.3 加载参考模型

1）启动 Creo Parametric 1.0，单击"快速访问"工具栏中的"新建"按钮，弹出"新建"对话框。

2）在"新建"对话框的"类型"栏中选取"装配"，在"子类型"栏中选取"设计"，在"名称"文本框中输入文件名"Moldesign"，同时取消对"使用默认模板"复选框的勾选，然后单击对话框中的　确定　按钮，如图 15-3 所示。

3）系统弹出"新文件选项"对话框。在对话框的"模板"选项框中选取"mmns_asm_design"
选项，如图 15-4 所示，然后单击 **确定** 按钮，系统进入装配模块。

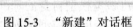

图 15-3 "新建"对话框   图 15-4 "新文件选项"对话框

4）装配参考模型。单击"模型"功能区"元件"面板上的"装配"按钮 ，在弹出的
"打开"对话框中选取 "gasket.prt"，然后单击对话框中的 **打开** ▾ 按钮，如图 15-5 所示。

图 15-5 "打开"对话框

5）系统在图形显示区中导入参考模型，弹出"元件放置"操控面板，选取约束类型为"
默认"，"元件放置"操控面板设置如图 15-6 所示，表示在默认位置装配参照模型。此时操控
面板上"状况"后面显示为"完全约束"。单击操控面板中的"完成"按钮 ，完成参考模
型的装配，如图 15-7 所示。

图 15-6 "装配"操控面板

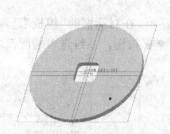

图 15-7　装配后的参考模型

6）隐藏参考模型的基准面和基准轴。仔细观察已加载的参考模型，可发现图形显示区中的基准面有重叠现象，这是参考模型自身的三个基准面与装配模块自身的三个基准面相重合的结果。为了使图形显示区中的画面更简洁些，需要将参考模型自身的基准面和基准轴隐藏起来。在导航区中依次单击"显示"→"层树"命令，接着展开"活动层对象选取"列表框，在其中选取参考模型"GASKET.PRT"，此时参考模型所有图层均在下方的导航区显示出来，按住 Ctrl 键，选取"01_PRT_ALL_DTM_PLN"图层和"02_PRT_ALL_AXES"图层，然后单击鼠标右键，在弹出的快捷菜单中选取"隐藏"选项。将参考模型自身的基准面和基准轴隐藏完后，在导航区中依次单击"显示"→"模型树"命令，返回到模型树列表状态。

7）创建上模子装配体。单击"模型"功能区"元件"面板上的"创建"按钮，系统弹出如图 15-8 所示的"元件创建"对话框。在对话框中的"类型"栏中选取"子装配"，在"子类型"栏中选取"标准"，接着在"名称"文本框中输入子装配体名称为"up_half"，然后单击对话框中的 确定 按钮。

8）系统弹出如图 15-9 所示"创建选项"对话框。在对话框的"创建方法"选项组中选取"空"单选按钮，然后单击对话框中的 确定 按钮。之后，系统在总装配体下创建一个不包含任何零件（即"空"）的上模子装配体，如图 15-10 所示。

<table>
<tr><td align="center">图 15-8　"元件创建"对话框</td><td align="center">图 15-9　"创建选项"对话框</td></tr>
</table>

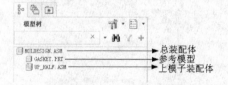

图 15-10　上模子装配体

9）创建下模子装配体。单击"模型"功能区"元件"面板上的"创建"按钮，系统弹出"元件创建"对话框，在对话框中的"类型"栏中选取"子装配"，在"子类型"栏中选取"标准"，在"名称"文本框中输入子装配体名称为"down_half"，然后单击对话框中的 确定 按钮。

10）系统弹出"创建选项"对话框。在对话框的"创建方法"选项组中选取"空"单选项，然后单击对话框中的 确定 按钮。之后，系统在总装配体下创建一个不包含任何零件（即"空"）的下模子装配体，如图 15-11 所示。

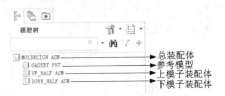

图 15-11　下模子装配体

11）保存文件。单击"快速访问"工具栏中的"保存"按钮，系统弹出"保存对象"对话框。在对话框中接受系统默认的文件名"MOLDESIGN.ASM"，然后单击对话框中的 确定 按钮。文件保存后，在工作目录 D：\Gasket 下增加三个新文件，如图 15-12 所示。

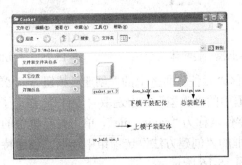

图 15-12　保存后的文件

15.4　上模零件设计

垫圈复合冲压模具的上模结构如图 15-13 所示，其中包括落料凹模板、冲孔凸模、空心垫板、冲孔凸模固定板、冲孔凸模垫板、上模座板、模柄、打杆、推板、推杆、销钉、导套、紧固螺钉等零件。

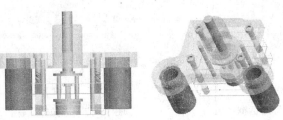

图 15-13　上模结构

15.4.1　设计上模成型零件

垫圈复合冲压模上模成形零件包括一块落料凹模板和一个冲孔凸模。

1．设计落料凹模板

1）凹模板属于上模子装配体下的零件，因此在设计凹模板前，应先在模型树中激活上模子装配体，以保证创建的凹模板处于上模子装配体中。如图 15-14 所示，在模型树中用鼠标右键单击"UP_HALF.ASM"，在弹出的快捷菜单中选取"激活"选项，将上模子装配体激活。

图 15-14　激活上模子装配体　　　　图 15-15　"元件创建"对话框

2）单击"模型"功能区"元件"面板上的"创建"按钮，弹出如图 15-15 所示的"元件创建"对话框。在对话框中的"类型"栏中选取"零件"，在"子类型"栏中选取"实体"，在"名称"文本框中输入零件名称为"cavity_die"，单击对话框中的 确定 按钮。系统弹出"创建选项"对话框，在对话框的"创建方法"选项组中选取"创建特征"选项，然后单击对话框中的 确定 按钮，如图 15-16 所示。

3）单击"模型"功能区"形状"面板上的"拉伸"按钮，系统弹出"拉伸"操控面板，如图 15-17 所示。在"放置"下滑面板中单击 定义… 按钮，系统弹出"草绘"对话框，同时在信息栏中提示 选择一个平面或曲面以定义草绘平面。。在图形显示区中选取参考模型（GASKET.PRT）的上表面作为草绘平面，选取 ASM_RIGHT 基准面作为草绘视图的方向参考，并在"草绘"对话框中的"方向"栏中设置为"右"，如图 15-18 所示。

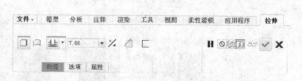

图 15-16　"创建选项"对话框　　　　图 15-17　"拉伸"操控面板

4）单击"草绘"对话框中的 草绘 按钮，系统弹出"参考"对话框，同时在信息栏中提示用户 ⇨ 选择垂直曲面、边或顶点，截面将相对于它们进行尺寸标注和约束。。在图形显示区中选取 ASM_RIGHT 和 ASM_FRONT 基准面作为草绘截面的尺寸标注参考，然后单击"参考"对话框中的 关闭(C) 按钮，如图 15-19 所示。

图 15-18 "草绘"对话框

图 15-19 "参考"对话框

5）单击视图快速访问工具栏中的"草绘视图"按钮 ，将草绘平面正视。在草绘界面中绘制如图 15-20 所示的拉伸截面，然后单击草绘器工具栏中的 ✔ 按钮，退出草绘界面。

6）系统返回"拉伸"操控面板，在操控面板上输入拉伸高度为 20，然后单击操控面板上的 ✔ 按钮，结果如图 15-21 所示。

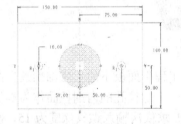

图 15-20 拉伸截面

图 15-21 创建的落料凹模板

7）创建凹模板螺纹孔。单击"模型"功能区"形状"面板上的"拉伸"按钮 ，系统弹出"拉伸"操控面板，选取凹模板上表面作为草绘平面，选取 ASM_RIGHT 基准面作为草绘截面的尺寸标注参考，方向向右，然后在草绘界面中绘制如图 15-22 所示的截面。

8）在"拉伸"操控面板中设置拉伸类型为"完全贯穿" （拉伸至与所有曲面相交），然后依次单击"去除材料"按钮 和 ✔ 按钮，结果如图 15-23 所示。

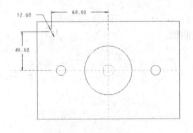

图 15-22 拉伸截面

图 15-23 创建的螺纹孔特征

9）阵列凹模板上的螺纹孔。选取刚创建的螺纹孔特征，单击"模型"功能区"编辑"面

Creo Parametric 1.0

321

板上的"阵列"按钮，系统弹出如图 15-24 所示的"阵列"操控面板。在操控面板上设置阵列方式为"尺寸"，接着在图形显示区中选取尺寸 60 作为阵列的第一个项目，输入第一方向的阵列间距为-120，阵列个数为 2；然后在操控面板中激活第二个项目，选取尺寸 40 作为阵列的第二个项目，输入第二方向的阵列间距为-80，阵列个数为 2。最后单击"阵列"操控面板中的 ✔ 按钮，完成阵列操作，结果如图 15-25 所示。

图 15-24 "阵列"操控面板

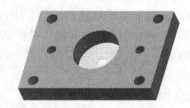

图 15-25 阵列操作结果

10）创建螺纹修饰特征。选取"模型"功能区"工程"面板下的"修饰螺纹"命令，系统弹出"螺纹"操控面板，如图 15-26 所示。选取第一个螺纹孔的内圆柱面作为螺纹放置曲面，选取凹模板上表面为螺纹起始面，接着按照系统要求依次输入螺纹深度为 15，螺纹直径为 12.5，然后单击"螺纹"操控面板中的 ✔ 按钮，结果如图 15-27 所示。

11）阵列螺纹修饰特征。在模型树中，选取刚创建的螺纹修饰特征，单击鼠标右键，在弹出的菜单中选取"阵列"选项，接着在弹出的"阵列"操控面板上将阵列方式设置为"参考"，然后单击操控面板上的 ✔ 按钮，完成阵列操作。结果如图 15-28 所示。

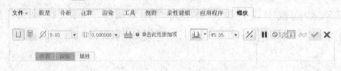

图 15-26 "螺纹"操控面板

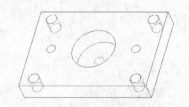

图 15-27 创建的螺纹修饰特征　　　　　图 15-28 螺纹修饰特征阵列后的结果

2. 设计冲孔凸模

1）在模型树中用鼠标右键单击"UP_HALF.ASM"，在弹出的快捷菜单中选取"激活"选项，将上模子装配体激活。单击"模型"功能区"元件"面板上的"创建"按钮，弹出"元件创建"对话框，在对话框中的"类型"栏中选取"零件"，在"子类型"栏中选取"实体"，在"名称"文本框中输入零件名称为"male_die"，接着单击对话框中的 **确定** 按钮，系统弹出"创建选项"对话框，在对话框的"创建方法"选项组中选取"创建特征"选项，然后单击对话框中的 **确定** 按钮。

2）单击"模型"功能区"形状"面板上的"拉伸"按钮，弹出"拉伸"操控面板。在"放置"下滑面板中单击 **定义...** 按钮，系统弹出"草绘"对话框，同时在信息栏中提示 ➡ 选择一个平面或曲面以定义草绘平面。在图形显示区中选取参考模型（GASKET.PRT）的上表面作为草绘平面，选取 ASM_RIGHT 基准面作为草绘视图的方向参考，并在"草绘"对话框中的"方向"栏中设置为"右"。

3）单击"草绘"对话框中的 **草绘** 按钮，系统弹出"参考"对话框，同时在信息栏中提示用户 ➡ 选择垂直曲面、边或顶点。截面将相对于它们进行尺寸标注和约束。。在图形显示区中选取 ASM_RIGHT 和 ASM_FRONT 基准面作为草绘截面的尺寸标注参考，然后单击"参考"对话框中的 **关闭(C)** 按钮，进入草绘界面。

4）单击视图快速访问工具栏中的"草绘视图"按钮，将草绘平面正视。单击"草绘"功能区"草绘"面板上的"投影"按钮，接着通过捕捉参考模型的内孔轮廓线绘制如图 15-29 所示的截面（阴影区域），然后单击草绘器工具栏中的 ✔ 按钮，退出草绘界面。

5）系统返回"拉伸"操控面板，在操控面板上输入拉伸高度为 55，然后单击操控面板上的 ✔ 按钮，结果如图 15-30 所示。

图 15-29　捕捉拉伸截面

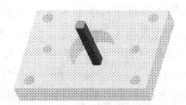

图 15-30　拉伸操作结果

6）单击"模型"功能区"形状"面板上的"拉伸"按钮，弹出"拉伸"操控面板。在图形显示区中选取凸模上表面作为草绘平面，选取 ASM_RIGHT 基准面作为草绘视图的方向参考，并在"草绘"对话框中的"方向"栏中设置为"右"。

7）单击"草绘"对话框中的 **草绘** 按钮，系统弹出"参考"对话框。在图形显示区中选取 ASM_RIGHT 和 ASM_FRONT 基准面作为草绘截面的尺寸标注参考，然后单击"参考"对话框中的 **关闭(C)** 按钮，进入草绘界面。

8）单击视图快速访问工具栏中的"草绘视图"按钮，将草绘平面正视。单击"草绘"功能区"草绘"面板上的"偏移"按钮，接着通过捕捉参考模型的内孔轮廓线并设置向外偏移距离为"5"来绘制如图 15-31 所示的截面（阴影区域），然后单击草绘器工具栏中的 ✔ 按钮，退出草绘界面。

Creo Parametric 1.0

323

9）系统返回"拉伸"操控面板。在操控面板上输入拉伸高度为 5，然后单击操控面板上的 ✔ 按钮，完成冲孔凸模的创建，结果如图 15-32 所示。

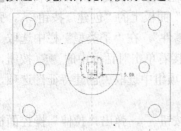

图 15-31　拉伸截面　　　　　　　　　　　　　　　图 15-32　创建的凸模

15.4.2　设计上模结构零件

上模结构零件包括空心垫板、冲孔凸模固定板、冲孔凸模垫板、上模座板等。

1. 设计空心垫板

1）在模型树中用鼠标右键单击"UP_HALF.ASM"，在弹出的快捷菜单中选取"激活"选项，将上模子装配体激活。单击"模型"功能区"元件"面板上的"创建"按钮 ，弹出"元件创建"对话框，在对话框中的"类型"栏中选取"零件"，在"子类型"栏中选取"实体"，在"名称"文本框中输入零件名称为"hollow_supporting_plate"，接着单击对话框中的 确定 按钮。系统弹出"创建选项"对话框，在对话框的"创建方法"选项组中选取"创建特征"选项，然后单击对话框中的 确定 按钮。

2）单击"模型"功能区"形状"面板上的"拉伸"按钮 ，弹出"拉伸"操控面板。在"放置"下滑面板中单击 定义... 按钮，系统弹出"草绘"对话框。在图形显示区中选取凹模板的上表面作为草绘平面，选取 ASM_RIGHT 基准面作为草绘视图的方向参考，并在"草绘"对话框中的"方向"栏中设置为"右"。

3）单击"草绘"对话框中的 草绘 按钮，系统弹出"参考"对话框。在图形显示区中选取 ASM_RIGHT 和 ASM_FRONT 基准面作为草绘截面的尺寸标注参考，然后单击"参考"对话框中的 关闭(C) 按钮，进入草绘界面。

4）单击视图快速访问工具栏中的"草绘视图"按钮 ，将草绘平面正视，接着利用"偏移"命令 和"投影"命令 在草绘界面中绘制如图 15-33 所示的截面，然后单击草绘器工具栏中的 ✔ 按钮，退出草绘界面。

5）系统返回"拉伸"操控面板，在操控面板上输入拉伸高度为 20，然后单击操控面板上的 ✔ 按钮，结果如图 15-34 所示。

2. 设计冲孔凸模固定板

1）在模型树中用鼠标右键单击"UP_HALF.ASM"，在弹出的快捷菜单中选取"激活"选项，将上模子装配体激活。单击"模型"功能区"元件"面板上的"创建"按钮 ，弹出"元件创建"对话框，在对话框中的"类型"栏中选取"零件"，在"子类型"栏中选取"实体"，在"名称"文本框中输入零件名称为"male_die_fixed_plate"，接着单击对话框中的 确定 按钮。系统弹出"创建选项"对话框，在对话框的"创建方法"选项组中选取"创建特征"

选项，然后单击对话框中的 确定 按钮。

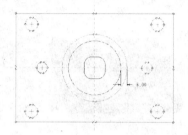

图 15-33 拉伸截面

图 15-34 创建的空心垫板

2）单击"模型"功能区"形状"面板上的"拉伸"按钮 ，弹出"拉伸"操控面板。在图形显示区中选取空心垫板的上表面作为草绘平面，选取 ASM_RIGHT 基准面作为草绘视图的方向参考，并在"草绘"对话框中的"方向"栏中设置为"右"。

3）单击"草绘"对话框中的 草绘 按钮，系统弹出"参考"对话框。在图形显示区中选取 ASM_RIGHT 和 ASM_FRONT 基准面作为草绘截面的尺寸标注参考，然后单击"参考"对话框中的 关闭(C) 按钮，进入草绘界面。

4）单击视图快速访问工具栏中的"草绘视图"按钮 ，将草绘平面正视，接着利用"投影"命令 和"圆心和点"命令 在草绘界面中绘制如图 15-35 所示的截面，然后单击草绘器工具栏中的 按钮，退出草绘界面。

5）系统返回"拉伸"操控面板，在操控面板上输入拉伸高度为 20，然后单击操控面板上的 按钮，结果如图 15-36 所示。

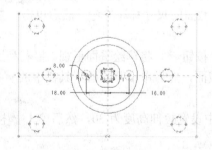

图 15-35 拉伸截面

图 15-36 拉伸操作结果

6）单击"模型"功能区"形状"面板上的"拉伸"按钮 ，弹出"拉伸"操控面板。在图形显示区中选取冲孔凸模固定板上表面作为草绘平面，选取 ASM_RIGHT 基准面作为草绘视图的方向参考，并在"草绘"对话框中的"方向"栏中设置为"右"。

7）单击"草绘"对话框中的 草绘 按钮，系统弹出"参考"对话框。在图形显示区中选取 ASM_RIGHT 和 ASM_FRONT 基准面作为草绘截面的尺寸标注参考，然后单击"参考"对话框中的 关闭(C) 按钮，进入草绘界面。

8）单击视图快速访问工具栏中的"草绘视图"按钮 ，将草绘平面正视，接着利用"偏移"命令 在草绘界面中绘制如图 15-37 所示的截面，然后单击草绘器工具栏中的 按钮，退出草绘界面

Creo Parametric
1.0

325

9）系统返回"拉伸"操控面板，在操控面板中设置拉伸高度为 5，然后依次单击"去除材料"按钮 ⌀ 和 ✓ 按钮，结果如图 15-38 所示。

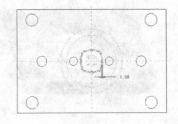

图 15-37　拉伸截面

图 15-38　创建的冲孔凸模固定板

3. 设计冲孔凸模垫板

1）在模型树中用鼠标右键单击"UP_HALF.ASM"，在弹出的快捷菜单中选取"激活"选项，将上模子装配体激活。单击"模型"功能区"元件"面板上的"创建"按钮 🔧，弹出"元件创建"对话框，在对话框中的"类型"栏中选取"零件"，在"子类型"栏中选取"实体"，在"名称"文本框中输入零件名称为"male_die_supporting_plate"，接着单击对话框中的 确定 按钮。系统弹出"创建选项"对话框，在对话框的"创建方法"选项组中选取"创建特征"选项，然后单击对话框中的 确定 按钮。

2）单击"模型"功能区"形状"面板上的"拉伸"按钮 🗗，弹出"拉伸"操控面板。在图形显示区中选取冲孔凸模固定板上表面作为草绘平面，选取 ASM_RIGHT 基准面作为草绘视图的方向参考，并在"草绘"对话框中的"方向"栏中设置为"右"。

3）单击"草绘"对话框中的 草绘 按钮，系统弹出"参考"对话框。在图形显示区中选取 ASM_RIGHT 和 ASM_FRONT 基准面作为草绘截面的尺寸标注参考，然后单击"参考"对话框中的 关闭(C) 按钮，进入草绘界面。

4）单击视图快速访问工具栏中的"草绘视图"按钮 🗗，将草绘平面正视，接着利用"投影"命令 ⊡ 在草绘界面中绘制如图 15-39 所示的截面，然后单击草绘器工具栏中的 ✓ 按钮，退出草绘界面。

5）系统返回"拉伸"操控面板，在操控面板中设置拉伸高度为 30，然后单击 ✓ 按钮，结果如图 15-40 所示。

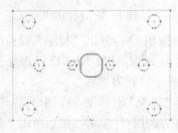

图 15-39　拉伸截面

图 15-40　拉伸操作结果

6）单击系统右侧"基础特征"工具栏中的"拉伸"按钮 🗗，弹出"拉伸"操控面板。在图形显示区中选取冲孔凸模垫板上表面作为草绘平面，选取 ASM_RIGHT 基准面作为草绘视图的方向参考，并在"草绘"对话框中的"方向"栏中设置为"右"。

7）单击"草绘"对话框中的 草绘 按钮，系统弹出"参考"对话框。在图形显示区中选取 ASM_RIGHT 和 ASM_FRONT 基准面作为草绘截面的尺寸标注参考，然后单击"参考"对话框中的 关闭(C) 按钮，进入草绘界面。

8）单击视图快速访问工具栏中的"草绘视图"按钮 🔁，将草绘平面正视，接着利用"圆心和点" ◯ 按钮在草绘界面中绘制如图15-41所示的截面，然后单击草绘器工具栏中的 ✔ 按钮，退出草绘界面。

9）系统返回"拉伸"操控面板，在操控面板中设置拉伸高度为 15，然后依次单击"去除材料"按钮 ⬭ 和 ✔ 按钮，结果如图15-42所示。

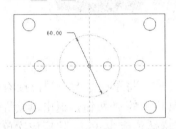

图 15-41　拉伸截面　　　　　　　　　图 15-42　创建的冲孔凸模垫板

4. 设计上模座板

1）在模型树中用鼠标右键单击"UP_HALF.ASM"，在弹出的快捷菜单中选取"激活"选项，将上模子装配体激活。单击"模型"功能区"元件"面板上的"创建"按钮 🗂️，弹出"元件创建"对话框，在对话框中的"类型"栏中选取"零件"，在"子类型"栏中选取"实体"，在"名称"文本框中输入零件名称为"up_bed_plate"，接着单击对话框中的 确定 按钮，系统弹出"创建选项"对话框，在对话框的"创建方法"选项组中选取"创建特征"选项，然后单击对话框中的 确定 按钮。

2）单击"模型"功能区"形状"面板上的"拉伸"按钮 🗗，弹出"拉伸"操控面板。在图形显示区中选取冲孔凸模垫板上表面作为草绘平面，选取 ASM_RIGHT 基准面作为草绘视图的方向参考，并在"草绘"对话框中的"方向"栏中设置为"右"。

3）单击"草绘"对话框中的 草绘 按钮，系统弹出"参考"对话框。在图形显示区中选取 ASM_RIGHT 和 ASM_FRONT 基准面作为草绘截面的尺寸标注参考，然后单击"参考"对话框中的 关闭(C) 按钮，进入草绘界面。

4）单击视图快速访问工具栏中的"草绘视图"按钮 🔁，将草绘平面正视，接着利用"草绘"面板上的命令在草绘界面中绘制如图15-43所示的截面，然后单击草绘器工具栏中的 ✔ 按钮，退出草绘界面。

5）系统返回"拉伸"操控面板，在操控面板中设置拉伸高度为40，然后单击 ✔ 按钮，结果如图15-44所示。

6）创建模柄孔。单击"模型"功能区"形状"面板上的"旋转"按钮 ⬥，弹出"旋转"操控面板。在图形显示区中选取 ASM_FRONT 基准面作为草绘平面，选取 ASM_RIGHT 基准面作为草绘视图的方向参考，并在"草绘"对话框中的"方向"栏中设置为"右"。

7）单击"草绘"对话框中的 草绘 按钮，系统弹出"参考"对话框。在图形显示区中选

Creo Parametric

1.0

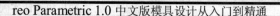

取 ASM_RIGHT 和 ASM_TOP 基准面作为草绘截面的尺寸标注参考，然后单击"参考"对话框中的 关闭(C) 按钮，进入草绘界面。

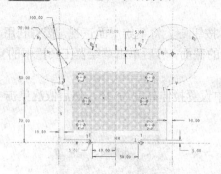

图 15-43　拉伸截面

图 15-44　拉伸操作结果

8）单击视图快速访问工具栏中的"草绘视图"按钮，将草绘平面正视，接着在草绘界面中绘制如图 15-45 所示的截面，然后单击草绘器工具栏中的 ✔ 按钮，退出草绘界面。

9）系统返回"旋转"操控面板，在操控面板中设置旋转角度为 360，然后依次单击"去除材料"按钮△和 ✔ 按钮，结果如图 15-46 所示。

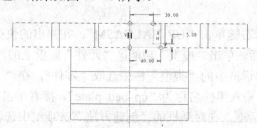

图 15-45　旋转截面

图 15-46　旋转操作后的结果

10）创建沉头孔。单击"模型"功能区"形状"面板上的"拉伸"按钮，弹出"拉伸"操控面板。在图形显示区中选取上模座板上表面作为草绘平面，选取 ASM_RIGHT 基准面作为草绘视图的方向参考，并在"草绘"对话框中的"方向"栏中设置为"右"。

11）单击"草绘"对话框中的 草绘 按钮，系统弹出"参考"对话框。在图形显示区中选取 ASM_RIGHT 和 ASM_FRONT 基准面作为草绘截面的尺寸标注参考，然后单击"参考"对话框中的 关闭(C) 按钮，进入草绘界面。

12）单击视图快速访问工具栏中的"草绘视图"按钮，将草绘平面正视，接着利用"同心"按钮 在草绘界面中绘制如图 15-47 所示的截面，然后单击草绘器工具栏中的 ✔ 按钮，退出草绘界面。

13）系统返回"拉伸"操控面板，在操控面板中设置拉伸高度为 10，然后依次单击"去除材料"按钮⊿按钮和 ✔ 按钮，结果如图 15-48 所示。

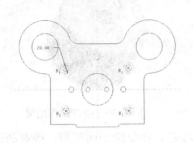

图 15-47 拉伸截面

图 15-48 创建的上模座板

15.4.3 设计上模推件机构

上模推件机构包括推件块、推杆、推板和打杆。

1. 设计推件块

1）在模型树中用鼠标右键单击"UP_HALF.ASM"，在弹出的快捷菜单中选取"激活"选项，将上模子装配体激活。单击"模型"功能区"元件"面板上的"创建"按钮🗋，弹出"元件创建"对话框，在对话框中的"类型"栏中选取"零件"，在"子类型"栏中选取"实体"，在"名称"文本框中输入零件名称为"push_block"，接着单击对话框中的 确定 按钮，系统弹出"创建选项"对话框，在对话框的"创建方法"选项组中选取"创建特征"单选按钮，然后单击对话框中的 确定 按钮。

2）将"UP_HALF.ASM"装配体下的实体零件隐藏。

3）单击"模型"功能区"形状"面板上的"拉伸"按钮🗖，弹出"拉伸"操控面板。在图形显示区中选取参考模型上表面作为草绘平面，选取 ASM_RIGHT 基准面作为草绘视图的方向参考，并在"草绘"对话框中的"方向"栏中设置为"右"。

4）单击"草绘"对话框中的 草绘 按钮，系统弹出"参考"对话框。在图形显示区中选取 ASM_RIGHT 和 ASM_FRONT 基准面作为草绘截面的尺寸标注参考，然后单击"参考"对话框中的 关闭(C) 按钮，进入草绘界面。

5）单击视图快速访问工具栏中的"草绘视图"按钮🔄，将草绘平面正视，接着利用"投影"□ 按钮在草绘界面中绘制如图 15-49 所示的截面，然后单击草绘器工具栏中的 ✔ 按钮，退出草绘界面。

6）系统返回"拉伸"操控面板，在操控面板中设置拉伸高度为 25，然后单击 ✔ 按钮，结果如图 15-50 所示。

7）单击"模型"功能区"形状"面板上的"拉伸"按钮🗖，弹出"拉伸"操控面板。在图形显示区中选取推件块上表面作为草绘平面，选取 ASM_RIGHT 基准面作为草绘视图的方向参考，并在"草绘"对话框中的"方向"栏中设置为"右"。

8）单击"草绘"对话框中的 草绘 按钮，系统弹出"参考"对话框。在图形显示区中选取 ASM_RIGHT 和 ASM_FRONT 基准面作为草绘截面的尺寸标注参考，然后单击"参考"

对话框中的 关闭(C) 按钮，进入草绘界面。

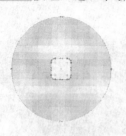

图 15-49　拉伸截面

图 15-50　拉伸操作结果

9）单击视图快速访问工具栏中的"草绘视图"按钮，将草绘平面正视，接着利用"圆心和点"按钮 ○ 和"投影"按钮 □ 在草绘界面中绘制如图 15-51 所示的截面，然后单击草绘器工具栏中的 ✔ 按钮，退出草绘界面。

10）系统返回"拉伸"操控面板，在操控面板中设置拉伸高度为 5，然后单击 ✔ 按钮，结果如图 15-52 所示。

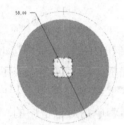

图 15-51　拉伸截面

图 15-52　创建的推件块

2．设计推杆

1）在模型树中用鼠标右键单击"UP_HALF.ASM"，在弹出的快捷菜单中选取"激活"选项，将上模子装配体激活。单击"模型"功能区"元件"面板上的"创建"按钮，弹出"元件创建"对话框，在对话框中的"类型"栏中选取"零件"单选按钮，在"子类型"栏中选取"实体"单项按钮，在"名称"文本框中输入零件名称为"push_pole"，接着单击对话框中的 确定 按钮，系统弹出"创建选项"对话框，在对话框的"创建方法"选项组中选取"创建特征"单选按钮，然后单击对话框中的 确定 按钮。

2）将"MALE_DIE_FIXED_PLATE.PRT"零件取消隐藏。

3）单击"模型"功能区"形状"面板上的"拉伸"按钮，弹出"拉伸"操控面板。在图形显示区中选取推件块的上表面作为草绘平面，选取 ASM_RIGHT 基准面作为草绘视图的方向参考，并在"草绘"对话框中的"方向"栏中设置为"右"。

4）单击"草绘"对话框中的 草绘 按钮，系统弹出"参考"对话框。在图形显示区中选取 ASM_RIGHT 和 ASM_FRONT 基准面作为草绘截面的尺寸标注参考，然后单击"参考"对话框中的 关闭(C) 按钮，进入草绘界面。

5）单击视图快速访问工具栏中的"草绘视图"按钮，将草绘平面正视，接着利用"投影" □ 按钮在草绘界面中绘制如图 15-53 所示的截面，然后单击草绘器工具栏中的 ✔ 按钮，退出草绘界面。

6）系统返回"拉伸"操控面板，在操控面板中设置拉伸高度为 45，然后单击 ✓ 按钮，结果如图 15-54 所示。

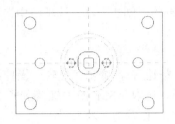

图 15-53 拉伸截面

图 15-54 创建的推杆

3．设计推板

1）在模型树中用鼠标右键单击"UP_HALF.ASM"，在弹出的快捷菜单中选取"激活"选项，将上模子装配体激活。单击"模型"功能区"元件"面板上的"创建"按钮 ，弹出"元件创建"对话框，在对话框中的"类型"栏中选取"零件"单选按钮，在"子类型"栏中选取"实体"单项按钮，在"名称"文本框中输入零件名称为"push_plate"，接着单击对话框中的 确定 按钮，系统弹出"创建选项"对话框，在对话框的"创建方法"选项组中选取"创建特征"单选按钮，然后单击对话框中的 确定 按钮。

2）单击系统右侧"基础特征"工具栏中的"拉伸" 按钮，弹出"拉伸"操控面板。在图形显示区中选取推杆的上表面作为草绘平面，选取 ASM_RIGHT 基准面作为草绘视图的方向参考，并在"草绘"对话框中的"方向"栏中设置为"右"。

3）单击"草绘"对话框中的 草绘 按钮，系统弹出"参考"对话框。在图形显示区中选取 ASM_RIGHT 和 ASM_FRONT 基准面作为草绘截面的尺寸标注参考，然后单击"参考"对话框中的 关闭(C) 按钮，进入草绘界面。

4）单击视图快速访问工具栏中的"草绘视图"按钮 ，将草绘平面正视，接着利用"圆心和点" 按钮在草绘界面中绘制如图 15-55 所示的截面，然后单击草绘器工具栏中的 ✓ 按钮，退出草绘界面。

5）系统返回"拉伸"操控面板，在操控面板中设置拉伸高度为 5，然后单击 ✓ 按钮，结果如图 15-56 所示。

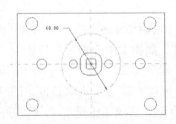

图 15-55 拉伸截面

图 15-56 创建的推件板

4．设计打杆

1）在模型树中用鼠标右键单击"UP_HALF.ASM"，在弹出的快捷菜单中选取"激活"选项，将上模子装配体激活，单击"模型"功能区"元件"面板上的"创建"按钮 ，弹出

"元件创建"对话框，在对话框中的"类型"栏中选取"零件"单选按钮，在"子类型"栏中选取"实体"单项按钮，在"名称"文本框中输入零件名称为"ram_pole"，接着单击对话框中的 确定 按钮。系统弹出"创建选项"对话框，在对话框的"创建方法"选项组中选取"创建特征"单选按钮，然后单击对话框中的 确定 按钮。

2）将隐藏的零件全部显示。

3）单击"模型"功能区"形状"面板上的"旋转"按钮 ◈，弹出"旋转"操控面板。在图形显示区中选取 ASM_FRONT 基准面作为草绘平面，选取 ASM_RIGHT 基准面作为草绘视图的方向参考，并在"草绘"对话框中的"方向"栏中设置为"右"。

4）单击"草绘"对话框中的 草绘 按钮，系统弹出"参考"对话框。在图形显示区中选取 ASM_RIGHT 和 ASM_TOP 基准面作为草绘截面的尺寸标注参考，然后单击"参考"对话框中的 关闭(C) 按钮，进入草绘界面。

5）单击视图快速访问工具栏中的"草绘视图"按钮 ⌗，将草绘平面正视，接着在草绘界面中绘制如图 15-57 所示的截面，然后单击草绘器工具栏中的 ✔ 按钮，退出草绘界面。

6）系统返回"旋转"操控面板，在操控面板中设置旋转角度为 360°，然后单击 ✔ 按钮，结果如图 15-58 所示。

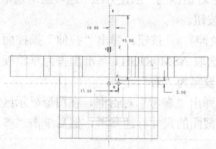

图 15-57　旋转截面

图 15-58　创建的打杆

15.4.4　设计上模其他零件

上模其他零件包括紧固螺钉、销钉、导套和模柄。

1. 创建上模紧固螺钉

1）在模型树中用鼠标右键单击"UP_HALF.ASM"，在弹出的快捷菜单中选取"激活"选项，将上模子装配体激活。单击"模型"功能区"元件"面板上的"创建"按钮 🗏，弹出"元件创建"对话框，在对话框中的"类型"栏中选取"零件"，在"子类型"栏中选取"实体"，在"名称"文本框中输入零件名称为"up_fastening_bolt"，接着单击对话框中的 确定 按钮，系统弹出"创建选项"对话框，在对话框的"创建方法"选项组中选取"创建特征"选项，然后单击对话框中的 确定 按钮。

2）创建螺钉主体。单击"模型"功能区"形状"面板上的"旋转"按钮 ◈，弹出"旋转"操控面板。在图形显示区中选取 ASM_FRONT 基准面作为草绘平面，选取 ASM_RIGHT 基准面作为草绘视图的方向参考，并在"草绘"对话框中的"方向"栏中设置为"右"。

3）单击"草绘"对话框中的 草绘 按钮，系统弹出"参考"对话框。在图形显示区中选取 ASM_RIGHT 和 ASM_TOP 基准面作为草绘截面的尺寸标注参考，然后单击"参考"对话框中的 _{关闭(C)} 按钮，进入草绘界面。

　　4）单击视图快速访问工具栏中的"草绘视图"按钮 ，将草绘平面正视，接着在草绘界面中绘制如图 15-59 所示的截面，然后单击草绘器工具栏中的 按钮，退出草绘界面。

　　5）系统返回"旋转"操控面板，在操控面板中设置旋转角度为 360°，然后单击 按钮，结果如图 15-60 所示。

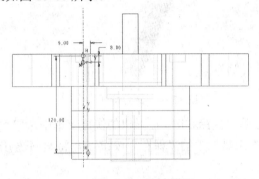

图 15-59　旋转截面

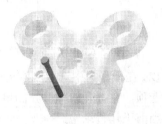

图 15-60　旋转操作结果

　　6）创建六角切槽。单击"模型"功能区"形状"面板上的"拉伸"按钮 ，弹出"拉伸"操控面板。在图形显示区中选取紧固螺钉头部上表面作为草绘平面，选取 ASM_RIGHT 基准面作为草绘视图的方向参考，并在"草绘"对话框中的"方向"栏中设置为"右"。

　　7）单击"草绘"对话框中的 _{草绘} 按钮，系统弹出"参考"对话框。在图形显示区中选取 ASM_RIGHT 和 ASM_FRONT 基准面作为草绘截面的尺寸标注参考，然后单击"参考"对话框中的 _{关闭(C)} 按钮，进入草绘界面。

　　8）单击视图快速访问工具栏中的"草绘视图"按钮 ，将草绘平面正视，接着在草绘界面中绘制如图 15-61 所示的截面，然后单击草绘器工具栏中的 按钮，退出草绘界面。

　　9）系统返回"拉伸"操控面板，在操控面板中设置拉伸高度为 5，然后依次单击操控面板上的"去除材料"按钮 和 按钮，结果如图 15-62 所示。

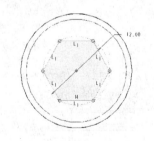

图 15-61　拉伸截面

图 15-62　六角切槽结构

　　10）创建螺纹修饰特征。在系统菜单栏中，选取"模型"功能区"工程"面板下的"修饰螺纹"命令，系统弹出"螺纹"操控面板，选取螺钉的外圆柱面作为螺纹面，选取螺钉的底端面为螺纹起始面，接着按照系统要求依次输入螺纹深度为 100，螺纹直径为 12.5，然后单击"螺纹"操控面板中的 按钮，结果如图 15-63 所示。

333

11）创建圆角特征。单击"模型"功能区"工程"面板上的"倒圆角"按钮 ⌒，弹出"倒圆角"操控面板，接着在图形显示区中选取螺钉头部的边缘线为圆角边，设置圆角半径为1，然后单击操控面板上的 ✓ 按钮，完成圆角操作，结果如图15-64所示。

图 15-63　创建的螺纹修饰特征　　　　　　　　图 15-64　圆角特征

12）在模型树中选取刚刚创建的紧固螺钉，单击鼠标右键，在弹出的快捷菜单中选取"打开"选项，在打开的零件界面单击"快速访问"工具栏中的"保存"按钮 🖫，将紧固螺钉保存在当前工作目录中。

13）关闭零件界面。接着在模型树中激活上模子装配体，再用鼠标右键单击紧固螺钉，在弹出的菜单中选取"删除"选项，将位置不正确的紧固螺钉删除。

14）装配紧固螺钉。单击"模型"功能区"元件"面板上的"装配"按钮 🖳，系统弹出"打开"对话框，在对话框中选取"up_fastening_bolt.prt"，接着单击 打开 ▾ 按钮。系统立即在图形显示区中导入紧固螺钉，同时在图形显示区下方，弹出装配操控面板，然后将紧固螺钉装配到上模子装配体的螺纹孔中，其装配约束类型是：紧固螺钉轴肩端面与上模座板螺纹孔台阶面匹配，紧固螺钉外圆柱面与凹模板螺纹孔内圆柱面匹配。

15）阵列装配后的紧固螺钉。在模型树中选取装配后的紧固螺钉，接着单击"模型"功能区"编辑"面板上的"阵列"按钮 ▦，在弹出的"阵列"操控面板上设置阵列方式为"方向"，选取如图15-65所示的边线作为方向1和方向2的参考，设置方向1的距离为120，方向2的距离为80，单击"反向"按钮 ⁄ 调整阵列方向，然后单击 ✓ 按钮，完成阵列操作，结果如图15-66所示。

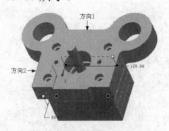
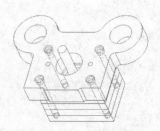

图 15-65　选取方向参考　　　　　　　　　　图 15-66　创建的紧固螺钉

2．创建销钉

1）在模型树中用鼠标右键单击"UP_HALF.ASM"，在弹出的快捷菜单中选取"激活"选项，将上模子装配体激活。单击"模型"功能区"元件"面板上的"创建"按钮 🖳，弹出"元件创建"对话框，在对话框中的"类型"栏中选取"零件"，在"子类型"栏中选取"实体"，在"名称"文本框中输入零件名称为"**pin**"，接着单击对话框中的 确定 按钮，系统弹出"创建选项"对话框，在对话框的"创建方法"选项组中选取"创建特征"选项，然后单击对话框中的 确定 按钮。

2）单击"模型"功能区"形状"面板上的"旋转"按钮 ◌◌，弹出"旋转"操控面板。在图形显示区中选取 ASM_FRONT 基准面作为草绘平面，选取 ASM_RIGHT 基准面作为草绘视图的方向参考，并在"草绘"对话框中的"方向"栏中设置为"右"。

3）单击"草绘"对话框中的 草绘 按钮，系统弹出"参考"对话框。在图形显示区中选取 ASM_RIGHT 和 ASM_TOP 基准面作为草绘截面的尺寸标注参考，然后单击"参考"对话框中的 关闭(C) 按钮，进入草绘界面。

4）单击视图快速访问工具栏中的"草绘视图"按钮 ☝，将草绘平面正视，接着在草绘界面中绘制如图 15-67 所示的截面（阴影区域），然后单击草绘器工具栏中的 ✔ 按钮，退出草绘界面。

5）系统返回"旋转"操控面板，在操控面板中设置旋转角度为 360°，然后单击 ✔ 按钮，结果如图 15-68 所示。

6）复制创建的销钉。选取"模型"功能区"操作"面板下"特征操作"命令，在弹出的菜单管理器中依次选取"复制"→"移动"→"选择"→"从属"→"完成"选项，如图 15-69 所示。

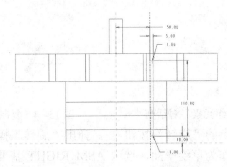

图 15-67　旋转截面　　　　　　　　　　　　　图 15-68　创建的销钉

7）系统弹出如图 15-70"选择特征"菜单，选取刚创建的销钉为平移特征，然后单击"选择特征"菜单中的"完成"选项。在系统弹出的菜单中依次选取"平移"→"平面"选项，如图 15-71 所示，接着在系统提示下选取 ASM_RIGHT 基准面作为平移方向，在系统弹出的"方向"菜单中选取"反向"或"确定"选项，使方向箭头朝左。在弹出的文本框中输入偏移距离为"100"，输入完后单击 ✔ 按钮，然后单击"移动特征"菜单中的"完成移动"选项。

8）系统弹出如图 15-72 所示的"组可变尺寸"菜单和如图 15-73 所示的"组元素"对话框。单击"组可变尺寸"菜单中的"完成"选项，系统返回"组元素"对话框，然后依次单击"组元素"对话框中的 确定 按钮和菜单管理器中的"完成/返回"选项，结束复制操作，结果如图 15-74 所示。

3．创建导套

1）在模型树中用鼠标右键单击"UP_HALF.ASM"，在弹出的快捷菜单中选取"激活"

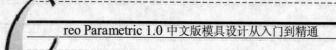

选项，将上模子装配体激活。单击"模型"功能区"元件"面板上的"创建"按钮 ，弹出"元件创建"对话框，在对话框中的"类型"栏中选取"零件"，在"子类型"栏中选取"实体"，在"名称"文本框中输入零件名称为"guide_bushing"，接着单击对话框中的 确定 按钮。系统弹出"创建选项"对话框，在对话框的"创建方法"选项组中选取"创建特征"选项，然后单击对话框中的 确定 按钮。

图 15-69　依次选取的菜单选项　　图 15-70　"选择特征"菜单　图 15-71　"移动特征"菜单

图 15-72　"组可变尺寸"菜单　　　图 15-73　"组元素"对话框　　　图 15-74　复制操作结果

2）单击"模型"功能区"形状"面板上的"旋转"按钮 ，弹出"旋转"操控面板。在图形显示区中选取 ASM_FRONT 基准面作为草绘平面，选取 ASM_RIGHT 基准面作为草绘视图的方向参考，并在"草绘"对话框中的"方向"栏中设置为"右"。

3）单击"草绘"对话框中的 草绘 按钮，系统弹出"参考"对话框。在图形显示区中选取 ASM_RIGHT 和 ASM_TOP 基准面作为草绘截面的尺寸标注参考，然后单击"参考"对话框中的 关闭(C) 按钮，进入草绘界面。

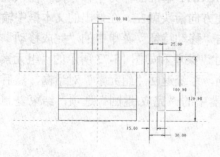

图 15-75　旋转截面　　　　　　　　　图 15-76　创建的导套

4）单击视图快速访问工具栏中的"草绘视图"按钮 🗗，将草绘平面正视，接着在草绘界面中绘制如图 15-75 所示的旋转截面。然后单击草绘器工具栏中的 ✔ 按钮，退出草绘界面。

5）系统返回"旋转"操控面板，在操控面板中设置旋转角度为 360°，然后单击 ✔ 按钮，完成导套的创建，结果如图 15-76 所示。

6）在模型树中选取刚刚创建的导套，单击鼠标右键，在弹出的快捷菜单中选取"打开"选项，在打开的零件界面单击"快速访问"工具栏中的"保存"按钮 🖫，确认导套保存在当前工作目录中。

7）关闭零件界面，接着在模型树中激活上模子装配体，再用鼠标右键单击刚创建的导套，在弹出的菜单中选取"删除"选项，将位置不正确的导套删除。

8）重新装配导套。单击"模型"功能区"元件"面板上的"装配"按钮 🖅，系统弹出"打开"对话框，在对话框中选取"guide_bushing.prt"，接着单击 打开 ▼ 按钮。

9）系统立即在图形显示区中导入导套，同时在图形显示区下方弹出装配操控面板。然将导套装配到上模子装配体的导套孔中，其装配约束类型是：导套与上模座板导套孔同轴，导套的轴肩端面与上模座板下表面匹配。以同样的方法将导套装配到另一导套孔中，结果如图 15-77 所示。

图 15-77　装配后的导套

Creo Parametric 1.0

4. 创建模柄

1）在模型树中用鼠标右键单击"UP_HALF.ASM"，在弹出的快捷菜单中选取"激活"选项，将上模子装配体激活。单击"模型"功能区"元件"面板上的"创建"按钮 🖪，弹出"元件创建"对话框，在对话框中的"类型"栏中选取"零件"，在"子类型"栏中选取"实体"，在"名称"文本框中输入零件名称为"die_shank"，接着单击对话框中的 确定 按钮，系统弹出"创建选项"对话框，在对话框的"创建方法"选项组中选取"创建特征"选项，然后单击对话框中的 确定 按钮。

2）单击"模型"功能区"形状"面板上的"旋转"按钮 ◈，弹出"旋转"操控面板。在图形显示区中选取 ASM_FRONT 基准面作为草绘平面，选取 ASM_RIGHT 基准面作为草绘视图的方向参考，并在"草绘"对话框中的"方向"栏中设置为"右"。

3）单击"草绘"对话框中的 草绘 按钮，系统弹出"参考"对话框。在图形显示区中选取 ASM_RIGHT 和 ASM_TOP 基准面作为草绘截面的尺寸标注参考，然后单击"参考"对话框中的 关闭(C) 按钮，进入草绘界面。

4）单击视图快速访问工具栏中的"草绘视图"按钮 🗗，将草绘平面正视，接着在草绘界面中绘制如图 15-78 所示的旋转截面，然后单击草绘器工具栏中的 ✔ 按钮，退出草绘界面。

5）系统返回"旋转"操控面板，在操控面板中设置旋转角度为 360°，然后单击 ✓ 按钮，完成模柄的创建，结果如图 15-79 所示。

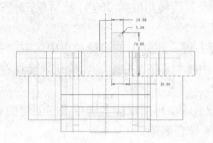

图 15-78　旋转截面

图 15-79　创建的模柄

15.5　下模零件设计

垫圈复合冲压模具的下模结构如图 15-80 所示，其中包括落料冲孔凸凹模、凸凹模固定板、凸凹模垫板、下面座板、卸料板、卸料螺钉、卸料弹簧、紧固螺钉、销钉、导柱和挡料销等零件。

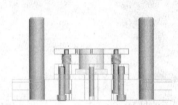

图 15-80　下模结构

15.5.1　设计下模成型零件

下模成型零件只有一个凸凹模。

1）凸凹模属于下模子装配体下的零件，因此在设计凸凹模前，应先在模型树中激活下模子装配体，以保证创建的凸凹模处于下模子装配体中。在模型树中用鼠标右键单击"DOWN_HALF.ASM"，在弹出的快捷菜单中选取"激活"选项，将下模子装配体激活。

2）单击"模型"功能区"元件"面板上的"创建"按钮 🗒，弹出"元件创建"对话框。在对话框中的"类型"栏中选取"零件"，在"子类型"栏中选取"实体"，在"名称"文本框中输入零件名称为"punch_die"，接着单击对话框中的 确定 按钮，系统弹出"创建选项"对话框，在对话框的"创建方法"选项组中选取"创建特征"选项，然后单击对话框中的 确定 按钮。

3）单击"模型"功能区"形状"面板上的"拉伸"按钮 🗗，系统弹出"拉伸"操控面板。在"放置"下滑面板中单击 定义... 按钮，系统弹出"草绘"对话框，同时在信息栏中提示 ➡ 选择一个平面或曲面以定义草绘平面。在图形显示区中选取参考模型（GASKET.PRT）的下表面作为草绘平面，选取 ASM_RIGHT 基准面作为草绘视图的方向参考，并在"草绘"对话框中的"方向"栏中设置为"右"。

4）单击"草绘"对话框中的 草绘 按钮，系统弹出"参考"对话框。在图形显示区中选取 ASM_RIGHT 和 ASM_FRONT 基准面作为草绘截面的尺寸标注参考，然后单击"参考"对话框中的 关闭(C) 按钮，进入草绘界面。

5）单击视图快速访问工具栏中的"草绘视图"按钮 ，将草绘平面正视，接着利用"投影"按钮 在草绘界面中绘制如图 15-81 所示的截面，然后单击草绘器工具栏中的 ✔ 按钮，退出草绘界面。

6）系统返回"拉伸"操控面板，在操控面板上输入拉伸高度为 40，然后单击操控面板上的 ✔ 按钮，结果如图 15-82 所示。

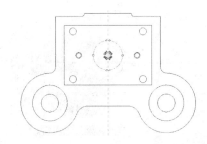

图 15-81　拉伸截面　　　　　　　　　　　图 15-82　拉伸操作后的结果

7）创建凸凹模落料孔。单击"模型"功能区"形状"面板上的"拉伸"按钮 ，弹出"拉伸"操控面板。在图形显示区中选取凸凹模下表面作为草绘平面，选取 ASM_RIGHT 基准面作为草绘视图的方向参考，并在"草绘"对话框中的"方向"栏中设置为"右"。

8）单击"草绘"对话框中的 草绘 按钮，系统弹出"参考"对话框。在图形显示区中选取 ASM_RIGHT 和 ASM_FRONT 基准面作为草绘截面的尺寸标注参考，然后单击"参考"对话框中的 关闭(C) 按钮，进入草绘界面。

9）单击视图快速访问工具栏中的"草绘视图"按钮 ，将草绘平面正视，接着利用"偏移"按钮 在草绘界面中绘制如图 15-83 所示的截面，然后单击草绘器工具栏中的 ✔ 按钮，退出草绘界面。

10）系统返回"拉伸"操控面板，在操控面板上输入拉伸高度为 35，然后依次单击操控面板上的"去除材料"按钮 和 ✔ 按钮，结果如图 15-84 所示。

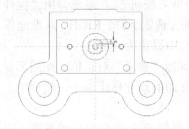

图 15-83　拉伸截面　　　　　　　　　　　图 15-84　创建的落料孔

11）单击"模型"功能区"形状"面板上的"拉伸"按钮 ，弹出"拉伸"操控面板。

在图形显示区中选取凸凹模下表面作为草绘平面，选取 ASM_RIGHT 基准面作为草绘视图的方向参考，并在"草绘"对话框中的"方向"栏中设置为"右"。

12）单击"草绘"对话框中的 草绘 按钮，系统弹出"参考"对话框。在图形显示区中选取 ASM_RIGHT 和 ASM_FRONT 基准面作为草绘截面的尺寸标注参考，然后单击"参考"对话框中的 关闭(C) 按钮，进入草绘界面。

13）单击视图快速访问工具栏中的"草绘视图"按钮 ，将草绘平面正视，接着利用"投影"按钮 和"拐角矩形"按钮 在草绘界面中绘制如图 15-85 所示的截面，然后单击草绘器工具栏中的 按钮，退出草绘界面。

14）系统返回"拉伸"操控面板，在操控面板上输入拉伸高度为 10，然后单击操控面板上的 按钮，完成凸凹模的创建，结果如图 15-86 所示。

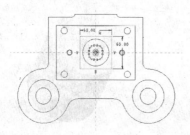

图 15-85 拉伸截面

图 15-86 创建的凸凹模

15.5.2 设计下模结构零件

下模结构零件包括凸凹模固定板、凸凹模垫板、下模座板等。

1. 创建凸凹模固定板

1）在模型树中用鼠标右键单击"DOWN_HALF.ASM"，在弹出的快捷菜单中选取"激活"选项，将下模子装配体激活。单击"模型"功能区"元件"面板上的"创建"按钮 ，弹出"元件创建"对话框，在对话框中的"类型"栏中选取"零件"，在"子类型"栏中选取"实体"，在"名称"文本框中输入零件名称为"punch_die_fixed_plate"，接着单击对话框中的 确定 按钮，系统弹出"创建选项"对话框，在对话框的"创建方法"选项组中选取"创建特征"选项，然后单击对话框中的 确定 按钮。

2）单击"模型"功能区"形状"面板上的"拉伸"按钮 ，系统弹出"拉伸"操控面板。在图形显示区中选取凸凹模下表面作为草绘平面，选取 ASM_RIGHT 基准面作为草绘视图的方向参考，并在"草绘"对话框中的"方向"栏中设置为"右"。

3）单击"草绘"对话框中的 草绘 按钮，系统弹出"参考"对话框。在图形显示区中选取 ASM_RIGHT 和 ASM_FRONT 基准面作为草绘截面的尺寸标注参考，然后单击"参考"对话框中的 关闭(C) 按钮，进入草绘界面。

4）单击视图快速访问工具栏中的"草绘视图"按钮 ，将草绘平面正视，关闭基准平面的显示，接着利用"投影"按钮 在草绘界面中绘制如图 15-87 所示的截面，然后单击草绘器工具栏中的 按钮，退出草绘界面。

5）系统返回"拉伸"操控面板，在操控面板上输入拉伸高度为 20，单击"反向"按钮↗调整拉伸方向向上，然后单击操控面板上的 ✔ 按钮，结果如图 15-88 所示。

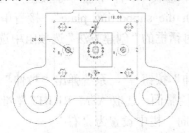

图 15-87　拉伸截面　　　　　　　　　　　图 15-88　拉伸操作结果

6）创建凹槽。单击"模型"功能区"形状"面板上的"拉伸"按钮 ☐，系统弹出"拉伸"操控面板。在图形显示区中选取凸凹模固定板下表面作为草绘平面，选取 ASM_RIGHT 基准面作为草绘视图的方向参考。

7）单击"偏移"按钮 ☐ 在草绘界面中绘制如图 15-89 所示的截面，然后单击草绘器工具栏中的 ✔ 按钮，退出草绘界面。

8）系统返回"拉伸"操控面板，在操控面板上输入拉伸高度为 10，然后依次单击操控面板上的"去除材料"按钮 ☐ 和 ✔ 按钮，结果如图 15-90 所示。

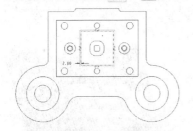

图 15-89　拉伸截面　　　　　　　　　　　图 15-90　拉伸操作结果

9）创建螺纹修饰特征。选取"模型"功能区"工程"面板下的"修饰螺纹"命令，在系统弹出"螺纹"操控面板，选取螺纹孔的内圆柱面作为螺纹面，选取凸凹模固定板的下表面为螺纹起始面，接着按照系统要求依次输入螺纹深度为 15，螺纹直径为 12.5，然后单击"螺纹"操控面板中的 ✔ 按钮。采用同样的方法对其他螺纹孔进行螺纹修饰操作，结果如图 15-91 所示。

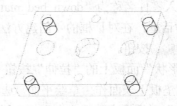

图 15-91　创建的螺纹修饰特征

2. 创建凸凹模垫板

1）在模型树中用鼠标右键单击"DOWN_HALF.ASM"，在弹出的快捷菜单中选取"激

活"选项,将下模子装配体激活。单击"模型"功能区"元件"面板上的"创建"按钮🗐,
弹出"元件创建"对话框,在对话框中的"类型"栏中选取"零件",在"子类型"栏中选取
"实体",在"名称"文本框中输入零件名称为"punch_die_supporting_plate",接着单击对话
框中的 确定 按钮,系统弹出"创建选项"对话框,在对话框的"创建方法"选项组中选取"创
建特征"选项,然后单击对话框中的 确定 按钮。

2)单击"模型"功能区"形状"面板上的"拉伸"按钮🗗,系统弹出"拉伸"操控面
板。在图形显示区中选取凸凹模固定板下表面作为草绘平面,选取 ASM_RIGHT 基准面作为
草绘视图的方向参考,并在"草绘"对话框中的"方向"栏中设置为"右"。

3)单击"草绘"对话框中的 草绘 按钮,系统弹出"参考"对话框。在图形显示区中选
取 ASM_RIGHT 和 ASM_FRONT 基准面作为草绘截面的尺寸标注参考,然后单击"参考"
对话框中的 关闭(C) 按钮,进入草绘界面。

4)单击视图快速访问工具栏中的"草绘视图"按钮🖉,将草绘平面正视,接着利用"投
影"按钮 ▢ 在草绘界面中绘制如图 15-92 所示的截面,然后单击草绘器工具栏中的 ✔ 按钮,
退出草绘界面。

5)系统返回"拉伸"操控面板,在操控面板上输入拉伸高度为 10,然后单击操控面板
上的 ✔ 按钮,结果如图 15-93 所示。

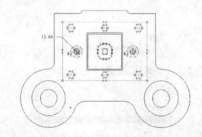 

图 15-92　拉伸截面　　　　　　　　　　　图 15-93　创建的凸凹模垫板

3.创建下模座板

1)在模型树中用鼠标右键单击"DOWN_HALF.ASM",在弹出的快捷菜单中选取"激
活"选项,将下模子装配体激活。单击"模型"功能区"元件"面板上的"创建"按钮🗐,
弹出"元件创建"对话框,在对话框中的"类型"栏中选取"零件",在"子类型"栏中选取
"实体",在"名称"文本框中输入零件名称为"down_bed_plate",接着单击对话框中的 确定
按钮,系统弹出"创建选项"对话框,在对话框的"创建方法"选项组中选取"创建特征"
选项,然后单击对话框中的 确定 按钮。

2)单击"模型"功能区"形状"面板上的"拉伸"按钮🗗,系统弹出"拉伸"操控面
板。在图形显示区中选取凸凹模垫板下表面作为草绘平面,选取 ASM_RIGHT 基准面作为草
绘视图的方向参考,并在"草绘"对话框中的"方向"栏中设置为"右"。

3)单击"草绘"对话框中的 草绘 按钮,系统弹出"参考"对话框。在图形显示区中选
取 ASM_RIGHT 和 ASM_FRONT 基准面作为草绘截面的尺寸标注参考,然后单击"参考"
对话框中的 关闭(C) 按钮,进入草绘界面。

4）单击视图快速访问工具栏中的"草绘视图"按钮 🔁，将草绘平面正视，接着在草绘界面中绘制如图 15-94 所示的截面，然后单击草绘器工具栏中的 ✔ 按钮，退出草绘界面。

5）系统返回"拉伸"操控面板，在操控面板上输入拉伸高度为 40，然后单击操控面板上的 ✔ 按钮，结果如图 15-95 所示。

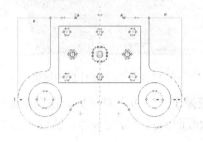

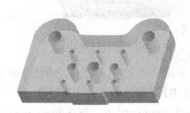

图 15-94　拉伸截面　　　　　　　　　　　　图 15-95　拉伸操作结果

6）单击"模型"功能区"形状"面板上的"拉伸"按钮 🔲，系统弹出"拉伸"操控面板。在图形显示区中选取下模座板上表面作为草绘平面，选取 ASM_RIGHT 基准面作为草绘视图的方向参考，并在"草绘"对话框中的"方向"栏中设置为"右"。

7）单击"草绘"对话框中的 草绘 按钮，系统弹出"参考"对话框。在图形显示区中选取 ASM_RIGHT 和 ASM_FRONT 基准面作为草绘截面的尺寸标注参考，然后单击"参考"对话框中的 关闭(C) 按钮，进入草绘界面。

8）单击视图快速访问工具栏中的"草绘视图"按钮 🔁，将草绘平面正视，接着利用"投影"按钮 ⬜ 在草绘界面中绘制如图 15-96 所示的截面，然后单击草绘器工具栏中的 ✔ 按钮，退出草绘界面。

9）系统返回"拉伸"操控面板，在操控面板上输入拉伸高度为 20，然后依次单击操控面板上的"去除材料"按钮 ⬜ 和 ✔ 按钮，结果如图 15-97 所示。

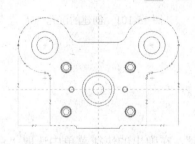

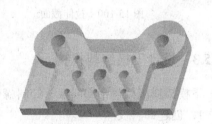

图 15-96　拉伸截面　　　　　　　　　　　　图 15-97　拉伸操作后的结果

10）创建圆角特征。单击"模型"功能区"工程"面板上的"倒圆角"按钮 ⌒，弹出"圆角"操控面板，接着在图形显示区中选取如图 15-98 所示的边为圆角边，设置圆角半径为 15，然后单击操控面板上的 ✔ 按钮，完成圆角操作，结果如图 15-99 所示。

11）创建沉孔。单击"模型"功能区"形状"面板上的"拉伸"按钮 🔲，系统弹出"拉伸"操控面板。在图形显示区中选取下模座板下表面作为草绘平面，选取 ASM_RIGHT 基准面作为草绘视图的方向参考，并在"草绘"对话框中的"方向"栏中设置为"右"。

Creo Parametric 1.0

343

图 15-98　选取圆角边

图 15-99　圆角操作后的结果

12）单击"草绘"对话框中的 草绘 按钮，系统弹出"参考"对话框。在图形显示区中选取 ASM_RIGHT 和 ASM_FRONT 基准面作为草绘截面的尺寸标注参考，然后单击"参考"对话框中的 关闭(C) 按钮，进入草绘界面。

13）单击视图快速访问工具栏中的"草绘视图"按钮 ，将草绘平面正视，接着利用"同心"按钮 在草绘界面中绘制如图 15-100 所示的截面，然后单击草绘器工具栏中的 按钮，退出草绘界面。

14）系统返回"拉伸"操控面板，在操控面板上输入拉伸高度为 10，然后依次单击操控面板上的"去除材料"按钮 和 按钮，结果如图 15-101 所示。

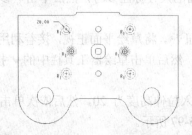

图 15-100　拉伸截面

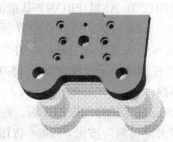

图 15-101　创建的沉孔

15.5.3　设计下模卸料机构

下模卸料机构包括卸料板、卸料螺钉、卸料弹簧。

1．创建卸料板

1）在模型树中用鼠标右键单击"DOWN_HALF.ASM"，在弹出的快捷菜单中选取"激活"选项，将下模子装配体激活。单击"模型"功能区"元件"面板上的"创建"按钮 ，弹出"元件创建"对话框，在对话框中的"类型"栏中选取"零件"，在"子类型"栏中选取"实体"，在"名称"文本框中输入零件名称为"stripper"，接着单击对话框中的 确定 按钮，系统弹出"创建选项"对话框，在对话框的"创建方法"选项组中选取"创建特征"选项，然后单击对话框中的 确定 按钮。

2）单击"模型"功能区"形状"面板上的"拉伸"按钮 ，系统弹出"拉伸"操控面板。在图形显示区中选取凸凹模上表面作为草绘平面，选取 ASM_RIGHT 基准面作为草绘视图的方向参考，并在"草绘"对话框中的"方向"栏中设置为"右"。

3）单击"草绘"对话框中的 草绘 按钮，系统弹出"参考"对话框。在图形显示区中选取 ASM_RIGHT 和 ASM_FRONT 基准面作为草绘截面的尺寸标注参考，然后单击"参考"对话框中的 关闭(C) 按钮，进入草绘界面。

4）单击视图快速访问工具栏中的"草绘视图"按钮 ，将草绘平面正视，接着在草绘界面中绘制如图 15-102 所示的截面，然后单击草绘器工具栏中的 ✓ 按钮，退出草绘界面。

5）系统返回"拉伸"操控面板，在操控面板上输入拉伸高度为 10，然后单击操控面板上的 ✓ 按钮，结果如图 15-103 所示。

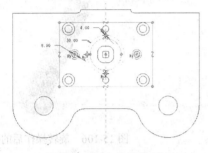

图 15-102 拉伸截面

图 15-103 创建的卸料板

6）创建螺纹修饰特征。选取"模型"功能区"工程"面板下的"修饰螺纹"命令，系统弹出"螺纹"操控面板，选取卸料板上的螺纹孔内圆柱面作为螺纹面，选取卸料板的下表面为螺纹起始面，接着按照系统要求依次输入螺纹深度为 8，螺纹直径为 8.5，然后单击"螺纹"操控面板中的 ✓ 按钮。采用同样的方法对其他螺纹孔进行螺纹修饰操作，结果如图 15-104 所示。

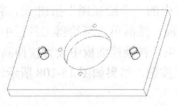

图 15-104 创建的螺纹修饰特征

2. 创建卸料螺钉

1）在模型树中用鼠标右键单击"DOWN_HALF.ASM"，在弹出的快捷菜单中选取"激活"选项，将下模子装配体激活。单击"模型"功能区"元件"面板上的"创建"按钮 ，弹出"元件创建"对话框，在对话框中的"类型"栏中选取"零件"，在"子类型"栏中选取"实体"，在"名称"文本框中输入零件名称为"stripper_screw"，接着单击对话框中的 确定 按钮，系统弹出"创建选项"对话框，在对话框的"创建方法"选项组中选取"创建特征"选项，然后单击对话框中的 确定 按钮。

2）单击"模型"功能区"形状"面板上的"旋转"按钮 ，弹出"旋转"操控面板。在图形显示区中选取 ASM_FRONT 基准面作为草绘平面，选取 ASM_RIGHT 基准面作为草绘视图的方向参考，并在"草绘"对话框中的"方向"栏中设置为"右"。

Creo Parametric 1.0

3）单击"草绘"对话框中的 草绘 按钮，系统弹出"参考"对话框。在图形显示区中选取 ASM_RIGHT 和 ASM_TOP 基准面作为草绘截面的尺寸标注参考，然后单击"参考"对话框中的 关闭(C) 按钮，进入草绘界面。

4）单击视图快速访问工具栏中的"草绘视图"按钮 ，将草绘平面正视，接着在草绘界面中绘制如图 15-105 所示的截面，然后单击草绘器工具栏中的 按钮，退出草绘界面。

5）系统返回"旋转"操控面板，在操控面板中设置旋转角度为 360°，然后单击 按钮，结果如图 15-106 所示。

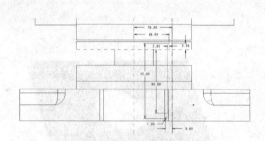

图 15-105　旋转截面　　　　　　　　　　　　　图 15-106　旋转操作后的结果

6）创建六角切槽。单击"模型"功能区"形状"面板上的"拉伸"按钮 ，弹出"拉伸"操控面板。在图形显示区中选取卸料螺钉头部上表面作为草绘平面，选取 ASM_RIGHT 基准面作为草绘视图的方向参考，并在"草绘"对话框中的"方向"栏中设置为"右"。

7）单击"草绘"对话框中的 草绘 按钮，系统弹出"参考"对话框。在图形显示区中选取 ASM_RIGHT 和 ASM_FRONT 基准面作为草绘截面的尺寸标注参考，然后单击"参考"对话框中的 关闭(C) 按钮，进入草绘界面。

8）单击视图快速访问工具栏中的"草绘视图"按钮 ，将草绘平面正视，接着在草绘界面中绘制如图 15-107 所示的截面，然后单击草绘器工具栏中的 按钮，退出草绘界面。

9）系统返回"拉伸"操控面板，在操控面板中设置拉伸高度为 5，然后依次单击操控面板上的"去除材料"按钮 和 按钮，结果如图 15-108 所示。

图 15-107　拉伸截面　　　　　　　　　　　　　图 15-108　六角切槽

10）创建螺纹修饰特征。在系统菜单栏中，依次选取"插入"→"修饰"→"螺纹"命令，启动修饰操作命令。在系统提示下，选取卸料螺钉的外圆柱面作为螺纹面，选取卸料螺钉的下端面为螺纹起始面，接着按照系统要求依次输入螺纹深度为 5，螺纹直径为 8.5，然后单击"螺纹"操控面板中的 按钮。结果如图 15-109 所示。

11）采用同样的方法创建另一卸料螺钉，并对螺纹孔进行螺纹修饰操作，结果如图 15-110

所示。

图 15-109 创建的螺纹修饰特征

图 15-110 创建的卸料螺钉

3．创建卸料弹簧

1）在模型树中用鼠标右键单击"DOWN_HALF.ASM"，在弹出的快捷菜单中选取"激活"选项，将下模子装配体激活。单击"模型"功能区"元件"面板上的"创建"按钮，弹出"元件创建"对话框，在对话框中的"类型"栏中选取"零件"，在"子类型"栏中选取"实体"，在"名称"文本框中输入零件名称为"spring"，接着单击对话框中的 确定 按钮，系统弹出"创建选项"对话框，在对话框的"创建方法"选项组中选取"创建特征"选项，然后单击对话框中的 确定 按钮。

2）单击"模型"功能区"形状"面板上的"螺旋扫描"按钮 ，系统弹出如图 15-111 所示的"螺旋扫描"操控面板。

图 15-111 "螺旋扫描"操控面板

3）在操控面板中单击"实体"按钮 和"右手定则"按钮 ，在"参考"下滑面板中单击 定义... 按钮，系统弹出"草绘"对话框。选取 ASM_FRONT 基准面作为草绘平面，选取 ASM_RIGHT 基准面为草绘视图参考，并在"草绘"对话框中的"方向"栏中设置为"右"，单击"草绘"对话框中的 草绘 按钮，系统弹出"参考"对话框。在图形显示区中选取 ASM_RIGHT 和 ASM_TOP 基准面作为草绘截面的尺寸标注参考，然后单击"参考"对话框中的 关闭(C) 按钮。

4）单击视图快速访问工具栏中的"草绘视图"按钮 ，将草绘平面正视，然后在草绘界面中绘制如图 15-112 所示的扫描轨迹。绘制完成后，单击草绘器工具栏中的 按钮，退出草绘界面。

5）单击"创建截面"按钮 ，系统进入草绘界面，在草绘界面中绘制如图 15-113 所示的扫描截面，然后单击"确定"按钮 ，退出草图绘制环境。

6）在信息栏中的文本框中输入节距值为 2.5。单击"螺旋扫描"操控面板中的 按钮，完成弹簧创建结果如图 15-114 所示。采用同样的方法创建另一个卸料弹簧。

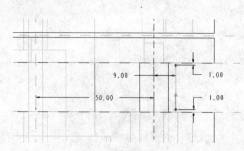

图 15-112 扫描轨迹

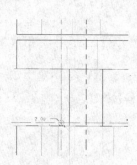

图 15-113 扫描截面

图 15-114 创建的卸料弹簧

15.5.4 设计下模其他零件

下模其他零件包括紧固螺钉、销钉、导柱和挡料销。

1. 创建下模紧固螺钉

1）在模型树中用鼠标右键单击"DOWN_HALF.ASM"，在弹出的快捷菜单中选取"激活"选项，将下模子装配体激活。单击"模型"功能区"元件"面板上的"创建"按钮 ，弹出"元件创建"对话框，在对话框中的"类型"栏中选取"零件"，在"子类型"栏中选取"实体"，在"名称"文本框中输入零件名称为"down_fastening_bolt"，接着单击对话框中的 确定 按钮，系统弹出"创建选项"对话框，在对话框的"创建方法"选项组中选取"创建特征"选项，然后单击对话框中的 确定 按钮。

2）单击"模型"功能区"形状"面板上的"旋转"按钮 ，弹出"旋转"操控面板。在图形显示区中选取 ASM_FRONT 基准面作为草绘平面，选取 ASM_RIGHT 基准面作为草绘视图的方向参考，并在"草绘"对话框中的"方向"栏中设置为"右"。

3）单击"草绘"对话框中的 草绘 按钮，系统弹出"参考"对话框。在图形显示区中选取 ASM_RIGHT 和 ASM_TOP 基准面作为草绘截面的尺寸标注参考，然后单击"参考"对话框中的 关闭(C) 按钮，进入草绘界面。

4）单击视图快速访问工具栏中的"草绘视图"按钮 ，将草绘平面正视，接着在草绘界面中绘制如图 15-115 所示的截面，然后单击草绘器工具栏中的 ✔ 按钮，退出草绘界面。

5）系统返回"旋转"操控面板，在操控面板中设置旋转角度为 360°，然后单击 ✔ 按钮，结果如图 15-116 所示。

6）创建六角切槽。单击"模型"功能区"形状"面板上的"拉伸"按钮 ，弹出"拉伸"操控面板。在图形显示区中选取紧固螺钉头部上表面作为草绘平面，选取 ASM_RIGHT 基准面作为草绘视图的方向参考，并在"草绘"对话框中的"方向"栏中设置为"右"。

7）单击"草绘"对话框中的 草绘 按钮，系统弹出"参考"对话框。在图形显示区中选取 ASM_RIGHT 和 ASM_FRONT 基准面作为草绘截面的尺寸标注参考，然后单击"参考"对话框中的 关闭(C) 按钮，进入草绘界面。

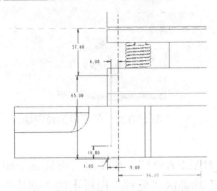

图 15-115　旋转截面　　　　　　　　　图 15-116　旋转操作后的结果

8）单击视图快速访问工具栏中的"草绘视图"按钮 ，将草绘平面正视，接着在草绘界面中绘制如图 15-117 所示的截面，然后单击草绘器工具栏中的 按钮，退出草绘界面。

9）系统返回"拉伸"操控面板，在操控面板中设置拉伸高度为 5，然后依次单击操控面板上的"去除材料"按钮 和 按钮，结果如图 15-118 所示。

图 15-117　拉伸截面　　　　　　　　　图 15-118　六角切槽

10）创建螺纹修饰特征。选取"模型"功能区"工程"面板下的"修饰螺纹"命令，系统弹出"螺纹"操控面板，选取紧固螺钉的外圆柱面作为螺纹面，选取螺钉的底端面为螺纹起始面。按照系统要求依次输入螺纹深度为 50，螺纹直径为 12.5，然后单击"螺纹"操控面板中的 按钮，结果如图 15-119 所示。

11）在模型树中选取刚刚创建的紧固螺钉，单击鼠标右键，在弹出的快捷菜单中选取"打开"选项，在打开的零件界面单击"快速访问"工具栏中的"保存"按钮 ，将紧固螺钉保存在当前工作目录中。

12）关闭零件界面，，接着在模型树中激活上模子装配体，再用鼠标右键单击紧固螺钉，在弹出的菜单中选取"删除"选项，将位置不正确的紧固螺钉删除。

13）装配紧固螺钉。单击"模型"功能区"元件"面板上的"装配"按钮 ，系统弹出"打开"对话框，在对话框中选取"up_fastening_bolt.prt"，接着单击 打开 按钮，系统立即在图形显示区中导入紧固螺钉，同时在图形显示区下方弹出装配操控面板。将紧固螺钉装配到下模子装配体的螺纹孔中，其装配约束类型是：紧固螺钉轴肩端面与下模座板螺纹

Creo Parametric 1.0

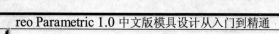

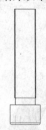

图 15-119　创建的螺纹修饰特征

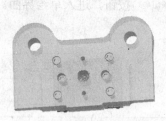

图 15-120　装配后的紧固螺钉

孔台阶面匹配，紧固螺钉外圆柱面与下模座板螺纹孔内圆柱面匹配。采用同样的方法装配其他三个紧固螺钉，结果如图 15-120 所示。

2. 创建销钉

1）在模型树中用鼠标右键单击"DOWN_HALF.ASM"，在弹出的快捷菜单中选取"激活"选项，将下模子装配体激活。单击"模型"功能区"元件"面板上的"创建"按钮🗂️，弹出"元件创建"对话框，在对话框中的"类型"栏中选取"零件"，在"子类型"栏中选取"实体"，在"名称"文本框中输入零件名称为"pin_bolt"，接着单击对话框中的 确定 按钮，系统弹出"创建选项"对话框，在对话框的"创建方法"选项组中选取"创建特征"选项，然后单击对话框中的 确定 按钮。

2）单击"模型"功能区"形状"面板上的"旋转"按钮◈，弹出"旋转"操控面板。在图形显示区中选取 ASM_RIGHT 基准面作为草绘平面，选取 ASM_FRONT 基准面作为草绘视图的方向参考，并在"草绘"对话框中的"方向"栏中设置为"顶"。

3）单击"草绘"对话框中的 草绘 按钮，系统弹出"参考"对话框。在图形显示区中选取 ASM_FRONT 和 ASM_TOP 基准面作为草绘截面的尺寸标注参考，然后单击"参考"对话框中的 关闭(C) 按钮，进入草绘界面。

4）单击视图快速访问工具栏中的"草绘视图"按钮🔁，将草绘平面正视，接着在草绘界面中绘制如图 15-121 所示的截面，然后单击草绘器工具栏中的✔按钮，退出草绘界面。

5）系统返回"旋转"操控面板，在操控面板中设置旋转角度为 360°，然后单击✔按钮，结果如图 15-122 所示。

6）采用同样的方法创建另一个销钉，结果如图 15-123 所示。

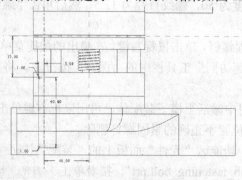

图 15-121　旋转截面

图 15-122　创建的销钉

3. 创建下模导柱

1）在模型树中用鼠标右键单击"DOWN_HALF.ASM"，在弹出的快捷菜单中选取"激活"选项，将下模子装配体激活。单击"模型"功能区"元件"面板上的"创建"按钮，弹出"元件创建"对话框。在对话框中的"类型"栏中选取"零件"，在"子类型"栏中选取"实体"，在"名称"文本框中输入零件名称为"guide_pin"，接着单击对话框中的 确定 按钮，系统弹出"创建选项"对话框，在对话框的"创建方法"选项组中选取"创建特征"选项，然后单击对话框中的 确定 按钮。

图 15-123 销钉

2）单击"模型"功能区"基准"面板上的"平面"按钮 $\Box$ ，选取 ASM_FRONT 基准面作为偏移参考，在对话框中输入偏移距离为"-80"，然后单击对话框中的 确定 按钮，结束辅助基准面 DTM1 的创建，如图 15-124 所示。

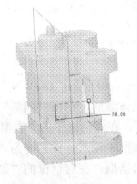

图 15-124 创建辅助基准平面

3）单击"模型"功能区"形状"面板上的"旋转"按钮 $\Leftrightarrow$ ，弹出"旋转"操控面板。在图形显示区中选取刚创建的辅助基准面 DTM1 作为草绘平面，选取 ASM_RIGHT 基准面作为草绘视图的方向参考，并在"草绘"对话框中的"方向"栏中设置为"右"。

4）单击"草绘"对话框中的 草绘 按钮，系统弹出"参考"对话框。在图形显示区中选取 ASM_RIGHT 和 ASM_TOP 基准面作为草绘截面的尺寸标注参考，然后单击"参考"对话框中的 关闭(C) 按钮，进入草绘界面。

5）单击视图快速访问工具栏中的"草绘视图"按钮 ，将草绘平面正视，接着在草绘界面中绘制如图 15-125 所示的截面，然后单击草绘器工具栏中的 ✔ 按钮，退出草绘界面。

6）系统返回"旋转"操控面板，在操控面板中设置旋转角度为 360°，然后单击 ✔ 按钮，结果如图 15-126 所示。

7）采用同样的方法创建另一个导柱，结果如图 15-127 所示。

Creo Parametric 1.0

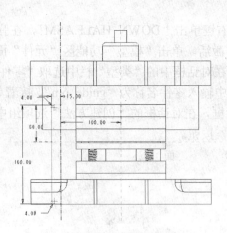

图 15-125　旋转截面

图 15-126　旋转操作后的结果　　　　图 15-127　创建的导柱

4．创建挡料销

1）在模型树中用鼠标右键单击"DOWN_HALF.ASM"，在弹出的快捷菜单中选取"激活"选项，将下模子装配体激活。单击"模型"功能区"元件"面板上的"创建"按钮，弹出"元件创建"对话框。在对话框中的"类型"栏中选取"零件"，在"子类型"栏中选取"实体"，在"名称"文本框中输入零件名称为"pin_stop"，接着单击对话框中的 确定 按钮，系统弹出"创建选项"对话框，在对话框的"创建方法"选项组中选取"创建特征"选项，然后单击对话框中的 确定 按钮。

2）单击"模型"功能区"形状"面板上的"旋转"按钮，弹出"旋转"操控面板。在图形显示区中选取 ASM_FRONT 基准面作为草绘平面，选取 ASM_RIGHT 基准面作为草绘视图的方向参考，并在"草绘"对话框中的"方向"栏中设置为"右"。

3）单击"草绘"对话框中的 草绘 按钮，系统弹出"参考"对话框。在图形显示区中选取 ASM_RIGHT 和 ASM_TOP 基准面作为草绘截面的尺寸标注参考，然后单击"参考"对话框中的 关闭(C) 按钮，进入草绘界面。

4）单击视图快速访问工具栏中的"草绘视图"按钮，将草绘平面正视，接着在草绘界面中绘制如图 15-128 所示的截面，然后单击草绘器工具栏中的 ✔ 按钮，退出草绘界面。

5）系统返回"旋转"操控面板，在操控面板中设置旋转角度为 360°，然后单击 ✔ 按钮，结果如图 15-129 所示。

6）采用同样的方法创建另外两个挡料销，结果如图 15-130 所示。

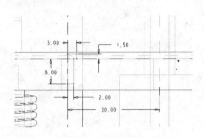

图 15-128 旋转截面　　　　　　图 15-129 旋转操作后的结果

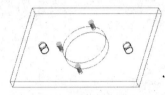

图 15-130 创建的挡料销

7）在模型树中激活总装配体，单击"快速访问"工具栏中的"保存"按钮，系统弹出"保存对象"对话框。在对话框中接受系统默认的文件名"MOLDESIGN.ASM"，然后单击对话框中的 确定 按钮，完成总装配体文件的保存。图 15-131 所示为垫圈复合冲压模具的分解图。

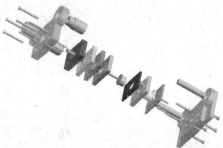

图 15-131 垫圈复合冲压模具分解图

Creo Parametric 1.0